工业和信息化普通高等教育"十三五"规划教材

普通高等学校计算机教育"十三五"规划教材

Web 应用程序全栈开发

Full Stack Development of Web Application

龙军 陈显军 纪洲鹏 樊宇 主编

人民邮电出版社

北 京

图书在版编目（CIP）数据

Web应用程序全栈开发 / 龙军等主编. -- 北京：人
民邮电出版社，2020.9
普通高等学校计算机教育"十三五"规划教材
ISBN 978-7-115-54310-3

Ⅰ．①W… Ⅱ．①龙… Ⅲ．①网页制作工具－程序设
计－高等学校－教材 Ⅳ．①TP393.092.2

中国版本图书馆CIP数据核字(2020)第112528号

内 容 提 要

本书以 Web 应用系统的全栈开发为主线，对界面设计、网页制作、页面美化、脚本交互、Web 及
移动 App 前端开发、服务器后端开发、Web Service 开发等 Web 应用程序设计所需的主要技术进行讲
解，并通过实例进行操作演示。

本书的编写融入了软件工程的规范与要求，知识结构严谨，内容由浅入深。全书共 8 章，第 1～4
章介绍 Web 前端开发，第 5～6 章介绍服务器端开发，第 7 章介绍移动 Web 应用程序开发，第 8 章通
过一个综合实例介绍分布式 Web 应用程序的实现。

本书适合 Web 及 Web App 设计与开发的初学者自学，也可作为教材供各院校相关专业使用。

◆ 主　编　龙　军　陈显军　纪洲鹏　樊　宇
责任编辑　邹文波
责任印制　王　郁　陈　犇

◆ 人民邮电出版社出版发行　　北京市丰台区成寿寺路 11 号
邮编　100164　电子邮件　315@ptpress.com.cn
网址　https://www.ptpress.com.cn
涿州市殷润文化传播有限公司印刷

◆ 开本：787×1092　1/16
印张：20.25　　　　　　　　2020 年 9 月第 1 版
字数：468 千字　　　　　　　2024 年 8 月河北第 5 次印刷

定价：59.80 元

读者服务热线：(010)81055256　印装质量热线：(010)81055316
反盗版热线：(010)81055315
广告经营许可证：京东市监广登字 20170147 号

前　言

本书围绕"Web 全栈开发"组织内容，详细介绍了 Web 应用系统开发中 UI 设计、Web 前端制作、后端开发、接口设计、App 开发和项目管理等方面的知识。本书从分析 Web 应用系统项目实施的流程入手，研究所涉及工作岗位对应的工作职责、能力要求和实现目标等要素，用模块化的方式将系统开发过程中的知识组织起来，删除重复内容，提炼重要知识，形成一个合乎逻辑、螺旋上升的知识链条。

本书以设计制作分布式 Web 应用系统为主线，从 Web 应用前端、Web 应用后端和移动 App 开发 3 方面展开，内容涵盖 Photoshop、HTML5、CSS3、JavaScript、PHP、MySQL、Web Service、jQuery Mobile、Ajax、软件工程等方面的知识。具体内容如下。

第 1 章介绍 Web 应用系统开发的基础，内容包括分布式 Web 应用系统的构成、图像处理软件 Photoshop 的应用、软件开发过程模型及软件设计方法等。

第 2 章介绍网页设计语言 HTML5，内容包括 HTML5 常用标记及表单的应用等。

第 3 章介绍用来美化 Web 网页的样式表——CSS3，内容包括 CSS3 的基础知识及常用语法等。

第 4 章介绍实现 Web 应用程序交互的 JavaScript 语言，内容包括 JavaScript 的基本语法、语句、函数、对象、DOM 对象等。

第 5 章介绍 Web 应用程序服务器端程序设计语言 PHP 和 MySQL 数据库，内容包括网络应用的基础架构、PHP 语言基础、数据采集与表单操作、数据库操作等。

第 6 章介绍 Web 应用程序前、后端连接的桥梁 RESTful Web API 的设计与制作，内容包括对 RESTful Web API 和 JSON 的介绍、用 Ajax 实现 API 的请求等。

第 7 章介绍移动 Web 应用程序前端开发的相关知识，内容包括移动应用程序开发模式、网页存储、HTML5 本地数据库，以及 jQuery 和 jQuery Mobile、jQuery Mobile 插件的应用等。

第 8 章介绍 Web 应用系统综合开发实例，内容包括软件工程管理、软件系统开发流程、系统设计、Web 应用系统整体架构实现、软件测试基础等。

本书在海南省高等学校教育教学改革研究重点项目"基于工程教育专业认证下的应用型本科专业人才培养模式研究（Hnjg2019ZD-26）"的研究成果基础上编写

而成。全书知识覆盖面广,内容循序渐进,脉络清晰,步骤详尽,实例丰富且易操作,实用性强。只要按照本书的内容顺序学习,读者就可以快速地建立起一个基于分布式 Web 应用系统开发的思维导图,清晰了解并掌握上下游岗位间的联系和技术要素,可轻松地实现项目的打包、部署、运行,完成分布式 Web 应用系统的开发。

　　本书内容虽然经再三思考和认真校对,力求准确,但由于编者水平有限,难免存在不足之处,敬请广大读者批评指正。

编者

2020 年 5 月

目 录

1

第1章
Web 应用系统基础——如何进行 Web 应用系统开发

物联网、云计算和无线传感网络与互联网的融合，使计算机软件系统的规模、应用领域不断扩大，功能不断增加，基于资源共享、高可用和并行处理的分布式异构系统成为实现复杂应用的有力工具。传统的客户/服务器（Client/Server，C/S）、浏览器/服务器（Browser/Server，B/S）计算机应用系统逐步被面向服务架构、云架构取代，基于 Web 的分布式应用系统发挥着越来越重要的作用，成为中大型计算机应用系统的主流模型。用户通过浏览器或手机 App，即可访问和使用计算机应用系统，用户的计算机应用系统可以不受硬件平台的限制。

本章首先介绍分布式 Web 应用系统的基本概念和常用开发工具；然后对图像处理软件 Photoshop 的基本功能、操作方法进行简要说明，并通过实例对 Photoshop 的操作进行具体的描述；最后概括介绍软件开发的主要过程模型，包括结构化需求分析与设计的要求、内容和方法，面向对象方法的优点、面向对象建模的 3 种模型和测试方法及 UML 的应用等。

1.1 什么是分布式 Web 应用系统

1.1.1 几个基本概念

1. 软件架构模式

软件架构模式是针对特定软件架构场景中常见问题的通用、可重用的解决方案，用于描述软件系统中的基本结构，帮助定义程序的基本特征和行为。

常见的软件架构模式有分层架构模式、多层 C/B/S 架构模式、事件驱动架构模式、微内核架构模式、面向服务架构模式、微服务架构模式、云架构模式等。

2. 分布式异构系统

分布式系统（Distributed System）是一组基于网络进行通信、协调工作，完成共同任务的计算机节点组成的系统。分布式应用（Distributed Application）是指分布在不同设备上、通过网络共同完成一项任务的软件应用系统。异构系统是由不同类型的硬件设备、不同操作系统、不同应用软件、不同数据来源的软硬件构成的。

分布式异构系统（Distributed Heterogeneous System，DHS）是由异构设备协作完成应用任务的系统，系统通过消息中间件在不同应用程序间提供统一的运行框架和接口，实现跨平台传输数据，并允许在运行过程中动态增加或减少业务端，具有良好的动态负载伸缩能力。

3. 面向服务架构

面向服务架构（Service-Oriented Architecture，SOA）是基于一系列 XML/SOAP/Web Service/SCA/SDO/UDDI 标准、可重用数据和业务服务组件，以业务流程为核心、对业务逻辑高度抽象的架构模式。该模式将异构平台上不同应用程序的功能组件封装成具有良好定义、与平台无关、标准、可拼接、可拆卸、可复用的服务，使服务能被部署、发现和调用，形成一个松散耦合的新软件系统，便于数据集成，可提高数据的利用率。

在 SOA 概念中，由多层服务组成的每个节点应用程序都是单一服务，服务是向外提供一组整体功能的独立应用程序，无论该应用程序由几层服务组成，少了任意一层，都不能正常工作。应用程序间一般借助消息中间件、交易中间件实现 SOA 需求，不同应用程序可相互调用各自的内部服务、模块或进行数据交换、驱动交易等。

微服务架构是 SOA 的升级，每个服务就是一个独立的部署单元，这些单元都是分布式的，互相解耦，通过远程通信协议（如 REST、SOAP）联系。

4. Web Service 和 RESTful Web Service

Web Service 是跨编程语言和操作系统平台的远程调用技术，为网络应用程序开发和使用提供统一的编程模型，通常被定义为一组模块化应用程序接口（Application Programming Interface，API），让外部应用程序便捷地使用，有基于 WSDL、UDDI 的简单对象访问协议（SOAP）方式和 REST 方式两种。

SOAP 中，消息是通过增加特定的 HTTP 消息头来统一内容格式，用 XML 格式封装数据，用 HTTP 进行传输，用 XSD 定义标准的数据类型，将所有使用的数据类型均转换为 XSD 类型。Web 服务描述语言（Web Services Description Language，WSDL）用 XML 描述 Web Service 及其函数、参数和返回值，结果保存在 Web 服务器上，通过 URL 访问，用 UDDI 发现 Web Service。

REST 是一种面向资源的架构风格，是一组架构约束条件和原则，满足约束条件和原则的程序就是 RESTful。REST 是专门针对网络应用程序设计和开发的，可降低开发复杂性，提高系统的可伸缩性，将网络上所有事物都抽象成了有唯一标识的资源。REST 所有操作均无状态，遵循 CRUD 原则，只需要创建（POST）、获取（GET）、更新（PUT）和删除（DELETE）4 种行为就可完成相关操作和处理，通过统一简短的资源标识符（URI）来识别和定位资源，并通过 HTTP 操作。

5. 分布式 Web 应用系统

分布式 Web（Distributed Web）应用系统是指在计算机网络（Internet/Intranet）环境下，由浏览器和 Web 服务器构成，以标准化的网络浏览器代替传统的客户机作为客户端，开发出的一种分布式计算机应用系统。

设计、制作一个计算机应用系统时，在完成业务要求的同时，还要综合考虑各种不同的终端以及系统的可靠性、可扩展性和可管理性等诸多因素。随着智能手机、平板电脑等移动设备的普及，软件应用系统在完成计算机平台实施时，必须进行移动平台上的应用程序开发，而移动设备本身又具有传感器、定位、手势、语音、摄像等得天独厚的功能，进一步拓宽了软件应用的领域。中间件的应用使前端和后端在分离的基础上，又能便捷、安全地进行通信，实现系统相应的功能，不仅解决了不同平台、不同语言间的隔阂问题，还实现了不同应用程序间的信息共享。

图 1-1 所示是一种使用 Web Service 的分布式 Web 应用系统架构的典型模式图，各层次间并无特定的程序语言要求，只要遵循标准的数据传递规范（如 XML、JSON 等）即可。

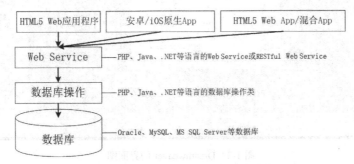

图 1-1　分布式 Web 应用系统架构模式

1.1.2　分布式 Web 应用系统开发工具

1．Web 前端开发常用工具

（1）Adobe Photoshop。Photoshop 简称"PS"，它是由 Adobe 公司开发和发行的图像处理软件。Photoshop 主要处理由像素构成的数字图像，集图像扫描、编辑修改、图像制作、广告创意、图像输入与输出于一体，是平面设计人员和电脑美工必须使用的工具之一。其界面如图 1-2 所示。

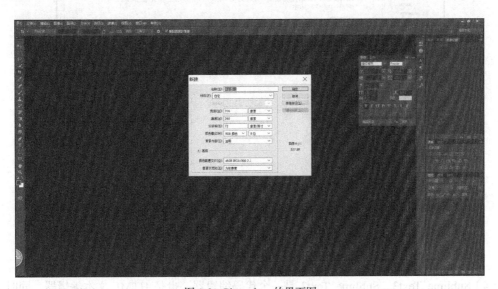

图 1-2　Photoshop 的界面图

（2）Adobe Dreamweaver。Dreamweaver 简称"DW"，它是一款集网页制作和网站管理于一身的所见即所得网页编辑器，提供了可视化布局工具、代码编辑支持和应用程序开发功能，能在可视化布局和代码编辑界面之间自由切换。优点是制作网页快、使用方便、容易上手，还可借助 jQuery Mobile 进行移动程序开发。其界面如图 1-3 所示。

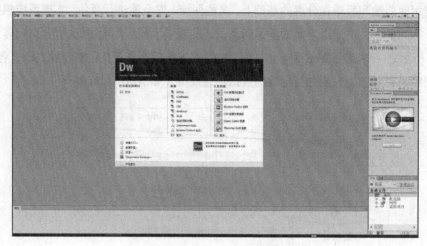

图 1-3　Dreamweaver 的界面图

（3）Editplus。Editplus 是一款文档编辑软件，支持 HTML、CSS、PHP 等多种语言的语法高亮，强大的正则表达式让它在同类软件中脱颖而出。其界面如图 1-4 所示。

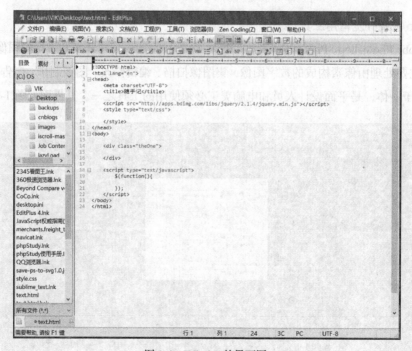

图 1-4　Editplus 的界面图

（4）Sublime Text3。Sublime Text3 是一个代码编辑器，也是 HTML 文本编辑器，同时支持

Windows、Linux、MacOS X 等操作系统。其界面整洁美观、文本功能强大，拥有优秀的代码自动完成功能，支持众多插件扩展，运行速度快。其界面如图 1-5 所示。

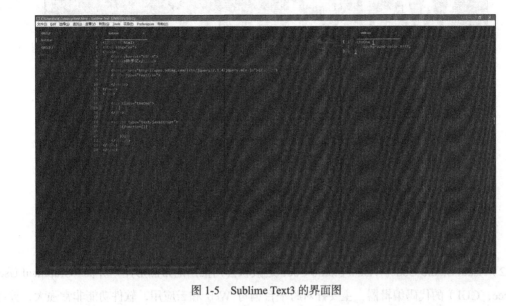

图 1-5　Sublime Text3 的界面图

（5）HBuilder。HBuilder 是 DCloud 公司专为前端打造的开发工具，有全面的语法库，支持 HTML、CSS、JavaScript、PHP 的快速开发，可以方便地制作移动 App。其界面如图 1-6 所示。

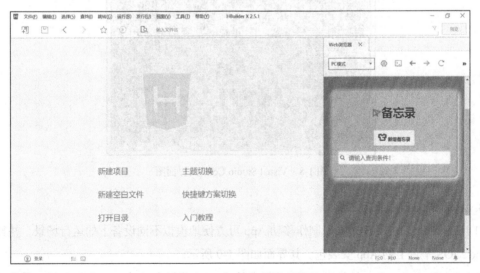

图 1-6　HBuilder 的界面图

2. Web 后端开发常用工具

（1）WebStorm。WebStorm 是 JetBrains 公司旗下的一款 JavaScript 开发工具，其优点有支持多种编辑语言，拥有便捷的环境，支持不同浏览器的提示，拥有智能的代码补全、代码重构、代码检查和快速修复等。其界面如图 1-7 所示。

图 1-7　WebStorm 的界面图

（2）Visual Studio Code。Visual Studio Code 是微软公司推出的带图形用户界面（Graphical User Interface，GUI）的代码编辑器，主要针对跨平台编写 Web 和云应用，软件功能非常强大，界面简洁清晰、操作方便快捷，设计得很人性化。其界面如图 1-8 所示。

图 1-8　Visual Studio Code 的界面图

3. 移动 App 开发常用工具

（1）HBuilder。使用 HBuilder 制作移动 App 可方便地模拟不同设备下的运行场景，并打包成 Android、iOS 平台上的 App 安装包。其界面如图 1-9 所示。

（2）AppCan。AppCan 是基于 HTML5 技术的 Hybird 跨平台移动 App 开发工具。开发者利用 HTML5+CSS3+JavaScript 技术，通过 AppCan IDE 集成开发系统、云端打包器等，可快速开发出 Android、iOS 平台上的移动 App。其界面如图 1-10 所示。AppCan 一体化移动平台能够规范和指导企业移动 App 项目的开发与管理，为企业提供管理、运维、服务等全方位的移动信息化方案，整个方案覆盖 B2B、B2C 需求，可为企业提供移动信息化的全面支撑。

图 1-9　HBuilder 的界面图

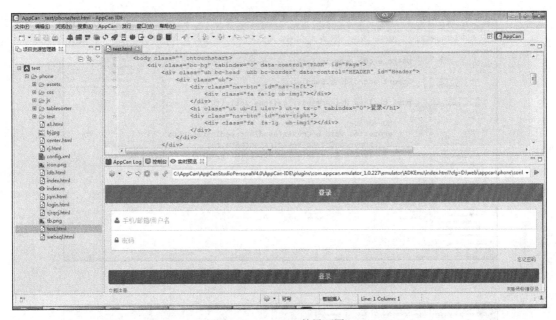

图 1-10　AppCan 的界面图

（3）APICloud。APICloud 推行"云端一体"的理念，重新定义了移动 App 开发，为开发者从"云"和"端"两个方向提供 API，简化了移动 App 开发过程，其界面如图 1-11 所示。APICloud 由"云 API"和"端 API"两部分组成，可以帮助开发人员快速实现移动应用的开发、测试、发布、管理和运营的全生命周期管理。

（4）Eclipse+ADT+Android SDK。Eclipse 是一个开放源代码、基于 Java 的可扩展开发平台。其本身只是一个框架和一组服务，通过插件和组件构建开发环境，其界面如图 1-12 所示。在 Eclipse 中添加 ADT（Android Development Tools）开发工具，即可搭建 Android 开发环境。

（5）Android Studio。Android Studio 是谷歌公司推出的一个 Android 集成开发工具，基于 IntelliJ IDEA，用于 Android App 的开发和调试。其界面如图 1-13 所示。

图 1-11　APICloud 的界面图

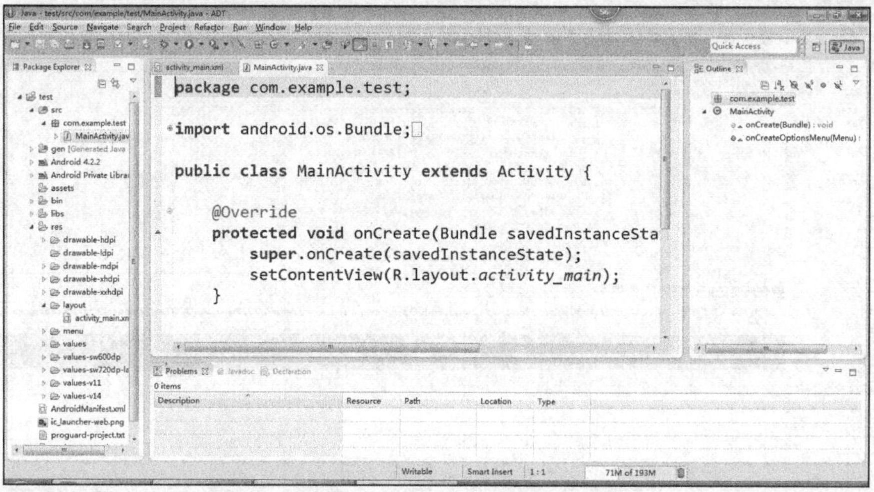

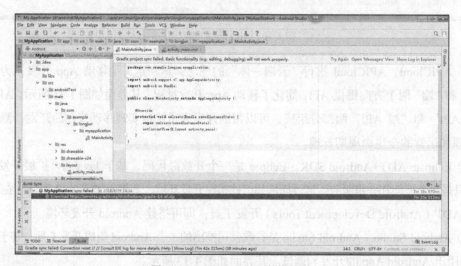

图 1-12　Eclipse+ADT+Android SDK 的界面图

图 1-13　Android Studio 的界面图

1.2　Photoshop

1.2.1　Photoshop 入门

若要掌握 Photoshop 的操作方法，理解其基本操作思路，则首先要掌握图像的基础理论，熟悉与图像质量相关的重要参数。然后才能在掌握软件基本操作方法和基本工具的基础上，结合实际需求，有针对性地设计制作出合适的图像作品。

1. Photoshop 基础理论

（1）图像的基本类型

计算机中图像的采集、保存、修改和输出都是以数字化方式进行处理的，主要以位图和矢量图两种形式进行存储。

位图又称为点阵图，由具有不同属性的"点（像素）"经有序排列组合形成。位图的存储过程就是记录每个像素的位置及颜色属性，因此，位图包含的像素越多，画面色彩就越丰富，效果就越细腻真实，但同时该图像所占用的存储空间也就越大。位图在放大时，像素会随之放大，像素之间的衔接痕迹会变清晰，图像会出现锯齿现象，也就是出现失真现象。

矢量图是通过数学公式记录点、线、面的属性，从而形成一幅复杂的图形。矢量图的色彩比较简单，但线条流畅、清晰，在放大时不会出现失真现象，因此，矢量图在 Logo 和图标设计等领域有广泛应用。

（2）Photoshop 处理图像的关键参数

在图像设计制作过程中，影响图像输出质量的关键参数有像素和分辨率两个。

像素是组成数字图像的基本单位，每个像素都包含位置和色彩相关属性，多个相关联但属性不同的像素相互拼接，就组成了一幅幅不同的图像。

分辨率是每单位长度内所包含像素的数量，通常将每英寸所包含的像素数目称为分辨率。分辨率分为图像分辨率、屏幕分辨率和打印分辨率等。图像分辨率是指图像每英寸所包含的像素的数目，记为 ppi。屏幕分辨率是指显示器中每单位长度内所显示的像素数目，记为 dpi。打印分辨率是图像在输出时，输出设备每英寸所产生的墨点数，记为 dpi。

（3）Photoshop 中图像的颜色模式

在 Photoshop 图像处理过程中，图像色彩的设计与调整主要有位图模式、灰度模式、RGB 模式、CMYK 模式、Lab 模式和 HSB 模式。根据图像的使用目的，在制作过程中用户可以有针对性地选择不同的颜色模式，同时，不同颜色模式可以相互转换。

位图模式使用黑白两种颜色表示图像，即黑白图像。位图图像色彩较少，因此细节的表现效果较弱。图像在进行颜色模式转换时，一般灰度图像可直接转换为位图模式，其他的模式要转成位图模式时，需先转换成灰度模式，再转换为位图模式。

灰度模式的图像只有亮度值，没有色彩值。灰度模式的图像有 256 个灰度级，当灰度值为 0 时，生成的颜色为黑色；当灰度值为 255 时，生成的颜色为白色。

RGB 模式是最常见的一种颜色模式，使用红（Red）、绿（Green）、蓝（Blue）3 种颜色的不同比例来设置图像色彩效果。R、G、B 3 个分量的取值范围为 0～255，不同数值的 R、G、B 自由叠加，就可调配出各种色彩效果。

CMYK 模式是一种减色模式的配色方法，使用青（Cyan）、品红（Magenta）、黄（Yellow）和黑（Black）4 种颜色进行配色，每种颜色的取值范围为 0%～100%。CMYK 模式多用于印刷领域。我们看到的印刷品在自然光的照射下，会吸收自然光中的一些颜色，再把剩余的色彩反馈到人眼，这才形成了我们所看到的印刷品的色彩。

Lab 模式是一种在不同色彩模式之间转化时所使用的模式，其与设备无关，可以在不同的系统和平台之间转换。Lab 模式的色域较广，其中 L 代表亮度信号，取值范围为 0～100；a、b 是色彩通道，取值范围为-128～127。

HSB 模式是一种基于人眼直觉的颜色模式，通过色彩三要素进行配色。H 代表色相，取值范围为 0～360；S 代表饱和度，取值范围为 0%～100%；B 代表亮度，取值范围为 0%～100%。

（4）Photoshop 中图像的存储格式

Photoshop 在进行图像存储时，根据用户不同的使用需求，可将图像存储为不同的格式，以满足不同环境的使用要求。

PSD 格式是 Photoshop 的源文件格式，依赖 Photoshop 打开、编辑。PSD 格式文件保留了图像编辑过程中所有的操作信息，可对该文件的原有图像信息进行直接修改。

JPEG（Joint Photographic Experts Group）格式是图像压缩的国际标准格式，该格式由联合图像专家组制定。JPEG 是一种有损压缩格式，是目前图像格式中压缩率较高的格式，广泛应用于图像显示和网页文件。

GIF（Graphic Interchange Format）格式是网页上常用的图像文件格式，可以显示超文本标记语言文档中的索引颜色图形和图像。GIF 图像可以达到 50%左右的压缩比，并且支持透明背景和动画格式。

PNG（Portable Network Graphic）格式是一种无损压缩的图像格式，PNG 格式结合了 GIF 格式和 JPEG 格式的良好特征，有较高的压缩比，支持透明和 Alpha 通道，因此，PNG 格式的图像可以实现透明背景效果。

BMP（Bitmap）格式是 Windows 系统常见的标准点阵式图像文件格式，该格式图像支持 RGB、索引颜色、灰度和位图模式，图像信息丰富，但占用磁盘存储空间较大。

2. Photoshop 操作界面

打开 Photoshop，进入图 1-14 所示的操作界面，界面主要由标题栏、菜单栏、属性栏、工具箱、控制面板、工作区和状态栏几部分组成。

图 1-14　Photoshop 操作界面

3．Photoshop 工具箱介绍

工具箱是 Photoshop 中最重要的工具之一，设计师所有的设计都要在熟练使用工具箱的基础上进行。选择工具箱中的任何一个工具，都可在软件属性栏设置该工具的相关参数，从而达到更好的设计效果。工具箱面板如图 1-15 所示。

（1）移动工具：使用该工具选择工作区中的对象，便可对所选对象进行移动。

（2）选框类工具：创建矩形、椭圆、单行或单列选区。或通过使用属性栏的"选区运算"功能，创建出由矩形或椭圆选区经过运算后所得到的不规则选区。图 1-16 所示方框内的内容即为"选区运算"选项。

（3）套索类工具：创建不规则选区。可通过鼠标拖动一次性创建选区，或通过鼠标多次单击、最终闭合后创建多边形选区，还可通过磁性套索工具自动识别图像边缘创建不规则选区。

（4）魔棒类工具：魔棒工具可通过色彩快速创建选区，其属性栏的"容差"值决定魔棒工具可选取颜色的范围，容差设置如图 1-17 所示。容差值越大，选取的颜色范围越大，反之则越小。快速选择工具可随着鼠标的拖动，自动查找和跟随图像中定义的边缘来创建选区。

（5）裁剪类工具：裁切或校正图像，也可使用切片工具将图像分割成不同的小块区域并自动编号输出。切片工具在进行网页设计时经常使用。

（6）吸管类工具：吸管工具可采集图像中的色彩，并将其设为前景色；颜色取样器工具可以结合"信息"面板查看图像内的颜色参数值；标尺工具可结合"信息"面板测量图像中两点间的距离；注释工具可添加注释；计数工具可度量图像的长、宽、高、坐标与角度数据。

（7）修复类工具：污点修复画笔工具可去除图像中的杂点，如人像祛痘；修复画笔工具可对图像细节进行修复；修补工具可对图像的某个区域进行修补；内容感知移动工具可快速识别图像并重构图像。

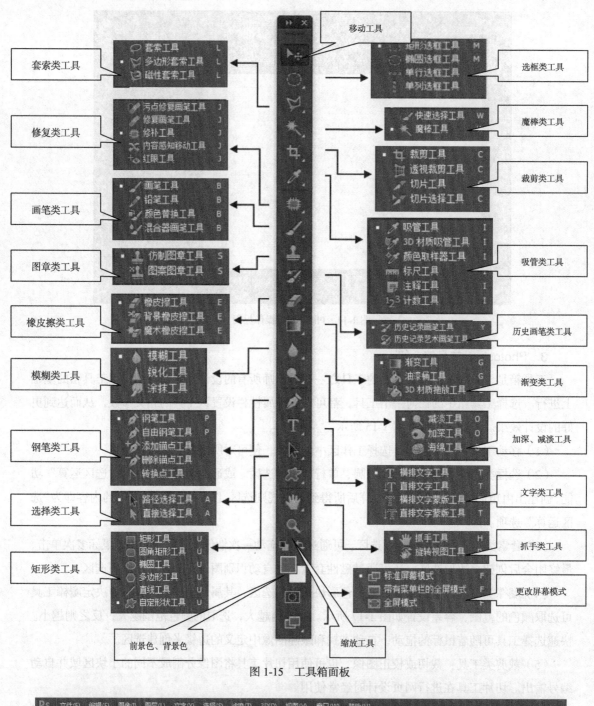

图 1-15　工具箱面板

图 1-16　选框工具属性栏

图 1-17　魔棒工具属性栏

（8）画笔类工具：画笔工具可通过属性栏设置不同的画笔笔触效果来绘制对象，如图 1-18 所示；铅笔工具可绘制硬边轮廓；颜色替换工具可对图像局部颜色进行替换；混合器画笔工具可将图像处理成绘画作品。

图 1-18　画笔工具属性栏

（9）图章类工具：仿制图章工具可以在工作区复制图像区域，使用该工具时要按下 Alt 键；图案图章工具可以绘制出 Photoshop 或用户提前建立好的预设图像。

（10）历史画笔类工具：历史记录画笔工具可以按历史记录的某一状态绘图；历史记录艺术画笔工具则可以用艺术的方式恢复图像，并对图像进行合成处理。

（11）橡皮擦类工具：分别擦除图像中的不同区域。

（12）渐变类工具：渐变工具可以填充渐变色，渐变色可在属性栏进行设置，如图 1-19 所示；油漆桶工具可对选区填充前景色或者图案。

图 1-19　渐变工具属性栏

（13）模糊类工具：模糊工具可以降低相邻像素颜色的反差，以达到模糊的效果；锐化工具可通过增加颜色强度，使图像中相邻像素柔和的边界更加清晰；涂抹工具可产生类似手涂抹过某个色块的效果。

（14）加深、减淡类工具：加深工具使图像局部像素色彩变暗，减淡工具则反之；海绵工具可调整图像局部的色彩饱和度。

（15）钢笔类工具：钢笔工具可自由绘制不规则形状，用户只需分步多次单击或单击拖动鼠标即可创建不规则线条；添加、删除锚点工具可以为已创建好的不规则形状添加或删除节点，以扩大不规则图像的变化幅度；转换点工具可改变节点的属性，在直线和曲线间转换。

（16）文字类工具：创建文本信息。

（17）选择类工具：路径选择工具可选择已创建的路径，如可选择钢笔工具创建的不规则路径；直接选择工具可以选择路径上某个节点，拖动节点便可调整路径的形状。

（18）矩形类工具：该类工具可以分别创建矩形、椭圆、多边形、直线（箭头）和其他形状的路径。其中多边形工具可通过属性栏选择创建对应的多边形路径，如图 1-20 所示。自定形状工具亦可通过属性栏选择所要创建的形状路径，如图 1-21 所示。

图 1-20　多边形工具属性栏

图 1-21　自定形状工具属性栏

（19）抓手类工具：移动窗口或者旋转视图，可配合空格键使用。

（20）缩放工具：缩放视图，可配合 Alt 键使用。

（21）前景色、背景色：设置前景色或背景色。两种颜色可切换。

（22）以快速蒙版模式编辑：将视图切换至快速蒙版模式进行编辑。

（23）更改屏幕模式：切换屏幕的显示方式。

1.2.2　Photoshop 的常用操作

1. 图层应用

图层功能是 Photoshop 中的一项重要功能。在 Photoshop 中图层就如同一张张透明的胶片，用户可在不同的图层上创建不同内容，上方图层的内容会覆盖下方图层的内容。用户可将不同图层内容放在图层的不同位置，通过上下图层内容间的位置差实现丰富的合成效果。

（1）图层基本操作

在 Photoshop 中，可以通过"图层"面板实现图层的基本操作。"图层"面板如图 1-22 所示。

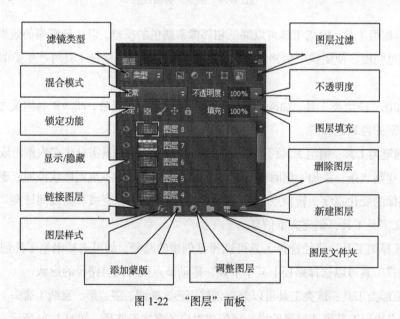

图 1-22　"图层"面板

滤镜类型：单击"滤镜类型"，可以通过"类型""名称""效果""模式""属性""颜色"几种方式搜索所需查看的相关图层。

图层过滤：用来打开或关闭图层"滤镜类型"的选取功能。

混合模式：选择该列表中的不同选项，可以实现上下图层内容之间不同的叠加效果。

不透明度：设置所选图层整体的不透明度。

锁定功能：选择右侧的"锁定透明像素""锁定图像像素""锁定位置""锁定全部"功能，可以实现对所选图层内部不同对象的锁定效果，并防止误操作。

图层填充：设置所选图层内填充对象的不透明度。

显示/隐藏：调整选定图层的可见性。

链接图层：选择两个或两个以上图层，当激活"链接图层"按钮时，可对所有建立链接的图层进行同步变换。

图层样式：单击该按钮，可以对所选图层添加"斜面和浮雕""描边""内阴影""内发光""光泽""颜色叠加""渐变叠加""图案叠加""外发光""投影"效果。

添加蒙版：为所选图层创建一个图层蒙版，用来调整图像效果。

调整图层：为所选图层添加一个填充图层或调整图层。

图层文件夹：创建一个图层文件夹，方便用户对图层进行分类管理。

新建图层：创建一个新的图层。

删除图层：删除所选图层。

（2）图层样式

图层样式可以为选择的图层应用投影、发光、浮雕、叠加等各种特殊效果。"图层样式"对话框如图 1-23 所示。

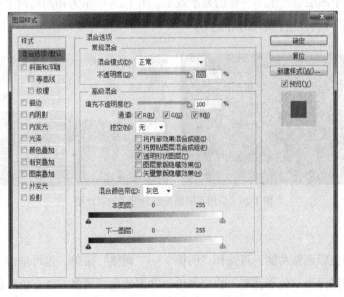

图 1-23　"图层样式"对话框

选择对话框左侧的"样式"选项，即可在对话框右侧设置所选图层的样式参数。用户也可以从"图层"—"图层样式"菜单打开该对话框。

（3）图层蒙版

通过图层蒙版可以实现在不破坏图层内容的前提下，有目标地显示或隐藏图层中部分内容。图层蒙版可以看作一个 Alpha 通道，可以很好地实现图像合成效果。

打开一幅图像，新建一个蓝色图层，选择蓝色图层，单击"图层"面板下方的"添加蒙版"按钮，为蓝色图层新建一个蒙版，如图 1-24 所示。选择工具箱中的画笔工具，把工具箱下方的前景色设置为黑色，在工作区多次单击并拖动画笔，即可实现下方图层部分显示的效果。蒙版应用效果如图 1-25 所示。

图 1-24　添加蒙版图层

图 1-25　添加蒙版的图像效果

（4）图层混合模式

图层混合模式可以实现一个图层与其下方图层之间像素色彩相互作用的效果，选择不同的混合模式，同样的两个图层会产生不一样的显示效果。图 1-26 所示为相同的两个图层分别使用"正片叠底"和"滤色"两种混合模式的对比图。

图 1-26　应用不同图层混合模式的对比图

2. 色彩调整

要使用图像的色彩调整功能，可选择"图像"—"调整"菜单，也可单击"图层"面板下方的"调整图层"按钮弹出"色彩调整"快捷菜单。常用的色彩调整方法有色阶调整、曲线调整、色相/饱和度调整和色彩平衡调整等。

（1）色阶调整

色阶调整主要调整图片的亮部与暗部，色阶调整时最暗的像素点在左边，最亮的像素点在右边，色阶调整过程中色调变化直观，简单实用。"色阶"对话框如图 1-27 所示。

（2）曲线调整

曲线调整可以调节图像任意局部的亮度和颜色，可以使用高光、暗调和中间调进行调整。使用曲线调整功能还可以实现对图像中个别颜色通道的精确调整。"曲线"对话框如图 1-28 所示。

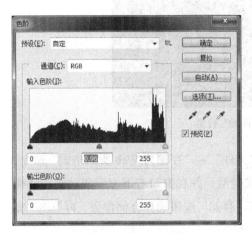

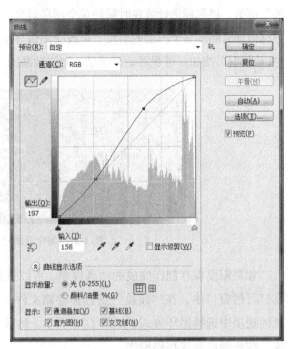

図 1-27　"色阶"对话框　　　　　　　　図 1-28　"曲线"对话框

（3）色相/饱和度调整

色相/饱和度调整可以调整图像中特定的某个颜色的色彩三要素，根据三要素来改变图像的颜色。"色相/饱和度"对话框如图 1-29 所示。

（4）色彩平衡调整。

色彩平衡调整将图像分为阴影、中间调和高光 3 个部分，每个部分都可以进行独立的色彩调整。使用色彩平衡调整功能可以对图像进行色彩校正。"色彩平衡"对话框如图 1-30 所示。

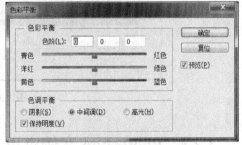

図 1-29　"色相/饱和度"对话框　　　　図 1-30　"色彩平衡"对话框

3. 动画

使用 Photoshop 可轻松制作 GIF 动画。GIF 文件因其自身优势，广泛应用于网页中。

在制作动画之前，先创建多个图层对象，再通过选择"窗口"—"时间轴"命令打开"时间轴"面板，将鼠标指针放在时间轴单个图层对象的右侧，拖动鼠标可改变图像显示的时长。使用鼠标拖动时间轴每个图层的对象，可改变图像显示的开始位置。拖动滑块或者单击面板左上方的"播放控制"按钮，可观看动画效果。制作动画的"时间轴"效果如图 1-31 所示。

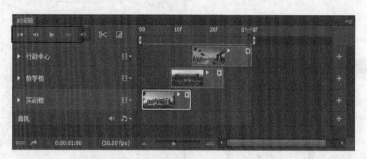

图 1-31　制作动画的"时间轴"效果

如果需要保存制作完成的动画效果，可以选择"文件"—"存储为 Web 所用格式"命令，在打开的窗口中，在"预设"里选择存储文件的格式类型，并在窗口右下方设置动画循环播放的选项中选择循环方式，如图 1-32 所示。然后单击"存储"按钮选择存储位置，再单击"完成"按钮即可完成存储操作。

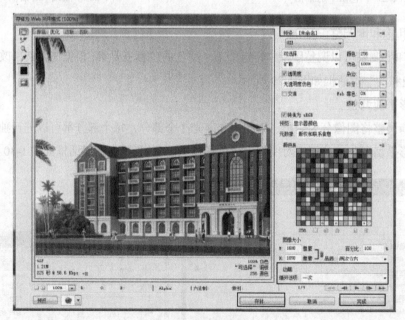

图 1-32　动画存储窗口

1.2.3　Photoshop 案例应用

1. 网站首页效果图制作

本案例介绍某一数码商城网站首页效果图的制作方法，效果如图 1-33 所示。本案例旨在提高读者对 Photoshop 的菜单命令、选区工具、形状绘制工具、图层功能、蒙版功能、图层样式、文字工具和控制面板等的综合使用能力，帮助读者掌握使用 Photoshop 制作网页的操作思路与方法，进一步开拓 Photoshop 在其他行业领域的应用思路。

图 1-33　网站首页效果图

2. 案例解析

（1）打开 Photoshop，选择"文件"—"新建"命令，在打开的"新建"对话框中按照图 1-34 所示的参数进行设置。

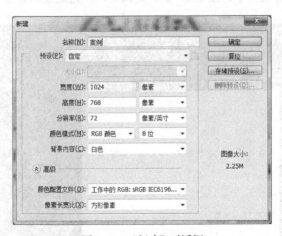

图 1-34　"新建"对话框

（2）在"图层"面板中单击"新建图层"按钮，新建一个"渐变背景"图层。使用矩形选框工具在新建图层上方绘制一个与工作区等宽的矩形选框，约占舞台上方 2/3 的高度。选择工具箱中的渐变工具，单击渐变工具属性栏左侧的"编辑渐变"按钮，打开图 1-35 所示的对话框，分别拖动对话框渐变条上下两侧的 4 个滑块，设置其参数值。拖动下方两个滑块设置渐变色，参数值分别为左侧（R:39,G:39,B:39）、右侧（R:243,G:243,B:243）。拖动上方两个滑块设置颜色的不透明度，左侧约 12%，右侧约 7%。单击"确定"按钮后，使用鼠标从上向下拖动填充渐变色。填充结束按下【Ctrl+D】快捷键取消选择选区。

图 1-35　"渐变"对话框

（3）选择"文件"—"置入"命令，选择素材"楼房"，将素材导入 Photoshop 工作区，用鼠标拖动节点调整图像到合适大小，按 Enter 键，确认导入。完成效果如图 1-36 所示。

图 1-36　"置入"命令的操作效果

（4）最小化 Photoshop 窗口，打开本地磁盘，找到"圆环"图像素材文件，拖动该图像至 Photoshop 窗口，也可实现第（3）步中素材"置入"的操作效果。完成效果如图 1-37 所示。

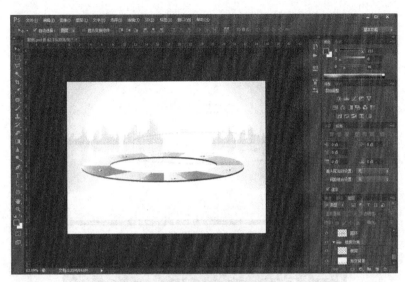

图 1-37　拖动置入图像的效果

（5）使用同样的方式新建图层，双击图层名称，将图层命名为"圆环阴影"。选择工具箱中的钢笔工具，沿着圆环的底部轮廓创建不规则路径，画出一个不规则形状。效果如图 1-38 所示。

（6）打开"路径"面板，选择第（5）步创建的路径，再单击面板下方的"将路径作为选区载入"按钮，如图 1-39 所示，即可将路径转换成不规则选区，然后使用渐变填充的方法为该选区填充渐变色，完成效果如图 1-40 所示。按下【Ctrl+D】快捷键取消选区。

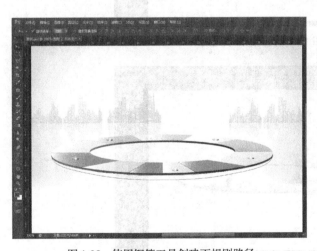

图 1-38　使用钢笔工具创建不规则路径

图 1-39　"路径"面板

（7）使用同样的方式新建图层，创建椭圆形选区，并为其填充渐变色，填充完成后取消选区。完成图 1-41 所示的外部椭圆效果。

（8）将外部计算机、相机、耳机、人物等素材文件导入工作区，分别选定导入对象所在的图层，按下【Ctrl+T】快捷键，使用鼠标拖动节点，对图像进行大小变换，完成后按 Enter 键确认。导入素材后的效果如图 1-42 所示。

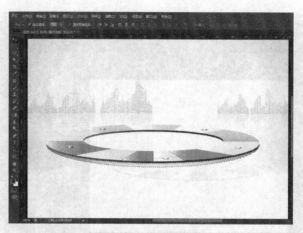

图 1-40　完成效果图

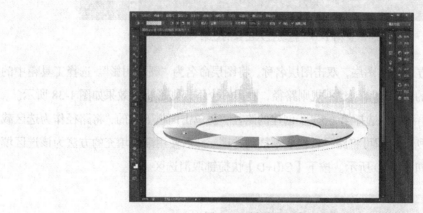

图 1-41　椭圆选区填充效果

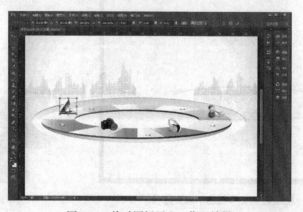

图 1-42　拖动图标置入工作区效果

　　（9）使用鼠标从工作区上方标尺处向下拖动，创建水平参考线，使用鼠标从左侧标尺位置向右拖动，创建垂直参考线。完成效果如图 1-43 所示。

图 1-43　创建参考线效果

（10）新建"圈 1"图层，选择椭圆选区，将鼠标指针指向参考线交叉位置，按下【Alt+Shift】快捷键，拖动鼠标，创建一个正圆选区，效果如图 1-44 所示。

图 1-44　创建正圆选区

（11）单击属性栏上方选区运算区域的"从选区中减去"按钮，然后使用第（10）步的方法在大圆选区内创建一个小圆，效果如图 1-45 所示。

图 1-45　选区运算效果

（12）将前景色设置为蓝色，按下【Alt+Delete】快捷键，为选区填充颜色，然后取消选区的选取。完成效果如图 1-46 所示。

图 1-46 填充运算后的圆环选区效果

（13）选定"圈 1"图层，按下【Ctrl+J】快捷键，复制图层，然后使用工具箱的移动工具将蓝色图标移动到合适位置。重复此操作，完成效果如图 1-47 所示。

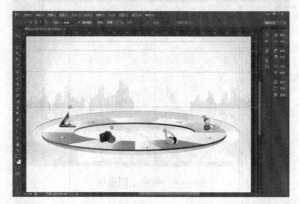

图 1-47 复制图层后效果

（14）新建图层，选择直线工具，调整前景色后，在工作区绘制线条，将各蓝色图标进行连接。完成效果如图 1-48 所示。

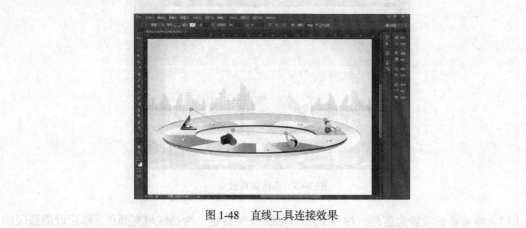

图 1-48 直线工具连接效果

（15）选择工具箱中的横排文字工具，为每个图标添加标题，效果如图 1-49 所示。

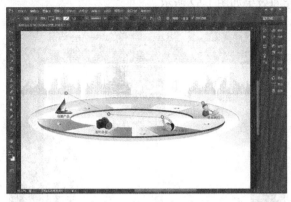

图 1-49　图标标题效果

（16）将"大数据时代"图像素材导入工作区，选择该图层，为其添加图层样式，效果如图 1-50 所示。

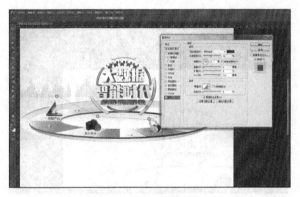

图 1-50　图层样式效果

（17）选择工具箱中的横排文字工具，在工作区左上角单击，创建文字图层，输入字母 D，选择"窗口"—"字符"命令，打开"字符"面板。设置字母 D 的属性，如图 1-51 所示。

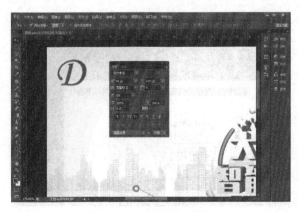

图 1-51　创建字母 D 效果

（18）选择工具箱中的横排文字工具，输入"igital mall"文字作为 Logo 图案。注意在"mall"前按 Enter 键，设置的字符效果如图 1-52 所示。

图 1-52　文字 Logo 效果设置

（19）选择工具箱中的圆角矩形工具，在属性栏进行图 1-53 所示的参数设置。

图 1-53　使用圆角矩形工具创建导航条背景

（20）使用同样的方式在白色导航条图像上新建一个小一点的圆角矩形，将路径转换为选区后为其填充蓝白渐变色。完成效果如图 1-54 所示。

图 1-54　创建导航条渐变效果

（21）使用钢笔工具绘制一条不规则路径，将其转换为选区后填充为高亮的蓝色，实现导航条的立体效果。完成效果如图 1-55 所示。

图 1-55 创建导航条高光效果

（22）使用钢笔工具绘制不规则白色图形，转换为选区后填充为白色。为突出按钮的立体效果，可绘制不规则形状并填充深灰色，模拟按钮的阴影效果。完成效果如图 1-56 所示。

图 1-56 白色导航按钮效果

（23）使用文字工具输入导航条文字标题。完成效果如图 1-57 所示。

图 1-57 为导航条添加文字效果

（24）通过同样的制作思路制作二级导航条效果。完成效果如图 1-58 所示。

图 1-58   二级导航条效果

（25）使用文字工具，在页面右侧输入文字并调整排版布局。完成效果如图 1-59 所示。

图 1-59   创建标题文字效果

（26）使用与前面相同的操作方法，综合使用选区工具、钢笔工具和文字工具，制作页面下方信息发布效果。完成效果如图 1-60 所示。

图 1-60   信息发布模块制作效果

（27）发布网页前务必注明版权和机构联系方式。完成效果如图 1-61 所示。

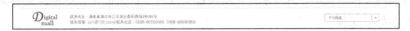

图 1-61　网页版权与联系方式效果

1.3　软件工程

软件工程是一门研究用工程化方法构建与维护有效、实用和高质量软件的学科。它涉及程序设计语言、数据库、软件开发工具、系统平台、标准、设计模式等。

1.3.1　软件开发过程

软件开发过程是一个将用户需求转化为软件系统所需活动的集合，是人们开发和维护软件及其相关产品所采取的一系列活动。其中软件相关产品包括项目计划、设计文档、源代码、测试用例和用户手册等。

软件开发的过程模型通常分为经典模型、现代模型和敏捷过程，其中经典模型包括瀑布模型、快速原型模型、增量模型、螺旋模型和喷泉模型等。

1. 瀑布模型

瀑布模型是早期出现的软件开发模型，于 1970 年由温斯顿·罗伊斯（Winston Royce）提出，核心思想是按工序将问题简化，将功能的实现与设计分开，便于分工协作，即采用结构化的分析与设计方法将逻辑实现与物理实现分开。将软件生命周期划分为制订计划、需求分析、软件设计、程序编写、软件测试和运行维护等 6 个基本活动，并且规定了它们自上而下、相互衔接的固定次序，如同瀑布流水，逐级下落，如图 1-62 所示。如果开发过程中出现问题，则返回上一层检查和修改，由此可以在瀑布模型中加入"迭代"过程，如图 1-63 所示。

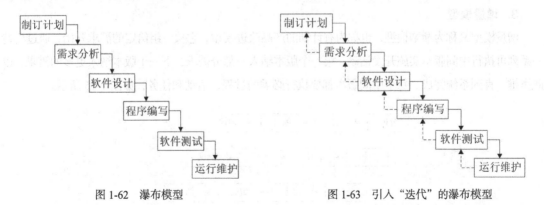

图 1-62　瀑布模型　　　　　　图 1-63　引入"迭代"的瀑布模型

在瀑布模型中，软件开发的各项活动严格按照线性方式进行，当前活动接受上一项活动的工作结果，实施所需的工作内容。当前活动的工作结果需要进行验证，如果验证通过，则该结果作为下一项活动的输入，继续进行下一项活动；否则返回修改。

瀑布模型强调文档的作用，并要求每个阶段都要仔细验证。但是，这种模型的线性过程太理想化，主要存在如下问题。

（1）各个阶段的划分完全固定，阶段之间产生大量的文档，极大地增加了工作量。

（2）由于开发模型是线性的，用户只有等到整个过程的末期才能见到开发成果，从而增加了开发的风险。

（3）早期的错误可能要等到后期的测试阶段才能发现，进而带来严重的后果。

2. 快速原型模型

快速原型模型需要迅速建立一个可运行的软件原型，以便理解和澄清问题，使开发人员与用户达成共识，最终在确定客户需求的基础上开发客户满意的软件产品，如图 1-64 所示。

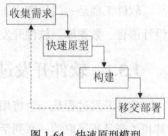

图 1-64　快速原型模型

快速原型模型允许在需求分析阶段对软件的需求进行初步而非完全的分析和定义，快速设计开发出软件系统的原型，该原型向用户展示待开发软件的全部或部分功能和性能；用户对该原型进行测试评定，给出具体改进意见以丰富细化软件需求；开发人员据此对软件进行修改完善，直至用户满意认可之后，再进行软件的完整实现及测试、维护。

传统的瀑布模型很难适应需求可变、模糊不定的软件系统的开发，而且在开发过程中，用户很难参与进去，只有到开发结束才能看到整个软件系统。这种理想的、线性的开发过程缺乏灵活性，不适合实际的开发过程。

快速原型模型的提出，较好地解决了瀑布模型的局限性问题，通过建立原型，开发者可更好地与客户进行沟通，对一些模糊需求进行澄清，并且对需求的变化有较强的适应能力。快速原型模型可减少技术和应用的风险、缩短开发时间、减少费用、提高效率，通过实际运行原型，为用户提供直接评价系统的方法，促使用户主动参与开发活动，加强了信息的反馈，促进了各类人员的协调交流，减少误解，能够适应需求的变化，最终有效提高软件系统的质量。

3. 增量模型

增量模型又称为渐增模型，也称为有计划的产品改进模型，它从一组给定的需求开始，通过构造一系列可执行中间版本实施开发活动。第一个版本纳入一部分需求，下一个版本纳入更多的需求，以此类推，直到系统完成。每个中间版本都要执行必需的过程、活动和任务，如图 1-65 所示。

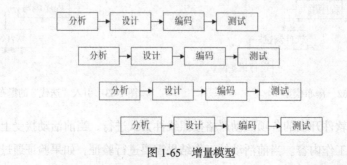

图 1-65　增量模型

实际上，在采用增量模型时，具有最高优先权的核心增量构件将会最先交付，而随着后续构件不断被集成进系统，这个核心构件将会受到最多次数的测试。这意味着软件系统最重要的部分将具有最高的可靠性，使得整个软件系统更加健壮。

增量模型是瀑布模型和快速原型模型的结合，它对软件开发过程的考虑是：在整体上按照瀑布模型的流程实施项目开发，以方便对项目进行管理；在软件的实际创建中，将软件系统按功能分解为许多增量构件，并以构件为单位逐个地创建与交付，直到全部增量构件创建完毕，并都被集成到系统之中交付用户使用。

和快速原型模型一样，增量模型逐步地向用户交付软件产品，但它不同于快速原型模型的是，增量模型在开发过程中所交付的不是完整的新版软件，而是新增加的构件。

增量模型的最大特点是将待开发的软件系统模块化和组件化。基于这个特点，增量模型具有以下优点。

（1）将待开发的软件系统模块化，可分批次提交软件产品，使用户及时了解软件项目的进展。

（2）以组件为单位进行开发降低了软件开发的风险。一个开发周期内的错误不会影响整个软件系统。

（3）开发顺序灵活。开发人员可以对组件的实现顺序进行优先级排序，先完成需求稳定的核心组件。当组件的优先级发生变化时，还能及时地对实现顺序进行调整。

增量模型的缺点是要求待开发的软件系统可以被模块化。如果待开发的软件系统很难被模块化，那么将会给增量开发带来很多麻烦。

增量模型适用于具有以下特征的软件开发项目。

（1）软件产品可以分批次地进行交付。

（2）待开发的软件系统能够被模块化。

（3）软件开发人员对应用领域不熟悉，难以一次性地进行系统开发。

（4）项目管理人员把握全局的水平较高。

4. 螺旋模型

1988 年，巴利·玻姆（Barry Boehm）正式提出了软件系统开发的"螺旋模型"。螺旋模型是一种演化软件开发过程模型，兼具快速原型模型的迭代特征和瀑布模型的系统化与严格监控功能，如图 1-66 所示。螺旋模型的最大特点在于引入了其他模型不具备的风险分析，使软件在无法排除重大风险时有机会停止，以减小损失。同时，在每个迭代阶段构建原型是螺旋模型用以减少风险的途径。

螺旋模型强调风险分析，使开发人员和用户对每个演化层出现的风险有所了解，继而做出应有的反应，因此特别适用于庞大、复杂并具有高风险的系统。对于这些系统，风险是软件开发不可忽视且潜在的不利因素，它可能在不同程度上破坏软件开发过程，影响软件产品的质量。降低软件开发风险的目标是在造成危害之前及时对风险进行识别及分析，决定采取何种对策，进而消除或减少风险的损害。

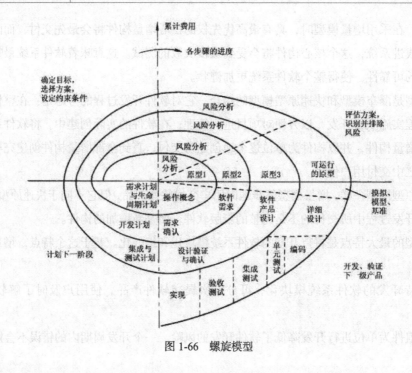

图 1-66　螺旋模型

螺旋模型强调风险分析，但要求许多客户接受和相信这种分析并做出相关反应是不容易的。另外，如果进行风险分析将大大影响项目的利润，那么，进行风险分析将毫无意义。因此，螺旋模型只适用于大规模软件项目。

软件开发人员应该擅长寻找可能存在的风险，准确地分析风险，否则将带来更大的风险。一个阶段的开始是确定该阶段的目标，明确完成这些目标的选择方案及其约束条件。然后从风险角度分析方案的开发策略，努力排除各种潜在的风险，有时需要通过建造原型来完成。如果某些风险不能排除，该方案立即终止；否则开始下一个开发步骤。最后，评价该阶段的结果，并设计下一个阶段。

5. 喷泉模型

喷泉模型（Fountain Model）是一种以用户需求为动力、以对象为驱动的模型，主要用于描述面向对象的软件开发过程。该模型认为软件开发过程自下而上周期的各阶段具有相互迭代和无间隙的特性，如图 1-67 所示。

喷泉模型主要用于采用面向对象技术的软件开发项目，软件的某个部分被多次重复使用，相关对象在每次迭代中加入渐进的软件成分。无间隙指在各项活动间无明显边界，如分析和设计活动之间没有明显的界线。由于对象概念的引入，表达分析、设计、实现等活动只采用对象类和关系，从而可以较容易地实现活动的迭代和无间隙。

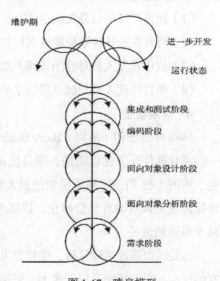

图 1-67　喷泉模型

喷泉模型的优点是不像瀑布模型那样，需要分析活动结束后才开始设计活动，设计活动结束后才开始编码活动，开发人员可同步进行开发。喷泉模型可以提高软件项目开发效率，节省开发时间，适用于面向对象的软件开发过程。

喷泉模型的缺点是由于其在各个开发阶段是重叠的，因此在开发过程中需要大量的开发人员，不利于项目的管理。此外，这种模型要求严格管理文档，使得审核的难度加大，尤其是面对可能随时加入各种信息、需求与资料的情况时。

6. 软件开发方法

在 20 世纪 60 年代中期爆发了众所周知的软件危机。为了克服这一难题，在 1968 年、1969 年连续召开的两次著名的北大西洋公约组织（NATO）会议上提出了软件工程这一术语，并在之后不断发展、完善。与此同时，软件研究人员也在不断探索新的软件开发方法。至今已形成了 8 类软件开发方法。

（1）帕尔纳斯（Parnas）方法

最早的软件开发方法由帕尔纳斯（D. Parnas）在 1972 年提出。他首先提出了信息隐蔽原则：在概要设计时列出将来可能发生变化的因素，并在模块划分时将这些因素放到个别模块的内部。这样一来，在将来因为这些因素变化而需修改软件时，只需修改这些个别的模块，其他模块不受影响。信息隐蔽原则不仅提高了软件的可维护性，还避免了错误的蔓延，提高了软件的可靠性。他提出的第二条原则是在软件设计时应对可能发生的种种意外故障采取措施。软件是很脆弱的，很可能因为一个微小的错误而引发严重的事故，所以必须加强防范。

（2）SASD 方法

1978 年，尤顿（E. Yourdon）和康斯坦丁（L. L. Constantine）提出结构化方法，即 SASD 方法，也称为面向功能的软件开发方法或面向数据流的软件开发方法。1979 年，汤姆·狄马克（Tom DeMarco）对此做了进一步的完善。

SASD 方法是 20 世纪 80 年代使用最广泛的软件开发方法。它首先用结构化分析（SA）方法对软件进行需求分析，再用结构化设计（SD）方法进行总体设计，最后进行结构化编程（SP）。该方法不仅开发步骤明确，SA、SD、SP 相辅相成，一气呵成，而且给出了变换型和事务型这两类典型的软件结构，便于参照，使软件开发的成功率大大提高，深受软件开发人员喜爱。

（3）面向数据结构的软件开发方法

① 杰克逊（Jackson）方法

1975 年，杰克逊（M. A. Jackson）提出了一类至今仍广泛使用的软件开发方法：Jackson 方法，也称为面向数据结构的软件开发方法。该方法从目标系统的输入、输出数据结构入手，导出程序框架结构，再补充其他细节，就可得到完整的程序结构图。该方法对输入、输出数据结构明确的中小型系统特别有效，该方法也可与其他方法结合，用于模块的详细设计。

② 瓦尔尼耶（Warnier）方法

1974 年，瓦尔尼耶（J. D. Warnier）提出的软件开发方法与 Jackson 方法类似。差别有 3 点：一是它们使用的图形工具不同，分别使用 Warnier 图和 Jackson 图；二是使用的伪码不同；三是在构造程序框架时，Warnier 方法仅考虑输入数据结构，而 Jackson 方法不仅考虑输入数据结构，还考虑输出数据结构。

③ 问题分析法

问题分析法（Problem Analysis Method，PAM）是 20 世纪 80 年代末由日立公司提出的一种软件开发方法。问题分析法希望能兼具 SASD 方法、Jackson 方法和自底向上等方法的优点，避免它们的缺点。基本思想是考虑到输入、输出数据结构，指导系统的分解，在系统分析指导下逐步综合。

问题分析法的另一个优点是使用数据流（PAD）图。这是一种二维树形结构图，是到目前为止最好的详细设计表示方法之一，优于盒图（NS 图）和打印机控制语言（PDL）。

（4）面向对象的软件开发方法

面向对象技术是软件技术的一次革命，在软件开发史上具有里程碑的意义。面向对象编程（OOP）向面向对象设计（OOD）和面向对象分析（OOA）的发展，最终形成面向对象的软件开发方法（Object Modelling Technique，OMT）。这是一种自底向上和自顶向下相结合的方法，以对象建模为基础，不仅考虑输入、输出数据结构，还包含了所有对象的数据结构。所以 OMT 彻底实现了 PAM 没有完全实现的目标。

（5）可视化开发方法

可视化开发是 20 世纪 90 年代软件行业最大的热点之一。可视化开发是在可视开发工具提供的图形用户界面上，通过操作界面元素，如菜单、按钮、对话框、编辑框、单选框、复选框、列表框和滚动条等，由可视开发工具自动生成应用软件。

这类应用软件的工作方式是事件驱动。对每一事件，由系统产生相应的消息，再传递给相应的消息响应函数。这些消息响应函数由可视开发工具在生成软件时自动装入。

（6）整合性计算机辅助软件工程（ICASE）

随着软件开发工具的积累，自动化工具的增多，软件开发环境进入第三代 ICASE（Integrated Computer-Aided Software Engineering）。它不仅提供了数据集成和控制集成，还提供了一组用户界面管理设施和一大批工具。

ICASE 的进一步发展则是与其他软件开发方法的结合，如与面向对象技术、软件重用技术结合。近几年已出现了能实现全自动软件开发的智能化的 ICASE。

ICASE 的最终目标是实现应用软件的全自动开发，即开发人员只要写好软件的需求规格说明书，软件开发环境就自动完成从需求分析开始的所有软件开发工作，自动生成供用户直接使用的软件及有关文档。

（7）软件重用

软件重用（Reuse）又称"软件复用"或"软件再用"。早在 1968 年的 NATO 会议上就已提出可复用库的思想。1983 年，弗里曼（Freeman）对软件重用给出了详细的定义：在构造新的软件系统的过程中，对已存在的软件人工制品的使用技术。软件人工制品可以是源代码片段、子系统的设计结构、模块的详细设计、文档和某一方面的规范说明等。软件重用是利用已有的软件成分来构造新的软件，可大大减少软件开发所需的费用和时间，有利于提高软件的可维护性和可靠性。

（8）组件连接

最早的组件连接技术 OLE（Object Linking and Embedding）1.0 是微软公司于 1990 年 11 月在计算机经销商博览会（COMDEX）上推出的。OLE 给出了软件组件（Component Object）的接口标准。任何人都可按此标准独立地开发组件和增值组件（组件上添加一些功能构成新的组件），或由若干组件构成集成软件。在这种软件开发方法中，应用系统的开发人员可以把主要精力放在应用系统本身的研究上，因为他们可在组件市场上购买所需的大部分组件。

软件组件市场（组件集成方式）是一种社会化的软件开发方式，因此也是软件开发方式上的一次革命，必将极大地提高软件开发的劳动生产率，而且软件开发周期将大大缩短，软件质量将更好，所需开发费用会进一步降低，软件维护也更容易。

综上所述，今后的软件开发将是以面向对象技术为基础，可视化开发、ICASE 和软件组件连接 3 种方式并驾齐驱。它们将共同形成软件行业新一轮的热点技术。

1.3.2 结构化需求分析与设计

需求分析是软件计划阶段的重要活动，也是软件生存周期中的一个重要环节，该阶段是分析系统在功能上需要"实现什么"，而不去考虑如何"实现"。需求分析的目标是把用户对待开发软件提出的"要求"或"需要"进行分析与整理，确认后形成描述完整、清晰与规范的文档，确定软件需要实现哪些功能、完成哪些工作。此外，软件的一些非功能性需求（如软件性能、可靠性、响应时间、可扩展性等）、软件设计的约束条件、运行时与其他软件的关系等也是软件需求分析的目标。

需求分析是发现、求精、建模、规格说明和复审的过程。为了发现用户的真正需求，首先应该从宏观角度调查、分析用户所面临的问题。也就是说，需求分析的第一步是尽可能准确地了解用户当前的情况和需要解决的问题。分析员对用户提出的初步要求应该反复求精、多次细化，才能充分理解用户的需求，得出对目标系统的完整、准确和具体的要求。

为了更好地理解问题，人们常常采用建立模型的方法。模型就是为了理解事物而对事物做出的一种抽象，是对事物的一种无歧义的书面描述。模型通常由一组图形符号和组织这些符号的规则组成。结构化分析就是一种建立模型的活动，通常建立数据模型、功能模型和行为模型 3 种模型。除了用分析模型表示软件需求之外，还要写出准确的软件需求规格说明。模型既是软件设计的基础，也是编写软件规格说明的基础。

在分析软件需求和编写软件规格说明的过程中，软件开发者和软件用户都起着关键的、必不可少的作用。用户与开发者之间需要沟通的内容非常多，在双方交流信息的过程中很容易出现误解或遗漏，也可能存在二义性。

因此，不仅在整个需求分析过程中应该采用行之有效的通信技术，集中精力仔细工作，还必须对需求分析的结果（分析模型和规格说明）严格审查。

1. 需求分析的内容

需求分析的内容是对待开发软件提供完整、清晰、具体的要求，确定软件必须实现哪些功能。具体分为功能性需求、非功能性需求与设计约束 3 个方面。

（1）功能性需求

功能性需求是软件需求的主体，包括软件必须完成哪些事、必须实现哪些功能，以及为了向其用户提供有用的功能所需执行的动作。开发人员需要与用户进行交流，核实用户需求，从软件帮助用户完成事务的角度充分描述外部行为，形成软件需求规格说明。

（2）非功能性需求

作为对功能性需求的补充，软件需求分析的内容中还应该包括一些非功能性需求。主要包括软件使用时对性能方面的要求、运行环境的要求，软件设计必须遵循的相关标准和规范、用户界面设计的具体细节、未来可能的扩充方案等。

（3）设计约束

也称作"设计限制条件"，通常是对一些设计或实现方案的约束说明。例如，要求待开发软件必须使用 Oracle 数据库系统完成数据管理功能，运行时必须基于 Linux 环境等。

2. 结构化需求分析建模

目前，软件需求的分析与设计方法较多，有些大同小异，有的基本思路相差很大。从开发过程及特点出发，软件开发一般采用软件生存周期的开发方法，有时采用开发原型的方法以帮助了解用户需求。软件分析与设计时，一般采用自上而下从全局出发，全面规划和分析，再逐步设计实现的方法。

从系统分析出发，可将需求建模方法大致分为功能分解方法、结构化分析方法、信息建模方法和面向对象的分析方法。

（1）功能分解方法

该方法将新系统作为多功能模块的组合。各功能可分解为若干子功能及接口，子功能再继续分解，得到系统的雏形。

（2）结构化分析方法

结构化分析方法是一种从问题空间到某种表示的映射方法，是结构化方法中很重要且被普遍接受的表示系统，由数据流图和数据词典构成并表示。因其基本策略是跟踪数据流，又称为"数据流法"。其研究问题域中的数据流动方式及在各个环节上所进行的处理，发现数据流并加工。结构化分析可定义为数据流、数据处理或加工、数据存储、端点、处理说明和数据词典。

（3）信息建模方法

信息建模方法从数据角度对现实世界建立模型。大型软件较复杂，很难直接对其进行分析和设计，因此常借助模型。一般大型软件系统包括数据处理、事务管理和决策支持，实质上也可看成由一系列有序模型构成，其有序模型通常为功能模型、信息模型、数据模型、控制模型和决策模型。有序是指这些模型是分别在系统的不同开发阶段及开发层次一同建立的。建立软件系统常用的基本工具是 E-R 图，经过改进后称为"信息建模法"，后来又发展为"语义数据建模方法"，并引入了许多面向对象的特点。

信息建模时需定义实体或对象、属性、关系、父类型/子类型和关联对象。此方法的核心概念是实体和关系，基本工具是 E-R 图，其基本要素由实体、属性和关系构成。该方法的基本策略是从现实中找出实体，然后再用属性进行描述。

（4）面向对象的分析方法

面向对象的分析方法（Object Oriented Analysis，OOA）是运用面向对象方法进行系统分析。它可以对问题域和系统责任进行分析，找出描述问题域及系统责任所需的对象，定义对象的属性、操作及它们之间的关系，建立起一个符合问题域、满足用户需求的 OOA 模型，从而为面向对象设计（OOD）和面向对象程序设计（OOP）提供指导。

OOA 模型由 5 个层次（主题层、对象类层、结构层、属性层、服务层）和 5 个活动（标识对象类、标识结构、定义主题、定义属性、定义服务）组成，这 5 个层次和 5 个活动贯穿于 OOD 过程中。

OOA 强调在系统调查资料的基础上，对面向对象方法所需要的素材进行归类、分析和整理，而不是对管理业务现状和方法进行分析。

3. 需求规格说明

需求规格说明是对软件所应满足的要求，以可验证的方式做出完全、精确陈述的文件。"规格说明"一词与其他工业产品的"规格说明书"有相似的含义。不过，在软件领域中，它已成为一个特定的技术用语。软件产品与使用环境之间的关系、软件产品内部各组成部分之间的接口往往十分复杂，并且在发展过程中软件产品要经历多次变换，以各种不同形式出现于不同的阶段。因此，对软件的各组成部分之间、各发展阶段之间的接口关系应当规定得十分准确。

软件规格说明须用某种语言书写。自然语言的陈述中常存在歧义，易引起误解，因此最好使用人工语言或者人工语言与自然语言的混合形式书写软件的规格说明。软件规格说明书写语言又称为"规格说明语言"。大型软件的规格说明往往十分冗长，因而希望这种语言易于被计算机处理，以便能用机器检查软件规格说明中有无遗漏或自相矛盾的地方。软件规格说明的内容可根据不同场合的需要而有所侧重。

4. 软件设计及其原则

软件设计是从软件需求规格说明出发，根据需求分析阶段确定的功能设计软件系统的整体结构，划分功能模块，确定每个模块的实现算法以及编写具体的代码，形成软件的具体设计方案。软件设计包括概要设计和详细设计两个阶段。

概要设计是一个设计师根据用户交互过程和用户需求来形成交互框架和视觉框架的过程，其结果往往以反映交互控件布置、界面元素分组以及界面整体版式的页面框架图的形式来呈现。这是一个在用户研究和设计之间架起桥梁，使用户研究和设计无缝结合，将用户目标与需求转换成具体界面设计解决方案的重要阶段。

概要设计的主要任务是把需求分析得到的系统扩展用例图转换为软件结构和数据结构。设计软件结构的具体任务是将一个复杂系统按功能进行模块划分、建立模块的层次结构及调用关系、确定模块间的接口及人机界面等。数据结构设计包括数据特征的描述、确定数据的结构特性、数据库的设计。概要设计建立的是目标系统的逻辑模型，与计算机无关。

详细设计的重点在于将框架逐步求精，细化为具体的数据结构和软件的算法表达。

软件设计的原则一般包括以下 11 个。

（1）可靠性

软件系统规模越做越大，且越来越复杂，可靠性越来越难保证。应用本身对系统运行的可靠性要求越来越高。软件可靠性表示该软件在测试运行过程中避免发生故障的能力，以及一旦发生故障时的解脱和排除故障的能力。软件可靠性和硬件可靠性的本质区别在于：后者为物理机理的衰变和老化所致，而前者为设计和实现的错误所致。故软件可靠性必须在设计阶段就确定，在生产和测试阶段确定比较困难。

（2）健壮性

健壮性又称"鲁棒性"，是指对于规范要求以外的输入，软件能够判断出它不符合规范要求，并能有合理的处理方式。软件健壮性是一个比较模糊的概念，但又是非常重要的软件外部度量标准。软件设计得健壮与否直接反映分析设计和编码人员的水平。

（3）可修改性

这是指要求以科学的方法设计软件，使之有良好的结构和完备的文档，系统性能易于调整。

（4）可理解性

软件的可理解性是其可靠性和可修改性的前提。它不仅要求文档清晰可读，还要求软件本身具有简单明了的结构。这在很大程度上取决于设计者的洞察力和创造性，以及对设计对象掌握的透彻程度，它还依赖于设计工具和方法的适当运用。

（5）程序简便

（6）可测试性

可测试性是指可以设计一个适当的数据集合，用来测试所建立的系统，保证系统得到全面检验。

（7）效率性

软件的效率性一般用程序的执行时间和所占用的内存容量来度量。在达到原理要求的功能指标的前提下，程序运行所需时间越短、占用存储容量越小，则效率越高。

（8）标准化原则

这是指软件在结构上实现开放，基于业界开放式标准，符合国家和信息产业部的规范。

（9）先进性

先进性是指采用具有国内先进水平、符合国际发展趋势的成熟技术、软件产品和设备，保证系统具有较长的生命力和扩展能力。

（10）可扩展性

软件设计完要留有升级接口和升级空间，对扩展开放，对修改关闭。

（11）安全性

安全性要求系统能够满足用户信息、操作等多方面的安全要求，同时系统本身也要能够及时修复、处理各种安全漏洞，以提高安全性能。

5. 模块独立

模块独立是模块化、抽象、信息隐藏和局部化概念的直接结果，有内聚和耦合两个定性标准度量。内聚是从功能角度来度量模块内的联系。一个好的内聚模块应当恰好做一件事，描述的是模块内的功能联系。耦合是软件结构中各模块之间相互连接的一种度量，耦合度取决于模块间接口的复杂程度、进入或访问一个模块的点以及通过接口的数据。

高内聚、低耦合是软件工程中的概念，是判断设计好坏的标准，主要是针对面向对象的设计。

6. 面向数据流的设计方法

面向数据流的设计要解决的问题是将软件需求分析阶段生成的逻辑模型数据流图映射表达为软件系统结构的软件结构图。在软件设计的需求分析阶段，信息流是一个关键考虑因素，通常用数据流图描绘信息在系统中加工和流动的情况。信息流分为变换流和事务流。

信息沿输入通路进入系统，由外部形式变为内部形式，进入系统的信息通过变换中心，经加工处理以后，再沿输出通路变换成外部形式离开软件系统，有这样流程的信息流称为"变换流"。

信息沿传入路径进入系统，由外部形式变换为内部形式后到达事务中心，事务中心根据数据项计算结果，从若干动作路径中选定一条执行，有这样流程的信息流称为"事务流"。

面向数据流的设计方法定义了不同的映射，利用这些映射可把数据流图变成软件结构图。

7. 软件设计说明书

软件设计说明书分为概要设计说明书和详细设计说明书。概要设计说明书又称"系统设计说明书"，这里所说的系统是指程序系统。编制概要设计说明书的目的是说明对程序系统的设计考虑，包括程序系统的基本处理流程、组织结构、模块划分、功能分配、接口设计、运行设计、安全设计、数据结构设计和出错处理设计等，为程序的详细设计提供基础。

详细设计说明书又称"程序设计说明书"，编制的目的是说明一个软件系统各个层次中的每一个程序（每个模块或子程序）的设计考虑。

1.3.3　面向对象方法学与 UML

面向对象的概念和应用已超越了程序设计和软件开发，扩展到了数据库系统、交互式界面、应用结构、应用平台、分布式系统、网络管理结构、CAD 技术、人工智能等领域。面向对象是一种对现实世界进行理解和抽象的方法，是计算机编程技术发展到一定阶段后的产物。

统一建模语言（Unified Modeling Language，UML）是面向对象开发中一种通用的图形化建模语言，其定义良好、易于表达、功能强大且普遍适用。面向对象的分析主要在加强对问题空间和系统任务的理解、改进各方交流、与需求保持一致和支持软件重用等 4 方面，表现出比其他系统分析方法更好的能力，因此成为主流的系统分析方法。UML 提供多种图形可视化描述模型元素，它是现代软件工程环境中面向对象分析和设计的重要工具。

1. 面向对象方法概述

面向对象方法（Object-Oriented Method）是一种把面向对象的思想应用于软件开发过程中，

指导开发活动的系统方法，简称"OO（Object-Oriented）方法"，是建立在"对象"概念基础上的方法学。对象（Object）是由数据和允许的操作组成的封装体，与客观实体有直接对应关系，一个对象类定义了具有相似性质的一组对象。继承性是对具有层次关系的类的属性和操作进行共享的一种方式。所谓面向对象就是基于对象概念，以对象为中心，以类和继承性为构造机制，来认识、理解、刻画客观世界和设计、构建相应的软件系统。

2. 面向对象方法的主要优点

相对于传统的面向过程的方法，面向对象的软件方法的优点主要表现在以下几个方面。

（1）与人类习惯的思维方法一致

面向对象的软件技术以对象为核心，用这种技术开发出的软件系统由对象组成。

对象是对现实世界实体的正确抽象，它是由描述内部状态、表示静态属性的数据，以及可以对这些数据施加的操作（表示对象的动态行为）封装在一起所构成的统一体。对象之间通过传递消息来互相联系，以模拟现实世界中不同事物彼此之间的联系。

面向对象的设计方法与传统的面向过程的方法有本质上的不同，这种方法的基本原理是，使用现实世界的概念抽象地思考问题，从而自然地解决问题。

它强调模拟现实世界中的概念，而不强调算法，它鼓励开发者在软件开发的绝大部分过程中用应用领域的概念去思考。在面向对象的设计方法中，计算机的观点是不重要的，现实世界的模型才是最重要的。

面向对象的软件开发过程从始至终都围绕着建立问题领域的对象模型来进行：对问题领域进行自然的分解，确定需要使用的对象和类，建立适当的类等级，在对象之间传递消息来实现必要的联系，从而按照人们习惯的思维方式建立起问题领域的模型，模拟客观世界。

（2）稳定性好

面向对象方法基于构造问题领域的对象模型，以对象为中心构造软件系统。它的基本做法是用对象模拟问题领域中的实体，以对象间的联系描述实体间的联系。

因为面向对象的软件系统的结构是根据问题领域的模型建立起来的，而不是基于对系统应实现的功能的分解，所以，当对系统的功能需求变化时并不会引起软件结构的整体变化，往往只需要做一些局部性的修改。

（3）可重用性好

离开操作，数据无法处理，而脱离了数据的操作也是毫无意义的，在面向对象方法所使用的对象中，数据和操作是同样重要的。

因此，对象具有很强的自含性，此外，对象所固有的封装性和信息隐藏机理使得对象的内部实现与外界隔离，具有较强的独立性。由此可见，对象提供了比较理想的模块化机制和可重用的软件成分。

（4）较易开发大型软件产品

当开发大型软件产品时，组织开发人员的方法不恰当往往是出现问题的主要原因。

用面向对象方法开发软件时，可以把一个大型产品看作一系列本质上相互独立的小产品来处理，这样不仅降低了开发的技术难度，还使得对开发工作的管理变得更容易。

（5）可维护性好

下述因素的存在，使得用面向对象方法所开发的软件可维护性好。

- 面向对象的软件稳定性比较好。
- 面向对象的软件比较容易修改。
- 面向对象的软件比较容易理解。
- 易于测试和调试。

3. 面向对象建模

面向对象的建模方法有很多种，也都在进一步地发展和完善中。面向对象建模方法是目前软件开发中最为成熟和实用的方法之一，它从描述系统数据结构的对象模型、描述系统控制结构的动态模型和描述系统功能的功能模型 3 个方面对系统进行建模，每个模型从一个侧面反映系统的特性。

这 3 种模型都涉及数据、控制和操作等共同的概念，只不过每种模型描述的侧重点不同。这 3 种模型从 3 个不同但又密切相关的角度模拟目标系统，各自从不同侧面反映了系统的实质性内容，综合起来则全面地反映了对目标系统的需求。

一个典型的软件系统综合了上述 3 方面内容：它使用数据结构（对象模型），执行操作（动态模型），并且完成数据值的变化（功能模型）。

（1）对象模型

对象模型表示静态的、结构化的"数据"性质，它是对模拟客观世界实体的对象及对象间关系的映射，描述了系统的静态结构，通常用类图表示。对象模型描述系统中对象的静态结构、对象之间的关系、对象的属性、对象的操作。对象模型表示静态的、结构化的、系统的"数据"特征。对象模型为动态模型和功能模型提供了基本的框架。

（2）动态模型

动态模型表示瞬时的、行为化的、系统的"控制"性质，它规定了对象模型中的对象的合法变化序列。对一个对象来说，生命周期由许多阶段组成，在每个特定阶段中，都有适合该对象的一组运行规律和行为规则，用以规范该对象的行为。生命周期中的阶段也就是对象的状态。所谓状态，是对对象属性值的一种抽象。

各对象之间相互触发（即作用）就形成了一系列的状态变化。我们把一个触发行为称作一个事件。对象对事件的响应，取决于接受该触发的对象当时所处的状态，响应包括改变自己的状态或者又形成一个新的触发行为。

状态有持续性，它占用一段时间间隔。状态与事件密不可分，一个事件隔开两个状态，一个状态隔开两个事件。事件表示时刻，状态代表时间间隔。

每个类的动态行为用一张状态图来描绘，各个类的状态图通过共享事件合并起来，从而构成系统的动态模型。

（3）功能模型

功能模型表示变化的、系统的"功能"性质，它指明了系统应该"做什么"，因此更直接地反映了用户对目标系统的需求。通常，功能模型由一组数据流图组成。UML 提供的用例图是进行需求分析和建立功能模型的强有力工具。

（4）3 种模型之间的关系

面向对象建模技术所建立的 3 种模型，分别从 3 个不同侧面描述了所要开发的系统。这 3 种模型相互补充、相互配合，功能模型指明系统应该"做什么"；动态模型明确规定了什么时候做；对象模型则定义了做事情的实体。

4．面向对象测试

软件测试是保证软件可靠性的主要措施。面向对象测试的目标，是用尽可能低的测试成本和尽可能少的测试方案，发现尽可能多的错误。面向对象程序中特有的封装、继承和多态等机制，给面向对象测试带来新的特点，增加了测试和调试的难度。测试计算机软件的经典策略是从"小型测试"开始，逐步过渡到"大型测试"，即从单元测试开始，逐步进入集成测试，最后进行确认测试和系统测试。

（1）面向对象的单元测试

最小的可测试单元是封装起来的类和对象。一个类可包含一组不同的操作，而一个特定的操作也可能存在于一组不同的类中。因此，对于面向对象的软件来说，单元测试的含义发生了很大变化。不能孤立地测试单个操作，而应该把操作作为类的一部分来测试。

测试类时使用的方法主要有随机测试、划分测试和基于故障的测试。每种方法都测试类中封装的操作。应该设计测试序列以保证相关的操作受到充分测试，检查对象的状态（由对象的属性值表示），以确定是否存在错误。

（2）面向对象的集成测试

面向对象的集成测试有两种不同的策略。

① 基于线程的测试（thread-based testing），这种策略把响应系统的一个输入或事件所需的一组类集成起来。分别集成并测试每个线程，同时用回归测试以保证没有产生副作用。

② 基于使用的测试（use-based testing），这种策略首先测试几乎不使用服务器类的那些类（称为独立类），把独立类测试完后，接着测试使用独立类的下一个层次的类（称为依赖类）。对依赖类的测试逐个层次地持续进行下去，直至把整个软件系统测试完毕。

集群测试（cluster testing）是面向对象软件测试的一个步骤。在这个测试步骤中，用精心设计的测试用例检查一群相互协作的类（通过研究对象模型可以确定协作类），这些测试用例用来发现协作错误。

可以采用基于线程或基于使用的策略完成集成测试。基于线程的测试集成一组相互协作以对某个输入或某个事件做出响应的类。基于使用的测试从那些不使用服务器类的类开始，按层次构造系统。设计集成测试用例，也可以采用随机测试和划分测试方法。此外，从动态模型导出的测试用例，可以测试指定的类及其协作类。

（3）面向对象的确认测试

在确认测试或系统测试层次，不再考虑类之间相互连接的细节。和传统的确认测试一样，面向对象软件的确认测试也集中检查用户可见的动作和用户可识别的输出。传统的黑盒测试方法也可用于设计确认测试用例，但是对于面向对象的软件来说，主要还是根据动态模型和描述系统行为的脚本来设计确认测试用例。

面向对象系统的确认测试也是面向黑盒的，并且可以应用传统的黑盒方法完成测试工作。但是，基于情景的测试是面向对象系统的确认测试的主要方法。

5. UML 图

面向对象分析与设计方法的发展在 20 世纪 80 年代末到 20 世纪 90 年代中出现了一个高潮，统一建模语言（UML）就是这个高潮的产物。

UML 由面向对象方法领域的 3 位专家格雷迪·布奇（Grady Booch）、詹姆斯·朗博（James Rumbaugh）和伊万·雅各布森（Ivar Jacobson）提出，不仅统一了他们 3 人的表示方法，还融入了众多优秀的软件方法和思想，把面向对象方法提高到一个崭新的高度，标志着面向对象建模方法进入第三代。UML 已得到许多世界知名公司的使用和支持，被对象管理组织（OMG）采纳，成为面向对象建模的标准语言。

UML 是一种标准的图形化（即可视化）建模语言，由视图（view）、图（diagram）、模型元素（model element）和通用机制（general mechanism）等几个部分组成。图是 UML 的语法，而元模型给出图的含义，是 UML 的语义。

（1）用例图（use-case diagram）

用例图是对系统提供的功能（即系统的具体用法）的描述。用例图从用户的角度描述系统功能，并指出各个功能的操作者。用例图定义了系统的功能需求。

（2）静态图（static diagram）

静态图描述系统的静态结构，有类图（class diagram）和对象图（object diagram）两种。

类图定义系统中的类，表示类与类之间的关系（如关联、依赖、泛化和细化等关系），也表示类的内部结构（类的属性和操作）。类图描述的是静态关系，在系统的整个生命周期内都有效。

对象图是类图的实例，使用几乎与类图完全相同的图示符号。两者的差别在于对象图表示的是类的多个对象实例，而不是实际的类。由于对象有生命周期，因此对象图只能在系统的某个时间段内存在。一般说来，对象图没有类图重要，它主要用来帮助理解类图，也可用在协作图中，表示一组对象之间的动态协作关系。

（3）行为图（behavior diagram）

行为图描述系统的动态行为和组成系统的对象间的交互关系，包括状态图（state diagram）和活动图（activity diagram）两种图形。

状态图描述类的对象可能具有的所有状态，以及引起状态变化的事件，状态图是对类图的补充。实际使用时，并不需要为每个类都画状态图，仅需要为那些有多个状态，且其行为在不同状态下有所不同的类画状态图。

活动图描述为满足用例要求而进行的动作以及动作间的关系。活动图是状态图的一个变种，它是另一种描述交互的方法。

（4）交互图（interactive diagram）

交互图描述对象间的交互关系，包括顺序图（sequence diagram）和协作图（collaboration

diagram）两种图形。

顺序图显示若干个对象间的动态协作关系，强调对象之间发送消息的先后次序，描述对象之间的交互过程。协作图与顺序图类似，也描述对象间的动态协作关系。除了显示对象间发送的消息之外，协作图还显示对象及它们之间的关系（称为上下文相关）。

顺序图和协作图都描述对象间的交互关系，建模者可以选择其中一种表示对象间的协作关系。如要强调时间和顺序，优先选用顺序图；如要强调上下文相关，优先选择协作图。

（5）实现图（implementation diagram）

实现图提供关于系统实现方面的信息，包括构件图（component diagram）和配置图（deployment diagram）两种。

构件图描述代码构件的物理结构及各个构件间的依赖关系。构件可能是源代码、二进制文件或可执行文件。使用构件图有助于分析和理解构件间的相互影响。

配置图定义系统中软件和硬件的物理体系结构。通常，配置图中显示实际的计算机和设备（用节点表示），以及各节点间的连接关系，也可以显示连接的类型及构件间的依赖关系。在节点内部显示可执行的构件和对象，可以清晰地表示出哪个软件单元运行在哪个节点上。

UML 是一种建模语言，是一种标准的表示方法，而不是一种完整的方法学。因此，人们可以用各种方法使用 UML，无论采用何种方法，它们的基础都是 UML 的图，这就是 UML 的最终用途——为不同领域的人提供统一的交流方法。

UML 适用于系统开发的全过程，可贯穿从需求分析到系统建成后测试的各个阶段。

① 需求分析阶段。可以用用例来捕获用户的需求。通过用例建模，可以描述对系统感兴趣的外部角色及其对系统的功能要求（用例）。

② 设计阶段。把需求分析阶段的结果扩展成技术解决方案，加入新的类来定义软件系统的技术方案细节。设计阶段用和分析阶段类似的方式使用 UML。

③ 构造（编码）阶段。把来自设计阶段的类转换成某种面向对象的程序设计语言代码。

④ 测试阶段。对系统的测试通常分为单元测试、集成测试、系统测试和验收测试等几个不同的步骤。单元测试使用类图和类规格说明；集成测试使用构件图和协作图；系统测试使用用例图来验证系统的行为；验收测试由用户进行，用与系统测试类似的方法，验证系统是否满足在分析阶段确定的所有需求。

总之，统一建模语言（UML）适用于以面向对象方法来描述任何类型的系统，而且适用于系统开发的全过程。

1.4　练习题

1. 以下关于 Web Service 的理解，正确的是（　　）。

    A．Web Service 以 SOAP 作为基本通信协议

B. SOAP Web Service 通过 WSDL 描述接口

C. Web Service 的访问不会受到防火墙的限制

D. Web Service 使用 HTTP 和 XML 进行通信

2. 制作一张计算机相关领域的赛事海报。

3. 制作个人网站首页效果图。

4. 简述瀑布模型、原型模型、增量模型和螺旋模型之间的联系与区别。

5. 简述面向对象的三大模型之间的关系。

第 2 章
Web 应用网页设计——HTML5

　　超文本标记语言（Hyper Text Markup Language，HTML）是标准通用标记语言下的一种应用。HTML 不是一种编程语言，而是一种专门用于编写 Web 应用文档的标记语言（markup language），每个标记都是一个特定的指令，指令组合起来就是网页文件。超文本指页面内可以包含图片、链接、音乐、程序等非文字元素。HTML 文件结构包括头部 head 和主体 body。纯 HTML 文件常以.htm、.html、.shtml 为文件名的后缀，称为静态网页。若文件中含有 JSP、ASP、PHP、ASP.NET 等其他计算机程序代码，则称为动态网页。目前使用的 HTML5 是 HTML 的第五次重大修改后的版本。

　　本章在描述 HTML 基本概念的基础上，全面介绍 HTML5 标记，最后结合实例对表单各类组件的应用进行详细地说明。

2.1　HTML5 基础

2.1.1　HTML 基本概念

1. 万维网——WWW

　　WWW（World Wide Web）的中文是万维网，简称"Web"，是基于超文本的信息查询和信息发布系统。WWW 将 Internet 上遍布世界各地的 Web 服务器提供的资源连接起来，组成一个庞大的信息网。WWW 建立在客户端-服务器模型上，以超文本标记语言和超文本传输协议为基础，提供面向 Internet 服务的、统一用户界面的信息浏览。WWW 服务器采用超文本链路来链接信息页，这些信息页可放置在同一主机上或不同地理位置的主机上。链路由统一资源定位符（URL）维持，WWW 客户端软件（浏览器）负责信息显示和向服务器发送请求。

　　WWW 的工作流程是：由用户使用浏览器或其他程序建立客户端与服务器的连接，并发送浏览请求；Web 服务器接收到请求后，返回信息到客户端；通信完成后关闭连接。

2. 统一资源定位符——URL

　　URL（Uniform Resource Locator）的中文是统一资源定位符，称为"网址"，是 Internet 上标

准资源的地址，由资源类型、存放资源的主机域名、资源文件名 3 部分组成，基本格式如下：

protocol://hostname[:port]/path/[;parameters][?query]#fragment

URL 格式说明如表 2-1 所示。

表 2-1　　　　　　　　　　　　　　　　　　URL 格式说明

关键字	含义	说明
protocol	协议	所使用的协议名称，常用的有： file 资源是本地计算机上的文件，格式为 file:///，注意后边应是 3 条斜杠。 ftp 通过 FTP 访问该资源，格式为 ftp://。 http 通过 HTTP 访问该资源，格式为 http://。 https 通过安全的 HTTPS 访问该资源，格式为 https://。 mailto 资源为电子邮件地址，通过 SMTP 访问，格式为 mailto:
hostname	主机名	存放资源的服务器域名系统主机名或 IP 地址。有时，主机名前也可包含连接到服务器所需的用户名和密码（格式为 uname:password@hostname）
port	端口号	整数，可选，各传输协议都有默认的端口号，如 http 的默认端口号为 80
path	路径	用 "/" 符号隔开的字符串，表示主机上的一个目录或文件地址
parameters	参数	指定特殊参数的可选项
query	查询	可选，用于给动态网页传递参数，如有多个参数则用 "&" 符号隔开，每个参数的名称和值用 "=" 符号隔开
fragment	信息片段	字符串，用于指定网络资源中的片段，如超链接中锚标记的应用

3. 超文本传输协议——HTTP

超文本传输协议（Hyper Text Transfer Protocol，HTTP）是从 WWW 服务器传输超文本到本地浏览器的传输协议，是 Internet 上应用最为广泛的一种网络传输协议。

HTTP 基于请求-响应方式，采用客户端-服务器结构，客户端是终端用户，服务器端是网站。客户端通过使用 Web 浏览器、网络爬虫或其他工具，发起一个到服务器上指定端口（默认端口为 80）的 HTTP 请求。HTTP 规则定义了正确解析请求，服务器接到请求后，给予相应的响应信息。详情可参阅 "5.1.3　HTTP 基础"。

4. 超文本标记语言——HTML

超文本标记语言（Hyper Text Markup Language，HTML）是一种描述文本结构的标记语言，是构成 Web 页面的主要工具，用于发布信息。不管是何种工具开发的 Web 页面，最终都将转换为 HTML 文本，并通过浏览器体现。

HTML 用标记对来编写文件，通常使用<标记名></标记名>来表示标记的开始和结束。HTML 中的 "超文本" 是指页面内包括图片、链接、音频、视频及程序等非文字元素，超链接是一个网页指向一个目标的连接关系，它可以是另一个网页，也可以是相同网页上的不同位置，还可以是一张图片、一个电子邮箱地址、一个文件，甚至是一个应用程序。

5. 浏览器

浏览器是用于检索、显示万维网信息资源并进行交互的应用程序。这些信息资源包括网页、图片、影音等，由 URL 指定。目前，常用的浏览器有微软的 IE、Mozilla 的 Firefox、Apple 的 Safari、Google 的 Chrome 以及国内的 360 安全浏览器、QQ 浏览器等，大部分浏览器还可通过插件（Plug-in）支持 Flash、PDF 等格式资源。

2.1.2 HTML 标记格式

1. 常用标记格式

所有的 HTML 标记都有固定的格式，必须用英文尖括号"<"和">"括起，分为容器标记（Container Tag）与单一标记（Single Tag）两种。

容器标记由成对的开始标记与结束标记组成，其他的标记、内容写在两者之间。大多数 HTML 标记属于此类，结束标记前会加上一条斜线"/"，即<标记>…</标记>。

单一标记只有开始标记，结束前加上一条斜线"/"，即<标记 />。

2. 标记的属性

有些标记可以加上属性（Attribute），以改变其在网页上显示的方式，属性直接置于开始标记内。若有多个属性则用空格隔开。即<开始标记 属性名称 1=值 1 属性名称 2=值 2 …>。

3. 标记的特征

标记用"<"和">"括起。

大部分标记成对出现，开始标记和结束标记相同，结束标记前加"/"。

标记可以嵌套，但先后顺序必须保持一致。

开始标记和结束标记间的内容就是其所承载的数据信息，由于 HTML 标记是有语义的，因此可以通过 HTML 标记确定该部分数据的作用，如<h2>…</h2>标记间的数据是二级标题。

HTML 标记不区分大小写，属性也不分大小写。

2.1.3 HTML5 文件基本结构

下面的代码是用一些工具新建一个 HTML5 文件时自动生成的代码：

```
<!DOCTYPE html>
<html>
    <head>
        <meta charset="utf-8" />
        <title></title>
    </head>
    <body>
    </body>
</html>
```

1. <!DOCTYPE> 声明

<!DOCTYPE> 的作用是声明文档的解析类型，它必须是 HTML 文档的第一行，位于<html>标记之前。<!DOCTYPE>不是 HTML 标记，它指出 Web 浏览器页面使用的是哪个 HTML 版本进行编写的。因为 HTML4.01 基于 SGML，所以在 HTML4.01 文档中，<!DOCTYPE>声明要引用

DTD。DTD 规定了标记语言的规则，这样浏览器才能正确地呈现内容。

HTML5 不基于 SGML，所以不需要引用 DTD，只需指明文档类型是 HTML 即可。

2．HTML 代码区

<html>…</html>标记对是最外层元素，浏览器从<html>开始解释，到</html>结束，网页的所有内容、标记都包含在这里面。

<head>…</head>标记对是文件头，主要用于描述该文档的一些基本数据或设置一些特殊功能，在文件头内所设置的数据不会体现在浏览器的显示视图中。

<head>标记中的常用标记如表 2-2 所示。

表 2-2　　　　　　　　　　　　　　　<head>标记中的常用标记

标记名	说明
<title>…</title>	用来设置文件标题。设置的标题会在浏览器左上角体现
<meta>	用来控制标记的动态文件转换声明或其他数据设置，提供有关页面的元素信息

<meta>标记元素的常用属性有 name、http-equiv，通常和 content 属性配合使用。

（1）name 属性

name 属性（见表 2-3）用于帮助搜索引擎索引页面。

表 2-3　　　　　　　　　　　　　　　<meta>标记的 name 属性

属性值	作用	示例
description	网站的主要内容	<meta name="description" content="网站的主要内容">
keywords	该网页的关键字	<meta name="keywords" content="关键字 1,关键字 2,关键字 3">
author	该网页的作者相关信息	<meta name="author" content="作者相关信息">

（2）http-equiv 属性

http-equiv 属性（见表 2-4）类似 HTTP 的头部协议，它告诉浏览器一些有用的信息，以帮助浏览器正确和精准地显示网页内容。

表 2-4　　　　　　　　　　　　　　　meta 标记的 http-equiv 属性

属性值	作用	示例
content-type	设置页面所用的字符集	<meta http-equiv="content-type" content="text/html; charset=UTF-8"/>
refresh	让网页在指定时间内重定向到指定网页	<meta http-equiv="refresh" content="9,url=网址"/> <meta http-equiv="refresh" content="20"/>
Page-Enter/Page-Exit	设置进入和离开页面时的效果，即网页过渡	<meta http-equiv="Page-Enter/Page-Exit" content="revealTrans(Duration=时间,Transition=特效类型 1～23)"/>

charset 属性用于设置语言编码；GB2312 是简体中文编码，只支持简体中文；UTF-8 是国际码，支持多种语言，不易出现乱码问题。

<body>…</body>标记对是文件主体，用于设置网页的全局效果，它们之间的内容最终会显示在浏览器显示视图中。

2.1.4 网站的建设

1. 网站设计制作流程

网页是构成网站的主体。设计网站的流程如图 2-1 所示。

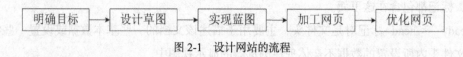

图 2-1 设计网站的流程

（1）明确目标。在做网站前首先要明确定位，了解客户对网站设计所提出的目标和要求，以及所要展示对象的特点，从而确定采用何种类型的网站设计。从网站的形态和规模来分，通常有综合类、企业类、其他类三大类。综合类网站信息量大、受众广，设计时应有良好的页面分割和合理的网页结构，确保页面打开速度快、具有较强的亲和力。企业类网站通常为企业信息与企业形象的结合，具有企业新闻、产品、服务等信息，并对企业形象进行宣传。其他类网站的设计应与网站主题相符，风格灵活多样。

（2）设计草图。目标确定后要对网站的内容进行初步整合，理清思路，列出详细的栏目和子目录。设计网站草图和布局页面，可遵循"突出重点、考虑平衡、兼顾协调"原则，将网站 LOGO、Banner、栏目导航、信息列表、内容、版权信息等功能模块合理地安排在页面中。

（3）实现蓝图。根据草图用网页设计软件实现设计蓝图，在制作过程中不断改进，激发灵感和提高创造力，以获取更好的创意。

（4）加工网页。在实现网页蓝图的基础上，进行加工优化和效果处理。首先根据网站主题确定主页的风格与形式，明确主页的版式设计、色调处理及文字、图片和多媒体的组合。编排页面时将页面上的每个元素组合成一个统一的整体，将相关资源以最有效的方式分配和组织，使编排后的页面区域划分趋于合理、主次关系清晰。色彩的搭配常遵循"总体协调、局部对比"原则，达到页面整体色彩效果和谐、局部色彩效果对比强烈的要求。

（5）优化网页。页面制作好后，可从页面的浏览速度、适应性和浏览者对网站的初步印象等方面进行优化，要考虑不同系统、不同分辨率、不同浏览器、不同设备上的显示效果。

2. 网页版式布局的基本类型

网页版式布局就是页面构图设计，布局类型众多、各有特色，下面对一些基本类型进行简单介绍。

（1）骨骼型。骨骼型网页版式采用横向或纵向分栏来布局页面，常以纵向分栏为主，多种分栏结合使用，可使网页条理清晰、活泼且富有弹性。

（2）满版型。满版型网页版式以大面积的视频或图像为主体，将少量的文本信息置于图像上，视觉传达效果强烈、直观。

（3）分割型。分割型网页版式用线条、块状面积、渐变色或背景将整个页面分割成多个部分，以安排不同的内容模块，将信息分散排列在页面的各个部分，可达到页面元素间疏密均衡和视觉协调统一的效果。

（4）中轴型。中轴型网页版式沿页面的中轴将页面做成水平或垂直方向排列。

（5）焦点型。焦点型网页版式通过对视线的引导，将浏览者视线向页面中心聚拢或向外辐射，形成一种向心或离心的视觉冲击，使页面具有强烈的视觉冲击效果。

（6）自由型。自由型网页版式是一种比较自由的网页版式，具有轻松、活泼的风格，通常用于强调艺术个性化的网页。

2.2　HTML5 常用标记

2.2.1　HTML5 文件结构与语义标记

根据 HTML5 效率优先的设计理念，将"结构"（structrue）与"呈现"（presentation）分开成为网页开发标准中的重要一环，即让前端设计师侧重网页结构与内容，UI 设计师专注于用 CSS 美化网页。

1. 结构化的语义标记

HTML5 定义了一组结构化的语义标记（见表 2-5）来描述元素的内容，简化了 HTML 页面设计，同时搜索引擎可便捷地利用这些元素来抓取和索引网页。

表 2-5　　　　　　　　　　　　　　　HTML5 新增的语义标记

标记	说明
<header>	标记头部区域的内容（整个页面或页面中的一块区域），包括网站名称、主题或主要信息
<nav>	在页面中显示一组导航链接
<section>	将页面中的内容划分为独立的区域，用于显示章节或段落
<article>	标记页面中独立的主体内容区域，通常使用<section>标记进行划分
<aside>	标记 article 内容外且与其内容相关的辅助信息，用于侧边栏
<footer>	标记页面或一个区域的底部，位于页脚，放置版权声明、作者、联系方式等信息
<hgroup>	为标题或子标题进行分组，通常与标题<hn>组合使用
<address>	标记文档中的联系信息，包括文档作者、电子邮箱、地址、电话等

HTML5 统一了网页架构的标记，去掉多余的 div，用表 2-5 所示的易识别的语义标记来代替。结构化的语义标记可以自由配置，并没有要求缺一不可或固定的位置，如<aside>标记不一定写在<article>标记的下方，如图 2-2 所示。

HTML 语法只显示网页结构与内容，CSS 负责完成网页的布局和美化。

2. <div>和<span>标记

<div>标记和<span>标记都是用于定义样式的容器，两者本身没有具体的显示效果，由 style 属性或 CSS 来定义，但两者在使用方法上有很大的区别。

```
<body>
    <header>网站主题</header>
    <nav>导航栏</nav>
    <section>
        章节段落
        <article>具体内容</article>
        <aside>侧边栏</aside>
    </section>
    <footer>页脚</footer>
</body>
```

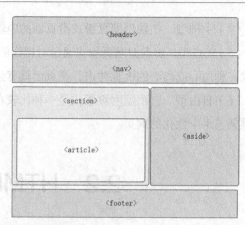

图 2-2　HTML5 文件的代码及结构图

层标记<div>是块级标记，没有特定的含义，用于文档布局和定义文档中的分区或节（division/section），与 CSS 一同使用，可对大的内容块设置样式属性。<div>是可以组合其他 HTML 标记的容器，这个容器可以放置段落、标题、图片、文字等各种 HTML 元素。

区域标记<span>是内联标记，没有特定的含义，作为文本容器，用来组合文档中的行内元素，默认状态是行间的一部分，与 CSS 一同使用时，可为部分文本设置样式属性。

<span>和<div>的区别在于，<div>是块级标记，里面包含的元素会自动换行；而<span>是内联标记，它的前后不会换行。<span>没有结构上的意义，只是单纯的应用样式，其他元素不适合时，就可以使用<span>元素。<span>可以作为<div>的子元素，但<div>不能作为<span>的子元素。

2.2.2　HTML 属性与事件

HTML 标记可以拥有属性。属性提供了有关 HTML 标记的更多信息。属性总是以名称/值对的形式出现，并在 HTML 元素的开始标记中进行规定，如<div id="xs">…</div>。

1. 全局属性

HTML5 的全局属性如表 2-6 所示。

表 2-6　　　　　　　　　　　　　　　　HTML5 的全局属性

属性	值	说明
accesskey	character	设置访问元素的键盘快捷键
class	classname	规定元素的类名
contenteditable	true、false	规定是否可编辑元素的内容
contextmenu	menu_id	指定一个元素的上下文菜单。当用户右击该元素时，出现上下文菜单
data-*	value	用于存储页面的自定义数据
dir	ltr、rtl	设置元素中内容的文本方向：ltr 从左到右、rtl 从右到左
draggable	true、false、auto	指定某个元素是否可以拖动
dropzone	true、false	指定是否将数据复制、移动、链接或删除
hidden	hidden	规定对元素进行隐藏

续表

属性	值	说明
id	id	规定元素的唯一 id
lang	language_code	设置元素中内容的语言编码
item	empty、url	用于组合元素
itemprop	url、group value	用于组合项目
spellcheck	true、false	检测元素是否拼写错误
style	style_definition	规定元素的行内样式（inline style）
tabindex	number	设置元素的 Tab 键控制次序
title	text	规定元素的额外信息（可在工具提示中显示）
translate	true、false	指定一个元素的值在页面载入时是否需要翻译

2．全局事件属性

在 HTML 中可以使用 HTML 事件触发浏览器中的行为，如当用户单击某个 HTML 元素时，启动一段 JavaScript 函数。表 2-7 中的事件中的值均为 JavaScript 代码。

表 2-7　　　　　　　　　　　　全局事件属性

事件	说明
onchange	HTML 元素改变
onclick	用户单击 HTML 元素
onmouseover	用户在一个 HTML 元素上移动鼠标指针
onmouseout	用户从一个 HTML 元素上移开鼠标指针
onkeydown	用户按下键盘按键
onload	浏览器已完成页面的加载

3．窗口事件属性

由窗口 window 触发的事件（见表 2-8），适用于\<body\>标记。表 2-8 中的事件中的值均为 JavaScript 代码。

表 2-8　　　　　　　　　　　　窗口事件属性

事件	说明
onafterprint	在打印文档之后运行脚本
onbeforeprint	在打印文档之前运行脚本
onbeforeonload	在文档加载之前运行脚本
onblur	当窗口失去焦点时运行脚本
onerror	当错误发生时运行脚本
onfocus	当窗口获得焦点时运行脚本
onhaschange	当文档改变时运行脚本
onload	当文档加载时运行脚本

事件	说明
onmessage	当触发消息时运行脚本
onoffline	当文档离线时运行脚本
ononline	当文档上线时运行脚本
onpagehide	当窗口隐藏时运行脚本
onpageshow	当窗口可见时运行脚本
onpopstate	当窗口历史记录改变时运行脚本
onredo	当文档执行重做操作（redo）时运行脚本
onresize	当调整窗口大小时运行脚本
onstorage	当 Web Storage 区域更新时（存储空间中的数据发生变化时）运行脚本
onundo	当文档执行撤销操作时运行脚本
onunload	当用户离开文档时运行脚本

4. 表单事件

表单事件（见表 2-9）在 HTML 表单中触发，适用于所有 HTML 元素，但该 HTML 元素需在 form 表单内。表 2-9 中的事件中的值均为 JavaScript 代码。

表 2-9　　　　　　　　　　　　　　　　　　　表单事件

事件	说明
onblur	当元素失去焦点时运行脚本
onchange	当元素改变时运行脚本
oncontextmenu	当触发上下文菜单时运行脚本
onfocus	当元素获得焦点时运行脚本
onformchange	当表单改变时运行脚本
onforminput	当表单获得用户输入时运行脚本
oninput	当元素获得用户输入时运行脚本
oninvalid	当元素无效时运行脚本
onreset	当表单重置时运行脚本。HTML5 不支持
onselect	当选取元素时运行脚本
onsubmit	当提交表单时运行脚本

5. 键盘事件

由键盘触发的事件，适用于所有 HTML5 元素。表 2-10 中的事件中的值均为 JavaScript 代码。

表 2-10　　　　　　　　　　　　　　　　　　　键盘事件

事件	说明
onkeydown	当按下按键时运行脚本
onkeypress	当按下并松开按键时运行脚本
onkeyup	当松开按键时运行脚本

6．鼠标事件

由鼠标触发的事件，适用于所有 HTML5 元素。表 2-11 中的事件中的值均为 JavaScript 代码。

表 2-11　　　　　　　　　　　　　　　　鼠标事件

事件	说明
onclick	当单击鼠标时运行脚本
ondblclick	当双击鼠标时运行脚本
ondrag	当拖动元素时运行脚本
ondragend	当拖动操作结束时运行脚本
ondragenter	当元素被拖动至有效的拖放目标时运行脚本
ondragleave	当元素离开有效的拖放目标时运行脚本
ondragover	当元素被拖动至有效的拖放目标上方时运行脚本
ondragstart	当拖动操作开始时运行脚本
ondrop	当被拖动元素正在被拖放时运行脚本
onmousedown	当按下鼠标按钮时运行脚本
onmousemove	当鼠标指针移动时运行脚本
onmouseout	当鼠标指针移出元素时运行脚本
onmouseover	当鼠标指针移至元素之上时运行脚本
onmouseup	当松开鼠标按钮时运行脚本
onmousewheel	当转动鼠标滚轮时运行脚本
onscroll	当滚动元素的滚动条时运行脚本

7．多媒体事件

通过图像（image）、视频（video）或音频（audio）触发该事件，多应用于 HTML 多媒体元素，例如<audio>、<embed>、<img>、<object>、<video>等。表 2-12 中的事件中的值均为 JavaScript 代码。

表 2-12　　　　　　　　　　　　　　　　多媒体事件

事件	说明
onabort	当媒体播放中止时运行脚本
oncanplay	当媒体准备开始播放时运行脚本
oncanplaythrough	当媒体可以正常播放且不必停止缓冲时运行脚本
ondurationchange	当媒体时长改变时运行脚本
onemptied	当媒体播放过程中突然无法获取媒体数据时运行脚本
onended	当媒体播放到结束时运行脚本
onerror	当元素加载期间发生错误时运行脚本
onloadeddata	加载媒体数据时运行脚本
onloadedmetadata	媒体元素加载完毕时运行脚本
onloadstart	浏览器开始加载媒体数据时运行脚本

事件	说明
onpause	媒体暂停播放时运行脚本
onplay	媒体开始播放时运行脚本
onplaying	媒体播放时运行脚本
onprogress	浏览器正在读取媒体数据时运行脚本
onratechange	播放速率改变时运行脚本
onreadystatechange	当媒体从就绪状态（ready-state）发生改变时运行脚本
onseeked	当媒体元素完成重新定位时运行脚本
onseeking	当媒体元素开始重新定位时运行脚本
onstalled	浏览器尝试获取媒体数据但数据不可用时运行脚本
onsuspend	浏览器读取媒体数据中止时运行脚本
ontimeupdate	当媒体改变当前播放位置时运行脚本
onvolumechange	当媒体改变音量或者当设置为静音时运行脚本
onwaiting	当媒体由于要播放下一帧而需要缓冲时运行脚本

8. 其他事件

其他事件如表 2-13 所示。

表 2-13　　　　　　　　　　　　　　　其他事件

事件	说明
onshow	当 <menu> 元素在上下文显示时触发
ontoggle	当用户打开或关闭 <details> 元素时触发

2.2.3　文字与段落标记

文字是文件最基本的元素之一，与文字相关的标记很多，但随着 CSS 的应用，很多能用样式实现效果的标记已逐步淘汰。

1. 文字标记

<font>、<b>、<u>、<i>等标记可用于设置文字外观、粗体、斜体、下画线等，但用 CSS 可以取得同样的效果，不建议使用 HTML5。下表中的文字标记，虽然不反对使用，但通过 CSS，可以取得更丰富的效果。

表 2-14 列出了部分文字标记。

表 2-14　　　　　　　　　　　　　　　部分文字标记

标记	说明
<em>	呈现为被强调的文本
<strong>	定义重要的文本

续表

标记	说明
`<dfn>`	定义一个定义项目
`<code>`	定义计算机代码文本
`<pre>`	显示非常规的格式化内容
`<samp>`	定义样本文本
`<kbd>`	定义键盘文本。它表示文本是从键盘上输入的，常用在与计算机相关的文档或手册中
`<var>`	定义变量。可将此标记与`<pre>`及`<code>`标记配合使用
`<cite>`	定义引用。可使用该标记对参考文献的引用进行定义，例如图书或杂志的标题
`<sup>`	将文字设置为上标
`<sub>`	将文字设置为下标

部分文字标记的应用效果如图 2-3 所示。

```
<body>
    <em>呈现为被强调的文本</em><br/>
    <strong>定义重要的文本</strong><br/>
    <dfn>定义一个定义项目</dfn><br/>
    <code>定义计算机代码文本 a=c+b；</code><br/>
    <pre>    显示非常规的格式化内容</pre>
    <samp>定义样本文本</samp><br/>
    <kbd>定义键盘文本</kbd><br/>
    <var>定义变量</var><br/>
    <cite>定义引用</cite><br/>
    平方公里的符号是 km<sup>2</sup><br/>
    水的化学分子式是 H<sub>2</sub>O
</body>
```

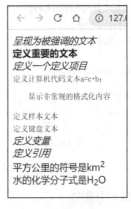

HTML 代码　　　　　　　　　　　　　　　　　部分文字标记的应用效果

图 2-3　部分文字标记的应用效果

2. 段落标记

（1）设置段落样式的标记

在 HTML 中可以用`<p>`标记来定义段落，用`<br>`标记完成换行。在网页制作中，可以把 HTML 文档分割为若干段落，段落又可分为若干行，视觉上段落的间隔比行间隔大。

`<p>…</p>`标记成对出现，由于其是块级标记，浏览器会自动地在段落的前后换行。段落中可以包含除`<div>`、`<h1>`～`<h6>`外的其他标记。

`<br>`标记的功能是换行，是 HTML 中最常用的一个标记，它是一个单一标记，没有结束标记。在 HTML 语法中规定单一标记必须在标记后加上 "/" 符号，如`<br />`、`<img />`、`<hr />`等，HTML5 规范也建议使用这样的标记方式。

段落样式标记的应用效果如图 2-4 所示。

```
<body>
    <p>这是一个段落</p>下面是一些文字,主要体现段落
和换行的效果。<br/>这里要换行了。
</body>
```

HTML 代码　　　　　　　　　　　　　　　　　　　　　<p>和
标记的应用效果

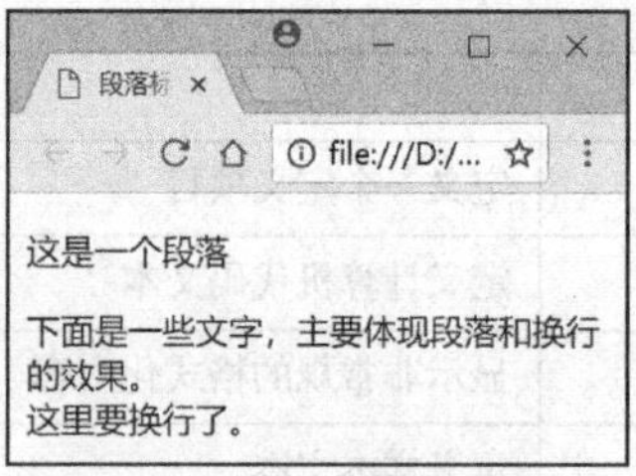

图 2-4　<p>和
标记的应用效果

（2）设置对齐与缩进的标记

除了分段与换行外,段落处理中的对齐与缩进功能也很重要,<pre>…</pre>标记可以让其内的文字按照原始代码的排列方式进行显示。<blockquote>…</blockquote>标记用来表示引用文字,会将标记内的文字换行并缩进,应用效果如图 2-5 所示。

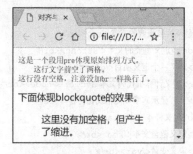

```
<pre>
这是一个段用 pre 体现原始排列方式。
    这行文字前空了两格。
这行没有空格,注意没加 br 一样换行了。
</pre>
下面体现 blockquote 的效果。
<blockquote>
这里没有加空格,但产生了缩进。
</blockquote>
```

HTML 代码　　　　　　　　　　　　　　　　　　　　　<pre>和<blockquote>标记的应用效果

图 2-5　<pre>和<blockquote>标记的应用效果

（3）添加分隔线

为了版面编排的效果,可以在网页中添加分隔线<hr>,在视觉上将文档分隔成各个部分,让画面更容易区分主题或段落。

<hr>标记在 HTML 页面中创建一条水平线,在 HTML4 中可以通过 align、size 等属性改变外观,在 HTML5 中都不再支持,建议使用 CSS 样式来改变分隔线的外观。如下面的代码是设定水平线居中对齐、宽度为 80%、高度为 1、没有阴影:

```
<hr align="center" width="80%" size="1" noshade/>
```

（4）设置段落标题

HTML 中的标题（Heading）是通过 <h1>、<h2>、<h3>、<h4>、<h5>、<h6> 等标记进行定义的,<h1>字体最大,<h6>字体最小,每个标题独占一行。

在 HTML 文档中,标题很重要。<h1>~ <h6>标记只用于标题,不仅是为了产生粗体或大号的文本而使用标题,搜索引擎使用标题还能为网页的结构和内容编制索引。因为用户可以通过标题来快速浏览网页,所以用标题来呈现文档结构是很重要的。应该将<h1>用作主标题（最重要的）,其次是<h2>,再次是<h3>,以此类推。

<hgroup>标记是 HTML5 的新标记，用来对标题元素进行分组。当标题有多个层级（副标题）时，<hgroup>标记被用来对一系列 <h1>～<h6>标记进行分组；如果只有一个主标题，则不需要使用<hgroup>标记。

段落标题标记的应用效果如图 2-6 所示。

```
<hgroup>
    <h1>标题一</h1>
    <h2>标题二</h2>
    <h3>标题三</h3>
    <h4>标题四</h4>
    <h5>标题五</h5>
    <h6>标题六</h6>
</hgroup>
```

HTML 代码　　　　　　　　　　　<hgroup>和<h1>、<h2>标记的应用效果

图 2-6　<hgroup>和<h1>、<h2>标记的应用效果

2.2.4　列表标记

随着 DIV+CSS 布局方式的普及，列表标记的地位变得重要起来。列表标记可将文字内容分门别类地列出来，并在文字段落前添加符号或编号，让网页更易浏览。列表标记可分为无序列表、有序列表和定义列表 3 种。

1．无序列表（Unordered List）

无序列表标记的功能是将文字段落向内缩进，并在段落的每个列表项目前面加上圆点"·"符号，以达到醒目的效果。无序列表以<ul>标记开头，每个项目以<li>标记开始。HTML5 不支持使用 type 属性来设置项目符号，可通过 CSS 的 list-style-type 语法来定义样式。无序列表<ul>标记的应用效果如图 2-7 所示。

```
<ul>
    <li>无序列表一</li>
    <li>无序列表二</li>
    <li>无序列表三</li>
</ul>
```

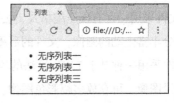

HTML 代码　　　　　　　　　　　<ul>标记的应用效果

图 2-7　无序列表<ul>标记的应用效果

2．有序列表（Ordered List）

要以有序的条目方式体现数据时，可用有序列表<ol>标记，其功能是将文字段落向内缩进，

并在段落的每个项目前面加上 1、2、3……这些有顺序的数字。编号列表同样必须搭配<li>标记使用，可通过 CSS 的 list-style-type 语法来定义样式。有序列表<ol>标记的应用效果如图 2-8 所示。

```
<ol>
    <li>有序列表一</li>
    <li>有序列表二</li>
    <li>有序列表三</li>
<ol>
```

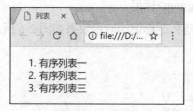

HTML 代码   <ol>标记的应用效果

图 2-8　有序列表<ol>标记的应用效果

3.　定义列表（Definition List）

定义列表<dl>标记适用于有主题与内容的文字，在<dl>标记里面，通常用<dt>标记定义主题，以<dd>标记来定义内容。定义列表<dl>标记的应用效果如图 2-9 所示。

```
<dl>
    <dt>这是第一章的主题</dt>
    <dd>这是第一章的具体内容。注意这里没有空格，自动缩
进了，文字超过后，也有缩进。</dd>
    <dt>这是第二章的主题</dt>
    <dd>这是第二章的具体内容。注意这里加了换行，<br>换
行后也缩进了。</dd>
</dl>
```

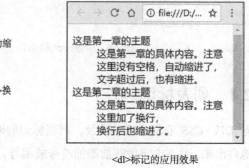

HTML 代码   <dl>标记的应用效果

图 2-9　定义列表<dl>标记的应用效果

2.2.5　图片标记

计算机对图片的处理是以文件的形式进行的。由于编码方法的不同，形成了众多图像文件格式，网页中应用较为广泛的有 JPEG、GIF、PNG 及 WebP 等格式。关于图片的知识可参阅"1.2 Photoshop"中的相关内容。

JPEG 文件采用一种有损压缩格式，去除冗余的图像和彩色数据，在获取极高压缩率的同时，也能展现十分丰富生动的图像，文件的后缀名为".jpg"或".jpeg"。

GIF 文件采用一种基于 LZW 算法的连续色调的无损压缩格式，其压缩率一般在 50%左右，支持透明背景图像，可存放多幅彩色图像。如果把存于一个文件中的多幅图像数据逐幅读出并显示到屏幕上，就可构成一种最简单的动画。

PNG 文件采用无损数据压缩算法进行压缩，对重复出现的数据进行编码标记，在不损失数据的情况下获得高的压缩比。它有 8 位、24 位、32 位 3 种形式，其中 8 位 PNG 支持两种不同的透明形式（索引透明和 alpha 透明）；24 位 PNG 不支持透明；32 位 PNG 在 24 位的基础上增加了 8

位透明通道，因此可展现 256 级透明程度。

WebP 图像格式是谷歌公司推出的一种图像压缩格式。与 JPEG 相同，WebP 是一种有损压缩格式，但文件大小比 JPEG 文件减小 40%。

1. 插入图片

HTML 文件通过 URL 将图片插入网页中，图文并茂地展示内容。插入图片标记是<img>，这是一个单一标记，具体语法格式如下：

<img src="图片位置" alt="说明文字" width="图片宽度" height="图片高度"/>

<img>标记的属性如表 2-15 所示。

表 2-15　　　　　　　　　　　　　　　　<img>标记的属性

属性	设置值	说明
src	图片位置	指定图片的路径及文件名
alt	说明文字	鼠标指针移到图片上时显示的文字，可选
width	图片宽度	以像素为单位的整数
height	图片高度	以像素为单位的整数

而图片边框（border）、悬浮效果（align）、上下空白（vspace）、左右空白（hspace）等属性已经被 CSS 取代，建议不要使用。

设置 width 和 height 可调整图片的尺寸，不设置时按原始宽和高呈现。当设置的宽和高与原图片尺寸比例不同时，会造成变形，通常应根据界面设计需要来设置宽和高。

下面网页中的图片原始宽 151px、高 200px，设置不同的宽和高的应用效果如图 2-10 所示。

　　　原始尺寸　　　　　　　宽和高均为 130px　　　　　　宽为 130px　　　　　　　高为 130px

图 2-10　图片宽和高属性的应用效果

2. 路径表示法

网页文件中的路径有相对路径（Relative Path）和绝对路径（Absolute Path）两种。绝对路径指带完整网址的路径表示方法，通常用于链接外部网络资源。相对路径是指用目标存放位置与当前网页文件存放位置的路径关系来表示路径。网页设计中多采用相对路径表示目标的路径。

相对路径的表示方法如表 2-16 所示。

表 2-16   相对路径的表示方法

目标与网页文件的位置	符号	说明	示例
同一目录	./或空	./代表文件所在目录，可省略	\<img src="zm0.png"/\>
目标在上层目录	../	../代表上一层目录，../../代表上上层目录，以此类推	\<img src="../img/zm0.png"/\>
目标在下层目录		当目标位于网页文件下层目录时：目录名/目标文件名	\<img src="img/zm0.png"/\>
文件所在的根目录	/	/ 代表文件所在的根目录，可理解成站点内部的绝对路径	\<img src="/img/zm0.png"/\>

2.2.6 内联框架

\<iframe\>标记是用于在一个网页文档中创建包含另一个文档的内联框架，能便捷地在页面中嵌入其他网站的内容。\<iframe\>可使用 postMessage 进行跨域通信，并通过 Message 监听通信事件，在移动端 Hybrid 混合模式中经常用 JSBridge 进行 JavaScript 和 Native 间的通信，可通过\<iframe\>的方式实现 JavaScript 调用 Native 的方法。具体语法格式如下：

\<iframe src="文档 URL" width="宽度" height="高度"\>说明的文字\</iframe\>

\<iframe\>的属性如表 2-17 所示。

表 2-17   \<iframe\>的属性

属性	描述	可取值
frameborder	是否显示边框	0 或 no 为不显示，1 或 yes 为显示
width/height	宽度/高度	像素，不支持百分比
scrolling	是否显示滚动条	auto 为自动，no 为不显示，yes 为显示
seamless	看起来像是父文档的一部分	seamless
src	显示文档的 URL	URL
sandbox	额外的限制，防止页面执行某些操作	allow-forms：允许表单提交 allow-same-origin：允许将内容作为普通来源对待 allow-scripts：允许脚本执行 allow-top-navigation：嵌入页面的上下文可以导航 ""：限制上述所有操作

下面的代码可以实现在网页中嵌入百度首页，应用效果如图 2-11 所示。

```
<header>这里是文件的头部</header>
<article>这里是正文部分，将放置外部文件<br/>
<iframe src="网址" width="860" height="500" frameborder="0"
scrolling="no" seamless="seamless"></iframe>
</article>
<footer>这里是文件的脚部</footer>
```

HTML 代码   \<iframe\>的应用效果

图 2-11   \<iframe\>的应用效果

2.2.7　注释与特殊符号

1. 添加注释

所有的计算机语言都有注释信息。在编写 HTML 代码时，为了增加程序的可读性及可维护性，可使用注释标记来标注一些文字，以说明程序代码的作用。使用注释标记标注的文字都不会在浏览器中显示。定义注释的语法是：

<!-- 注释的内容 -->

注释标记间的文本可以在一行内完成，也可以分行完成。

2. 使用特殊符号

HTML 中的标记常用到 "<"（小于）">"（大于）"""（双引号）和 "&" 等符号，它们会被认为是标记而无法正常显示。如果想在文件中显示这些符号，就要输入该符号对应的表示法，即特殊符号。特殊符号的应用效果如图 2-12 所示。

特殊符号	HTML 表示法	HTML 代码	浏览器中的效果
©	&copy;	`<body>` 此处输入版权标志: ©` ` 此处输入小于号: <` ` 此处输入大于号: >` ` 此处输入双引号: "` ` 此处输入连接号: &` ` 此处加了半角空格 这是空格后。 `</body>`	
<	&lt;		
>	&gt;		
"	&quot;		
&	&amp;		
半角空格			

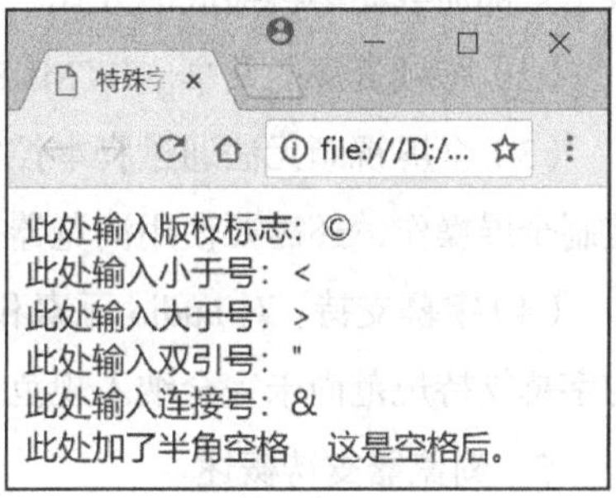

图 2-12　特殊符号的应用效果

2.3　在网页中嵌入多媒体内容

2.3.1　HTML5 多媒体技术概述

音频和视频的编解码器是一组算法，用来对音频和视频进行编码和解码，以便播放音频和视频。编解码器的作用是读取特定的容器格式，并对其中的音频与视频轨道进行解码，再实现播放；大多数编解码器会对原始文件进行有损压缩，以达到更高的压缩比。

1. 音频和视频编解码器

对音频、视频文件进行编码，可使文件缩小，便于在互联网上传输。表 2-18 和表 2-19 所示是目前一些常见的音频和视频编解码器。

表 2-18   HTML5 音频文件格式及其编解码器

音频格式	编解码器
MP3	使用 ACC 音频，文件的扩展名为.mp3
WAV	使用 WAV 音频，文件的扩展名为.wav
OGG	使用 OggVorbis 音频，文件的扩展名为.ogg

表 2-19   HTML5 视频文件格式及其编解码器

视频格式	编解码器
MP4	使用 H.264 视频、ACC 音频，文件的扩展名为.mp4
WebM	使用 VP8 视频、OggVorbis 音频，文件的扩展名为.mkv
OGG	使用 Theora 视频、OggVorbis 音频，文件的扩展名为.ogg

2．HTML5 编解码器功能缺陷

虽然 HTML5 提供了音频和视频的规范，但所涉及的内容还不够完善。

（1）流式音频和视频。在目前的 HTML5 视频规范中尚无比特率切换标准，对视频的支持只限于全部加载完毕再播放的方式。

（2）跨域资源的共享。HTML5 的媒体受到 HTTP 跨域资源共享的限制。

（3）全屏视频无法通过脚本控制。从安全的角度讲，让脚本控制全屏操作是不合适的，若要控制全屏操作，还需要使用浏览器提供的相关控制功能。

（4）字幕支持。对 audio 元素和 video 元素的访问未完全加入规范中，基于流行字幕格式 SRT 的字幕支持规范尚未完全纳入规范。

3．浏览器支持概述

主要浏览器支持的音频、视频格式如表 2-20 所示。

表 2-20   主要浏览器支持的音频、视频文件格式

浏览器	音频			视频		
	MP3	WAV	OGG	MP4	WebM	OGG
Internet Explorer	√			√		
Chrome	√	√	√	√	√	√
Safari	√		√		√	
Firefox		√	√		√	
Opera		√	√		√	√

2.3.2 加载多媒体资源

在网页中应用的多媒体元素主要包括特效文字、音频、视频和 Flash 等。对多媒体元素的应用，除了要考虑文件大小对传输速度的要求外，还要考虑在不同浏览器中的显示效果。

1．滚动字幕

通过 HTML 的<marquee>标记可以让文字在网页中移动。虽然<marquee>标记并不是标准的标

记，但几乎所有的浏览器都支持<marquee>标记及其属性。其基本语法格式为：

<marquee 属性 1=值 1 属性 2=值 2 …>滚动的内容</marquee>

<marquee>标记的基本属性如表 2-21 所示。

表 2-21　　　　　　　　　　　　　　<marquee>标记的基本属性

属性	描述	可取值
align	标记内容的对齐方式	top、middle、bottom
behavior	移动方式	alternate：在两端之间来回滚动。scroll：由一端滚动到另一端，会重复。slide：由一端滚动到另一端
bgcolor	活动字幕的背景颜色	可用 RGB、十六进制值的格式或颜色名称来设定
direction	活动字幕的移动方向	left 向左、right 向右、top 向上、down 向下
height	活动字幕的高度	表示像素的整数
width	活动字幕的宽度	表示像素的整数
hspace	活动字幕与父容器水平边框的距离	表示像素的整数
vspace	活动字幕与父容器垂直边框的距离	表示像素的整数
loop	循环次数	整数，−1 表示一直循环，默认为−1
scrollamount	移动速度	表示像素的整数
scrolldelay	两次移动间的延迟时间	millisecond（毫秒）

如果在<marquee>标记中嵌入<img>标记，则图像也可移动。应用效果如图 2-13 所示。

<body>
　　<marquee direction="right" bgcolor="beige" behavior="scroll" align="top" scrollamount="20px" loop="6" width="300" height="100"><font size="5" color="blue">滚 动</font><font size="8">字幕</font></marquee>
　　<marquee direction="left" bgcolor="#abc" behavior="alternate" scrollamount="10px" width="400"><img src="img/zm0.png">图片也可移动</marquee>
</body>

HTML 代码

<marquee>的应用效果

图 2-13　<marquee>标记的应用效果

2. <embed>标记

<embed>标记是 HTML5 中的新标记，定义嵌入的内容，可用来插入各种多媒体，格式可以是 MIDI、WAV、AIFF、AU、MP3 等。其基本语法格式为：

<embed src=url 属性 2=值 2 属性 3=值 3 …></embed>

url 为音频或视频文件及其路径，可以是相对路径或绝对路径。

<embed>标记的常用属性如表 2-22 所示。

表 2-22　　　　　　　　　　　　　　　　　<embed>标记的常用属性

属性	值	描述
src	嵌入内容的 URL	文件来源
type	MIME_type	嵌入内容的类型
height/width	正整数，单位为像素	显示面板的高和宽

<embed>标记的应用效果如图 2-14 所示。

```
<body>
    <embed src="img/a1.mp4" width="300px" height=
"200px"></embed>
</body>
```

HTML 代码　　　　　　　　　　　　　　　　　　　　<embed>的应用效果

图 2-14　<embed>标记的应用效果

在脚本中可以使用 getElementById()访问<embed>元素，也可用 document.createElement()方法来创建<embed>元素。

3. <audio>标记

<audio>标记是 HTML5 中的新标记，作用是在网页中嵌入音频，支持 OGG、MP3、WAV 等音频格式。基本语法格式为：

<audio src=url 属性 2=值 2 属性 3=值 3 …></audio>

url 为音频或视频文件及其路径。

<audio>标记的常用属性如表 2-23 所示。

表 2-23　　　　　　　　　　　　　　　　　<audio>标记的常用属性

属性	值	描述
autoplay	autoplay	自动播放
controls	controls	显示控制面板，包括播放、暂停、进度、音量等控制功能
loop	loop	循环播放
muted	muted	音频播放时设置为静音
preload	preload	音频在页面加载时进行加载，并预备播放。若用 autoplay，则忽略该属性
src	url	要播放的音频文件的 URL

如果浏览器不支持 audio 元素，则可在<audio>和</audio>间加入一段说明文字，这样将在不支持的浏览器上显示说明文字。audio 元素的应用效果如图 2-15 所示。

```
<audio  src="img/music.mp3"  autoplay="autoplay"
controls="controls" loop="loop" muted="muted">
不支持
</audio>
```

HTML 代码　　　　　　　　　　　　　　　　<audio>的应用效果

图 2-15　audio 元素的应用效果

考虑到不同浏览器的限制，也可将 src 取出，写在开始标记和结束标记之间，并通过 type 指定文件类型。<audio>标记的 type 类型如图 2-16 所示。

```
<audio autoplay="autoplay" controls="controls">
    <source src="img/music.mp3" type="audio/mp3">
    </source>
    <source src="img/music.ogg" type="audio/ogg">
    </source>
</audio>
```

HTML 代码　　　　　　　　　　　　　　　　type 类型

图 2-16　<audio>标记的 type 类型

如果用<audio>标记播放视频文件，则只播放声音。另外属性设置中 autoplay 等也可编写为下面的代码，只写属性名称，而不用赋值，也能达到同样的效果：

```
<audio src="img/music.mp3" autoplay controls loop muted></audio>
```

4. <video>标记

与音频相似，HTML5 使用新增的<video>标记在网页中嵌入视频，支持 OGG、MPEG-4、WebM 等视频格式。基本语法格式为：

```
<video src=url 属性 2=值 2 属性 3=值 3 …></video>
```

url 为音频或视频文件及其路径。

<video>标记的常用属性如表 2-24 所示。

表 2-24　　　　　　　　　　　　　　　　<video>标记的常用属性

属性	值	描述
autoplay	autoplay	自动播放
controls	controls	显示控制面板，包括播放、暂停、音量、进度、全屏等控制功能
loop	loop	循环播放
muted	muted	视频播放时设置为静音
preload	preload	视频在页面加载时进行加载，并预备播放。若用 autoplay，则忽略该属性
src	url	要播放的视频文件的 URL
width/height	整数或百分比	设置视频显示区域的宽和高，为保证不留空白位置，通常只设置一项
poster	图片文件名	指定一张图片替代视频不可用或尚未播放时的画面

如果浏览器不支持 video 元素，则可在<video>和</video>间加入一段说明文字，这样在不支持的浏览器上将显示说明文字。video 正常播放的应用效果如图 2-17 所示。

```
<video src="img/a1.mp4" autoplay=
"autoplay" controls="controls"
loop="loop" muted="muted" poster=
"img/zm0.png" width="250px">不
支持</video>
```

HTML 代码　　　　　尚未开始播放时的效果　　　　　正常播放时的效果

图 2-17　<video>标记的应用效果

考虑到不同浏览器的限制，也可将 src 取出，写在开始标记和结束标记之间，并通过 type 指定文件类型。<video>标记的 type 类型如图 2-18 所示。

```
<video autoplay="autoplay" controls="controls">
    <source src="img/a1.mp4" type="video/mp4">
    </source>
    <source src="img/a1.ogg" type="video/ogg">
    </source>
</video>
```

HTML 代码　　　　　　　　　　　type 类型

图 2-18　<video>标记的 type 类型

如果用<video>标记播放音频文件，则只播放声音。另外属性设置中 autoplay 等也可编写为下面的代码，只写属性名称，而不用赋值，也能达到同样的效果：

```
<video src="img/a1.mp4" autoplay controls loop muted width="250px"></video >
```

2.3.3　<audio>与<video>标记的方法和事件

当<audio>和<video>标记不适合用户界面的布局或默认的控件功能不能满足要求时，可借助 HTML5 提供的接口方法和事件，通过脚本代码对嵌入网页的音频、视频进行控制。

1. <audio>和<video>标记的接口方法

<audio>和<video>标记的接口方法如表 2-25 所示。

表 2-25　　　　　　　　　<audio>和<video>标记的接口方法

接口方法	说明
load( )	加载媒体文件，为播放做准备。通常用于播放前的预加载或重新加载
play( )	播放媒体文件
pause( )	暂停播放媒体文件，paused 属性自动改变为 true
canPlayType( )	判断浏览器是否支持指定的媒体格式，方法的参数为 type，与 source 中的相同

下面的示例是通过按钮控制视频的播放和暂停，应用效果如图 2-19 所示。

```
<body onload="onload()">
    <div id="xs"></div>
    <video src="img/a1.mp4" id="sp"></video><br />
    <input type="button" id="b1" value="播放"/>
    <input type="button" id="b2" value="暂停"/>
</body>
```

```
function onload(){
    b1.addEventListener("click",play);
    b2.addEventListener("click",pause);  }
function play(){
    sp.play();
    xs.innerHTML="现在播放视频";   }
function pause(){
    sp.pause();
    xs.innerHTML="现在暂停播放视频";   }
```

HTML 代码　　　　　　　　　　　　　　　　　　　　　　JavaSrcipt 代码

单击"播放"按钮的效果　　　　　　　　　　　　　　单击"暂停"按钮的效果

图 2-19　<video>标记的接口方法示例及应用效果

2. <audio>和<video>标记的接口事件

HTML5 提供了一系列的接口事件，在使用<audio>和<video>标记读取或播放媒体文件时，会触发相应事件，可用 JavaScript 脚本来捕获，并进行相应的处理。

<audio>和<video>标记的部分接口事件如表 2-26 所示。

表 2-26　　　　　　　　　　　　　<audio>和<video>标记的部分接口事件

接口事件	说明
play	执行 play()方法时触发，播放速度：playbackRate
playing	正在播放时触发
pause	执行 pause()方法时触发
timeupdate	播放位置改变时触发，时长：duration；当前时点：currentTime
ended	播放结束后停止播放时触发
waiting	等待加载下一帧时触发
volumechange	音量改变时触发，音量：volume 为 0～1
loadstart	浏览器开始在网上寻找数据时触发
progress	浏览器正在获取媒体文件时触发
suspend	浏览器暂停获取媒体文件，且文件获取没有正常结束时触发
abort	中止获取媒体数据，且中止不是由错误引起时触发
error	获取媒体数据过程中出错时触发

续表

接口事件	说明
Emptied	所在网络变为初始化状态时触发
loadedmetadata	当前媒体元数据加载完毕时触发
loadeddata	当前位置的媒体播放数据加载完毕时触发
seeking	浏览器正在请求数据时触发
seeked	浏览器停止请求数据时触发

在网页中通过<audio>和<video>标记嵌入音频或视频时，通过设置 controls 可显示控制条，但若希望使用个性化的设计，则可用上述的接口方法和接口事件完成。

下面的示例通过按钮控制视频的播放和暂停，并设置播放的速度、音量、进退等。应用效果如图 2-20 所示，在页面中加入了一个<video>标记和 8 个按钮。

```html
<body>
<div id="xs"></div>
<video src="a03.mp4" autoplay controls loop
width="480px" id="sp"></video><br>
<input type="button" value="播放" onClick=
"bf()">
<input type="button" value="暂停" onClick=
"zt()">
<input type="button" value="快动作" onClick=
"kdz()">
<input type="button" value="慢动作" onClick=
"mdz()">
<input type="button" value="快进" onClick=
"kj()">
<input type="button" value="快退" onClick=
"kt()">
<input type="button" value="增加音量" onClick=
"zjyl()">
<input type="button" value="降低音量" onClick=
"jdyl()">
</body>
```

HTML 代码

```javascript
function bf(){
sp.play();    }
function zt(){
sp.pause();  }
function kdz(){
  sp.playbackRate+=1;
  xs.innerHTML="播放速度="+sp.playbackRate;  }
function mdz(){
sp.playbackRate-=0.1;
xs.innerHTML="播放速度="+sp.playbackRate;  }
function kj(){
sp.currentTime+=2;
xs.innerHTML="视频时长="+sp.duration+"秒，当前=
"+sp.currentTime;  }
function kt(){
sp.currentTime-=2;
xs.innerHTML="视频时长="+sp.duration+"秒，当前=
"+sp.currentTime;  }
function zjyl(){
sp.volume+=0.1;
xs.innerHTML="视频音量="+sp.volume;  }
function jdyl(){
sp.volume-=0.1;
xs.innerHTML="视频音量="+sp.volume;  }
```

JavaScript 代码

单击“快动作”按钮的效果

单击“慢动作”按钮的效果

图 2-20   <video>标记的接口事件示例及应用效果

单击"快进"按钮的效果

单击"快退"按钮的效果

单击"增加音量"按钮的效果

单击"降低音量"按钮的效果

图 2-20　<video>标记的接口事件示例及应用效果（续）

2.4　超链接

超链接是网页中最重要的元素之一，是从一个网页或文件跳转到另一个网页或文件的链接。通过超链接可以把互联网中众多的网站、网页、图像、音频、视频等资源联系起来，构成一个有机的整体。

2.4.1　什么是超链接

超链接（hyperlink）是指从一个网页指向一个目标的链接关系，这个目标可以是另一个网页，也可以是同一网页上的不同位置，还可以是一张图片、一个电子邮箱地址、一个文件，甚至是一个应用程序等。而用来超链接的对象，可以是一段文本、一张图片或多媒体资源等。当浏览者单击超链接时，浏览器会从相应的目标地址检索网页，并根据目标类型来打开、显示、运行或下载。

2.4.2　超链接的用法

超链接的基本语法格式是：

```
<a href="" target="">链接显示的内容</a>
```

如在网页中创建一个链接到首页（index.html），并在新窗口打开链接，代码如下：

```
<a href="index.html" target="_blank">首页</a>
```

1.　超链接标记<a>

<a>标记定义超链接，用于从一个页面链接到另一资源。浏览器中链接的默认外观如下。

- 未被访问的链接（unvisited）：文字显示蓝色（blue），带有下画线。
- 已被访问的链接（visited）：文字显示紫色（purple），带有下画线。
- 活动链接（active）：文字显示红色（red），带有下画线。

2.　href 属性

href 属性是<a>标记最重要的属性，用于标识链接的地址。如果超链接的目标与 html 文件不在同一目录中，必须加上适当的路径，相对路径或绝对路径均可。关于相对路径或绝对路径可参考本章"2.2.5　图片标记"中的"路径表示法"。

3.　target 属性

target 属性设置打开链接文档的位置，默认情况下被链接目标显示在当前浏览器窗口中。target 属性的设置值如表 2-27 所示。

表 2-27　　　　　　　　　　　　　　　target 属性的设置值

设置值	说明
_blank	链接的目标在新窗口打开
_parent	链接的目标在当前窗口打开，若在框架网页中，则在上一层框架打开目标网页
_self	链接的目标在当前运行的窗口打开，这是默认值
_top	链接的目标在浏览器窗口打开，若有框架，网页中所有框架将被删除
窗口名称	链接的目标会在指定名称的窗口或框架打开

4.　title 属性

当超链接不能完全描述所要链接的内容时，可通过 title 属性设置提示内容，这样当鼠标指针停留在超链接上时，会显示提示内容。title 属性的应用效果如图 2-21 所示。

```
<body>
 <a href="index.html" title="点击将打开本网站的首页">首页</a>
</body>
```

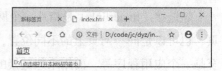

　　　　　　　　　　HTML 代码　　　　　　　　　　　　　　　　　　　　title 属性的应用效果

图 2-21　title 属性的应用效果

2.4.3 网页中的特殊超链接

1. 站外网页链接

如果要从某网页链接到其他网站，只需要将 href 属性的值设置为站外网页的地址即可，基本语法格式是：

```
<a href="网址">公司网址：http://www.名称.com</a>
```

2. 链接到 E-mail 邮箱

在网页设计中，当遇到邮箱地址时，通常会设置为超链接，单击邮箱时会自动打开计算机内置的邮件软件，基本语法格式是：

```
<a href="mailto:邮箱账号">...</a>
```

若收件人不止一个，邮箱账号可用分号隔开。为了浏览方便，可事先设置好主题、抄送、密件抄送和邮件正文等。

链接到邮箱的应用方法如表 2-28 所示。

表 2-28　　　　　　　　　　　链接到邮箱的应用方法

功能	语法	示例
发给多人	mailto:邮箱 1;邮箱 2	<a href="mailto:mas@163.com;my@qq.com">联系我们</a>
抄送	?cc=抄送的邮箱	<a href="mailto:mas@163.com?cc=my@qq.com">联系我们-抄送</a>
密件抄送	?bcc=密件抄送的邮箱	<a href="mailto:mas@163.com?bcc=my@qq.com">联系我们-密送</a>
主题	?subject=主题文字	<a href="mailto:mas@163.com?subject=主题">联系我们-主题</a>
邮件正文	?body=正文内容	<a href="mailto:mas@163.com?body=正文">联系我们-正文</a>

链接到邮箱的应用效果如图 2-22 所示。

```
<body>
    <a href="mailto:mas@163.com;
        mas1@163.com?
        cc=mas2@163.com&
        bcc=mas3@163.com&
        subject=主题&
        body=正文">
    联系我们</a>
</body>
```

HTML 代码

链接到邮箱的应用效果

图 2-22　链接到邮箱的应用效果

3. 链接到本网页的指定位置

在 HTML4 之前的版本中，只有使用<a>标记的 name 属性才能创建片段标识符，称为锚记。

但 HTML5 不再支持 name，因为 id 标识符几乎可以用在所有的标记中。<a>标记为了能够和以前的版本兼容而保留了 name 属性，同时也可以使用 id 属性。建议在链接到本网页指定位置的应用中使用 id。其语法格式与 name 相同：

```
<a href="#组件的id">...</a>
```

链接到本网页指定位置的应用效果如图 2-23 所示。

```
<body>
    <a href="#mj">联系我们</a>
    <div>下面是链接到本文中指定位置的示例</div>
    <div id="mj">转到此处</div>
</body>
```

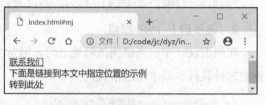

　　　　　　HTML 代码　　　　　　　　　　　　　　　链接到本网页指定位置的应用效果

图 2-23　链接到本网页指定位置的应用效果

2.5　表格

网页中表格的用途广泛，曾经在网页布局中发挥了重要作用。后来由于 CSS 在网页布局中的应用更符合 W3C 标准，在现在的网页设计中，表格的应用大量减少。

2.5.1　表格的基本标记

<table>标记定义 HTML 表格。HTML 表格包括 table、tr、th 及 td 等元素，如表 2-29 所示。

表 2-29　　　　　　　　　　　　　　　　表格元素的基本标记

标记	说明
table	定义一个表格
tr	定义表格的行
td	定义表格的列
th	定义表头单元格，即列标题文本黑体居中
caption	定义表格的标题

2.5.2　表格及单元格属性

表格的显示效果可通过设置表格及单元格的属性来控制，但建议尽可能使用 CSS 样式实现，因为有很多属性在 HTML5 中不被支持。

<table>标记、<tr>标记、<td>标记的常用属性分别如表 2-30、表 2-31、表 2-32 所示。

表 2-30   <table>标记的常用属性

属性	说明	备注
align	设置表格相对周围元素的水平对齐方式，left、center、right	HTML5 不支持
bgcolor	设置表格的背景颜色，rgb(x,x,x)、#xxxxxx、colorname	HTML5 不支持
backgroup	设置表格的背景图片	HTML5 不支持
border	设置表格边框的宽度	
width	设置表格的宽度	HTML5 不支持
cellspacing	设置单元格之间的空白间距	HTML5 不支持
cellpadding	设置单元格边缘与其内容之间的空白间距	HTML5 不支持

表 2-31   <tr>标记的常用属性

属性	说明	备注
align	设置表格行的水平对齐方式，right、left、center、justify、char	HTML5 不支持
bgcolor	设置表格行的背景颜色，rgb(x,x,x)、#xxxxxx、colorname	HTML5 不支持
char	设置根据哪个字符来进行文本对齐	HTML5 不支持
charoff	设置第一个对齐字符的偏移量	HTML5 不支持
valign	设置表格行中内容的垂直对齐方式，top、middle、bottom、baseline	HTML5 不支持

表 2-32   <td>标记的常用属性

属性	说明	备注
abbr	设置单元格内容的缩写版本	HTML5 不支持
align	设置单元格内容的水平对齐方式，right、left、center、justify、char	HTML5 不支持
axis	对单元格进行分类	HTML5 不支持
bgcolor	设置单元格的背景颜色，rgb(x,x,x)、#xxxxxx、colorname	HTML5 不支持
char	设置根据哪个字符来进行内容对齐	HTML5 不支持
charoff	设置对齐字符的偏移量	HTML5 不支持
colspan	设置单元格可横跨的列数	
headers	设置与单元格相关联的一个或多个表头单元格	
height	设置单元格的高度	HTML5 不支持
nowrap	设置单元格的内容是否换行	HTML5 不支持
rowspan	设置单元格可横跨的行数	
scope	定义将表头单元格与数据单元格相关联的方法，col、colgroup、row、rowgroup	HTML5 不支持
valign	设置单元格内容的垂直对齐方式，top、middle、bottom、baseline	HTML5 不支持
width	设置单元格的宽度	HTML5 不支持

下面是一个 4 行 3 列的表格，应用效果如图 2-24 所示。

```
<table bgcolor="#abc" border="1" cellpadding="0" cellspacing="1"
align="center" width="260">
<caption>联系人</caption>
    <tr><th>序号</th><th>姓名</th><th>电话</th></tr>
    <tr><td align="center">1</td><td>张三</td><td>12345678</td></tr>
    <tr><td  align="center">2</td><td> 李 四 </td><td>12345678</td>
</tr>
    <tr><td  align="center">3</td><td> 王 五 </td><td>12345678</td>
</tr>
</table>
```

HTML 代码   <table>的应用效果

图 2-24   <table>的应用效果

2.5.3 合并单元格

若在表格设计中遇到分布不均的情况，可采用合并单元格的方式来控制体现效果。

1. 合并左、右列

合并左、右列的属性是 colspan，值为拟合并的列数，如<td colspan="3">，表示将从左到右合并 3 个单元格。HTML 代码中只保留本身的<td>…</td>标记，其他组的<td>…</td>标记就不需要了。合并左、右列的应用效果如图 2-25 所示。

```
<table border="1" width="260">
    <tr><td colspan="3" align="center">联系人</td></tr>
    <tr><td>1</td><td>张三</td><td>12345678</td></tr>
    <tr><td>2</td><td>李四</td><td>12345678</td></tr>
    <tr><td>3</td><td>王五</td><td>12345678</td></tr>
</table>
```

联系人		
1	张三	12345678
2	李四	12345678
3	王五	12345678

HTML 代码   合并左、右列的应用效果

图 2-25   合并左、右列的应用效果

2. 合并上、下行

合并上、下行的属性是 rowspan，值为拟合并的行数，如<td rowspan="2">，表示将从上往下合并 2 个单元格。HTML 代码中只保留本身的<td>…</td>标记，其他被合并的<td>…</td>标记就不需要了。合并上、下行的应用效果如图 2-26 所示。

```
<table border="1" width="260">
    <tr><th>序号</th><th>姓名</th><th>电话</th></tr>
    <tr><td>1</td><td>张三</td><td rowspan="2">12345678</td></tr>
    <tr><td>2</td><td>李四</td></tr>
    <tr><td>3</td><td>王五</td><td>12345678</td></tr>
</table>
```

序号	姓名	电话
1	张三	12345678
2	李四	
3	王五	12345678

HTML 代码   合并上、下行的应用效果

图 2-26   合并上、下行的应用效果

2.6　表单

表单（form）是 HTML 的一个重要组成部分，既不用来显示数据，也不用来布局网页。表单就是提供一个入口，让用户填写相关信息并发送到服务器端进行必要的处理。HTML 只负责控制浏览器端的用户界面实现及数据提交，服务器端要有 PHP、ASP.NET、JSP 等程序进行数据处理。

2.6.1　创建表单

网页中用<form>…</form>标记创建表单，在标记间可插入各种表单元素以实现相应的功能。表单的基本语法格式如下：

```
<form name="" action="" method="" enctype="" target="">...</form>
```

1．name 属性

name 属性表示表单的名字，可在 JavaScript 代码中标识本表单。

2．action 属性

表单通常会与 PHP 等服务器端程序配合使用，action 属性表示表单发送的目的地，即服务器端用哪个文件来处理本表单的数据。

3．method 属性

method 属性用于设置数据发送方式，有 POST 和 GET 两种，它们的区别如表 2-33 所示。以 GET 方式发送数据时，数据直接加在 URL 后面，数据直接暴露在 URL 中，安全性较差。由于浏览器和 Web 服务器的限制，URL 的最大长度是 2048 个字符，所以适用于发送数据量少的情况。GET 方式将表单中的数据按照"变量=值"的形式，用"?"添加到 URL 后面，各变量用"&"连接。

以 POST 方式发送数据时，数据被封装到 form 的数据体中，按照变量和值对应的方式，传递给指定程序。POST 方式对字符长度没有限制，所有操作对用户是不可见的，数据安全性较高。

表 2-33　　　　　　　　　　　　　　　　POST 方式和 GET 方式的区别

	GET	POST
后退按钮/刷新	无害	数据会被重新提交
书签	可收藏为书签	不可收藏为书签
缓存	能被缓存	不能被缓存
编码类型	application/x-www-form-urlencoded	application/x-www-form-urlencoded 或 multipart/form-data。二进制数据使用多重编码
历史	参数保留在浏览器历史中	参数不会保存在浏览器历史中
对数据长度的限制	有限制	无限制

续表

	GET	POST
对数据类型的限制	只允许 ASCII 字符	没有限制。也允许二进制数据
安全性	GET 方式的安全性较差，因为所发送的数据是 URL 的一部分。在发送密码、账号等敏感信息时不要使用 GET 方式	POST 方式比 GET 方式更安全，因为参数不会被保存在浏览器历史或 Web 服务器日志中
可见性	数据在 URL 中对所有人都是可见的	数据不会显示在 URL 中

4. enctype 属性

enctype 属性用于设置表单发送的编码方式，只有 method="post"时才有效，共有 3 种模式，如表 2-34 所示。

表 2-34   enctype 属性的 3 种模式

值	描述
application/x-www-form-urlencoded	默认值，在发送前对所有字符编码
multipart/form-data	不对字符编码。用于发送二进制文件，当表单中有文件上传控件时，必须使用该值
text/plain	空格转换为 "+"，但不对特殊字符编码。将表单属性发送到邮箱时，必须设置为此值，否则会出现乱码

5. target 属性

target 属性指定表单提交到哪一个窗口，具体内容参见本章 "2.4.2 超链接的用法" 中的 target 部分。

6. autocomplete 属性

autocomplete 属性用来设置 input 组件是否使用自动完成功能，值为 on（使用）和 off（不使用）两种，默认设置为 on。输入时，浏览器会基于之前输入过的值，将包含当前输入的项目显示出来以供选择。

7. novalidate 属性

novalidate 属性是 HTML5 中的新属性，用来规定提交表单时不对其进行验证。如使用该属性，则表单不会验证表单的输入。novalidate 属性适用于<form>，以及以下类型的 <input> 标记：text、search、url、telephone、email、password、date pickers、range 及 color 等。默认情况下是有验证的。novalidate 属性的应用效果如图 2-27 所示。

```
<form action="" method="get" novalidate=
"novalidate">
    E-mail: <input type="email" id="email" />
    <input type="submit" value="提交"/>
</form>
```

HTML 代码   未设置 novalidate   设置了 novalidate="novalidate"

图 2-27   novalidate 属性的应用效果

8. 表单的常用组件

表单的常用组件的分类、名称、作用及范例如表 2-35 所示。

表 2-35　　　　　　　　　　　　表单的常用组件的分类、名称、作用及范例

分类	名称	作用	范例
输入组件	text	单行文本域	`<input type="text" id="title" size="10" placeholder="必须输入！"/>`
	textarea	多行文本域	`<textarea id="nr" cols="20" rows="3"></textarea>`
	password	密码域	`<input type="password" id="mm" name="mm"/>`
	date	日期域	`<input type="date" id="rq" name="rq"/>`
	number	数字域	`<input type="number" id="sl" value="3" min="1" max="10"/>`
	range	范围域	`<input type="range" id="sl" name="sl" value="3" max="10" min="1"/>`
	search	搜索域	`<input type="search" id="cx" name="cx"/>`
	color	颜色域	`<input type="color" id="ys" name="ys"/>`
	file	文件域	`<input type="file" id="wj" name="wj"  accept="image/*"/>`
	hidden	隐藏域	`<input type="hidden" id="id" name="id"  value="123"/>`
	image	图像域	`<input type="image" id="dl" name="dl" src="img/dl.png"/>`
列表组件	select	选择列表	`<select name="sf" size="4" multiple id="sf"></select>`
	datalist	选项列表	`<datalist name="sf" id="sf"></datalist>`
选择组件	radio	单选按钮	`<input type="radio" name="xb" id="xb0" value="男" checked/>男`
	checkbox	复选框	`<input type="checkbox" id="ah1" value="音乐" checked/>音乐`
按钮组件	submit	提交按钮	`<input type="submit" value="提交"/>`
	reset	重置按钮	`<input type="reset" value="重置"/>`
	button	普通按钮	`<input type="button" id="tj" value="确定" onclick="check()"/>`
其他组件	filedset	表单分组	`<fieldset>...</fieldset>`
	legend	分组标题	`<legend>分组标题</legend>`
	label	定义标注	`<label for="xb0">男</label>`
	output	输出域	`<output name="hj" id="hj" for="a"></output>`
	keygen	密钥对生成器	`<keygen name="ms" />`

其中 date、number、color、range、datalist、output、keygen 等是 HTML5 新增的组件。

2.6.2　表单的输入组件

输入组件是表单组件中运用最广的组件，主要用于输入内容，通过设置 type 的值，实现不同类型的数据输入。

1. 单行文本域 text

文本域是表单中使用较为频繁的组件，其基本语法格式如下：

```
<input type="text" name="名称" id="id" value="初始值" size="文本域宽度" maxlength=
    "最多字符数" placeholder="提示信息" readonly="readonly" disabled="disabled"/>
```

name 属性设置组件的名称，方便表单处理程序辨认表单组件，由英文、数字、下画线组成，多个组件可以用相同的 name。

id 属性设置组件的唯一标识，主要用于 JavaScript、CSS，要符合标识要求，对大小写敏感，不能重复。

value 属性设置文本域的初始值，如为空，则显示空白。

size 属性设置文本域的宽度，数字越大，文本域显示得越长；如省略，则为默认值 20。

maxlength 属性设置文本域最多输入的字符数量。

placeholder 属性设置文本域没有内容时的提示信息，当有内容时，提示信息自动消失。

title 属性设置文本域的提示信息。当鼠标指针移动到元素上面时，就会显示 title 的内容，以达到补充说明或者提示的效果，一段时间后自动消失。

readonly 属性设置文本域只读，可写为 readonly="readonly"，也可只写 readonly，没有此属性则表示可输入。

disabled 属性设置文本域不可用，组件呈灰色的不可用状态，可写为 disabled="disabled"，也可只写 disabled，没有此属性则表示可用。

2．多行文本域 textarea

当用户需要输入大量内容或内容中必须换行时可用该组件，其基本语法格式如下：

```
<textarea name="名称" id="id" value="初始值" cols="宽度" rows="行数" wrap="换行
"></textarea>
```

上述语法将生成一个多行文本域，当输入内容超过组件尺寸时，将出现滚动条。

cols 属性设置多行文本域的宽度。

rows 属性设置多行文本域的行数，体现为高度。

wrap 属性设置多行文本域的换行方式，属性值有 off、virtual 和 physical。off 值表示输入字符超过多行文本域的宽度时不自动换行，默认为自动换行。virtual 和 physical 值均表示输出时自动换行。virtual 值主要用于改善对用户的显示，但在传输给服务器时，文本只在用户按下 Enter 键的地方进行换行，其他地方没有换行的效果。physical 值输出的数据在自动换行处有换行符号，并以这种形式传送给服务器，就像用户真实输入那样。此值还可设置为 hard 和 soft，hard 在表单中提交时，textarea 中的文本换行（包含换行符），必须同时设置 cols 属性；soft 在表单中提交时，textarea 中的文本不换行，为默认值。

多行文本域的应用效果如图 2-28 所示。

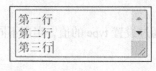

普通输入

未设置 wrap，为默认

设置 wrap="off"

图 2-28　多行文本域的应用效果

3. 密码域 password

密码域是特殊的输入组件，当用户输入数据时，会以星号"*"或圆点"·"来代替输入的内容，以保证数据安全。其基本语法格式如下：

```
<input type="password" name="名称" id="id"/>
```

上述语法中将 type 设置为 password，将生成一个空的密码输入框。除了不显示具体内容外，密码域与单行文本域类似。

4. 日期域 date

当用户需要输入日期型数据时，可选择此组件。用户单击日期域时，会弹出日期列表供用户选择。其基本语法格式如下：

```
<input type="date" name="名称" id="id"/>
```

日期域的应用效果如图 2-29 所示。

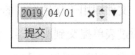

未单击时　　　　　　　　　　单击组件　　　　　　　　　　选择后

图 2-29　日期域的应用效果

与 date 类似，HTML5 还可以通过将 type 设置为 datetime-local、datetime、time、week、month 等值，对日期、时间量等进行更多的操作。

5. 数字域 number

数字域让用户能以上下键来选择数字，其基本语法格式如下：

```
<input type="number" name="名称" id="id" value="初始值" min="最小值" max="最大值"/>
```

上述语法中将 type 设置为 number，将生成一个数字输入框，输入时规定只能输入数字相关的数据，若设置输入范围，则不受影响；但通过上下键选择时，会自动改变为最大值或最小值。

min 属性设置最小值。

max 属性设置最大值。

6. 范围域 range

范围域与数字域类似，都是让用户选择数字，只是范围域是以水平滚动条的形式体现，也可设定最大值和最小值。其基本语法格式如下：

```
<input type="range" name="名称" id="id"/>
```

7. 搜索域 search

搜索域的外观与普通的文本域相同，但当用户输入数据时，搜索域右边会显示"×"符号，单击"×"符号可删除其中的内容。其基本语法格式如下：

```
<input type="search" name="名称" id="id"/>
```

上述语法中将 type 设置为 search，将生成一个用于搜索的输入框。

数字域、范围域、搜索域的应用效果如图 2-30 所示。

数字域　　　　　　　　　　　　范围域　　　　　　　　　　　　搜索域

图 2-30　数字域、范围域、搜索域的应用效果

8. 颜色域 color

颜色域在用户选择颜色时使用，用户单击颜色域时，会出现颜色选择界面以供用户选择。其基本语法格式如下：

```
<input type="color" name="名称" id="id"/>
```

上述语法中将 type 设置为 color，将生成一个用于选择颜色的选项框。

9. 文件域 file

文件域用于文件上传的情况。用户单击文件域的按钮时，会弹出"打开"对话框，选择文件后通过表单提交到服务器。需要注意的是，当表单中有文件域组件时，表单的 enctype 属性必须设置为 multipart/form-data，且用 POST 方式提交。其基本语法格式如下：

```
<input type="file" name="名称" id="id" accept="文件类型"/>
```

上述语法中将 type 设置为 file，将生成一个用于选择文件的选项框。

accept 属性用于设置文件类型，以缩小选择范围。可使用"*"通配符，若要支持多种文件类型，可用","隔开，如"text/*""application/*""image/*,audio/*,video/*"等。

颜色域、文件域的应用效果如图 2-31 所示。

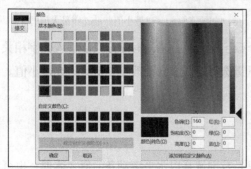

颜色域　　　　　　　　　　　　　　　　　　　　　文件域

图 2-31　颜色域、文件域的应用效果

10. 隐藏域 hidden

隐藏域用来收集或发送不可见的元素，对于网页访问者来说，隐藏域是看不见的。当表单被提交时，隐藏域会将信息以定义的名称和值发送到服务器上。其基本语法格式如下：

```
<input type="hidden" name="名称" id="id" value="值"/>
```

上述语法中将 type 设置为 hidden，将在表单中生成一个看不见、也不占用位置的组件。

11. 图像域 image

图像域是用图像的方式实现表单提交的功能，增加网页的整体美感。其基本语法格式如下：

```
<input type="image" id="id" name="名称" src="图像路径"/>
```

上述语法中将 type 设置为 image，将在表单中生成一个图像按钮，实现表单提交功能。src 属性设置图像所在位置和文件名。

2.6.3　表单的列表组件

列表组件包括 select 组件和 datalist 组件。

1. 选择列表 select

select 可创建单选或多选列表，用于在表单中接收用户选择的项目。其由<select>标记和<option>标记组成，其中<option>标记用于定义列表中的可用选项。其基本语法格式如下：

```
<select name="名称" id="id" size="行数" multiple="multiple">
    <option value="值1" selected="selected">体现的文字1</option>
    <option value="值2">体现的文字2</option>
</select>
```

上述语法包含两组标记，一组是<select>…</select>，用来产生空的列表；另一组是<option>…</option>，用来设置列表中的选项。

<select>标记中的 size 属性设置列表显示的行数，默认为 1，表示下拉列表只显示一行，通过单击向下箭头体现其他项目。size 值大于 1 时，变为选择列表（带有纵向滚动条），将显示指定行数。

<select>标记中的 multiple 属性用于设置多选，只要在选择时按下 Ctrl 键或 Shift 键就可以一次选择多个选项。可写为 multiple="multiple"，也可只写 multiple，默认为只能选一项。

<option>标记中的 selected 属性用于设置该项已经被选择，可写为 selected="selected"，也可只写 selected，默认为未选择。

选择列表的应用效果如图 2-32 所示。

```
<select name="sf" id="sf" size="1" multiple >
  <option value="bjs">北京市</option>
  <option value="shs" selected>上海市</option>
  <option value="tjc">天津市</option>
  <option value="cqs">重庆市</option>
</select>
```

HTML 代码　　　　　　　　　size="1"　　　　size="4"　　　size="4" multiple

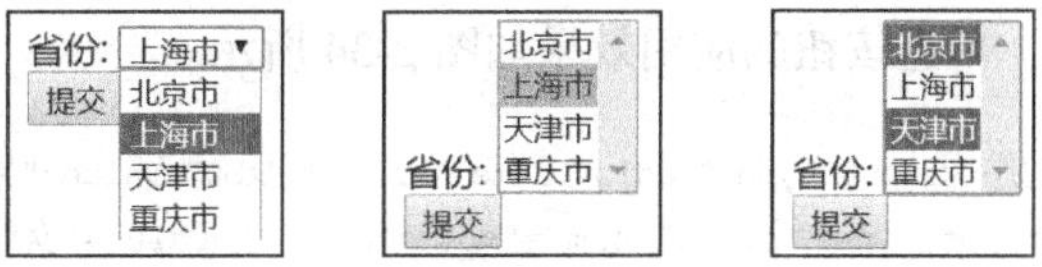

图 2-32　选择列表的应用效果

2. 选项列表 datalist

datalist 可创建选项列表，由<datalist>标记和<option>标记组成，且必须与<input>标记配合使用，通过设置<input>标记的 list 属性来绑定 datalist 定义的 input 可能值。datalist 及其选项不会被显示出来，它仅仅是合法的输入值列表。其基本语法格式如下：

```
<input list="datalist 的 id" /><datalist name="名称" id="id">
        <option value="值 1" >体现的文字 1</option>
    <option value="值 2">体现的文字 2</option>
    </datalist>
```

datalist 组件必须先定义 id 属性，input 组件通过设置 list 属性值为该 id 来将两者关联。选项列表的应用效果如图 2-33 所示。

```
省份: <input list="sf" />
<datalist name="sf" id="sf">
<option value="北京市">北京市</option>
<option value="上海市" >上海市</option>
<option value="天津市">天津市</option>
<option value="重庆市">重庆市</option>
</datalist>
```

HTML 代码   datalist 组件的应用效果   输入文字后的变化

图 2-33 选项列表的应用效果

2.6.4 表单的选择组件

选择组件包括单选按钮组件（radio）和复选框组件（checkbox）。

1. 单选按钮 radio

radio 用于在表单多个项目中只选择一项的情况，如性别、职业等。其基本语法格式如下：

```
<input type="radio" name="名称" id="id" value="值" checked="checked"/>
```

上述语法中将 input 的 type 设置为 radio，在表单中生成一个单选按钮，供用户单击选择。

name 属性为 radio 组件的名称，所有 name 相同的 radio 组件会被视为同一组，同一组内只能有一个 radio 组件被选中。

value 属性设置 radio 的值，当表单提交时，已选择的 radio 组件的 value 值会被发送，但在页面上却是看不到的，必须另外添加文字进行描述。

checked 属性设置 radio 组件被选中，可写为 checked="checked"，也可只写 checked，默认为未被选中。

单选按钮的应用效果如图 2-34 所示。

```
性别: <input type="radio" name="xb" id="xb0" value="男" checked/>男
<input type="radio" name="xb" id="xb1" value="女"/>女
```

性别: ●男 ○女
提交

HTML 代码   radio 组件的体现效果

图 2-34 单选按钮的应用效果

2. 复选框 checkbox

checkbox 用于可多重选择或不选的情况，如兴趣、爱好、同意协议等。其基本语法格式如下：

```
<input type="checkbox" name="名称" id="id" value="值" checked="checked"/>
```

上述语法中将 input 的 type 设置为 checkbox，将在表单中生成一个复选框供用户选择。

name 属性为 checkbox 组件的名称，所有 name 相同的 checkbox 组件会被视为同一组。

复选框的应用效果如图 2-35 所示。

```
爱好: <input type="checkbox" name="ah" id="ah1" value="音乐" checked/>音乐
<input type="checkbox" name="ah" id="ah2" value="文学"/>文学
<input type="checkbox" name="ah" id="ah3" value="运动"/>运动
```

爱好: ☑音乐 ☐文学 ☐运动
提交

HTML 代码   checkbox 组件的应用效果

图 2-35　复选框的应用效果

2.6.5　表单的按钮组件

传统的按钮组件包括"提交"按钮（submit）、"重置"按钮（reset）和普通按钮（button），HTML 中还有一种由<button>标记定义的按钮。

1. "提交"按钮 submit

submit 按钮用于表单的提交。其基本语法格式如下：

```
<input type="submit" name="名称" value="提交"/>
```

上述语法中将 type 设置为 submit，表示是"提交"按钮。当用户单击此按钮时，会按照<form>标记中的 action 属性设置的方式来发送表单。

name 属性设置按钮名称，如果只是普通的发送且页面中只有一个表单，可以省略。

value 属性设置按钮上显示的文字。

2. "重置"按钮 reset

reset 按钮用于清除表单中已经输入的内容，回到初始状态。其基本语法格式如下：

```
<input type="reset" value="重置"/>
```

上述语法中将 type 设置为 reset，表示是"重置"按钮。当用户单击此按钮时，会将表单中所有组件的值恢复为初始值。

3. 普通按钮 button

button 按钮本身无任何操作，通常与脚本语言一起实现预期的功能。其基本语法格式如下：

```
<input type="button" value="值" name="名称" id="id" onclick="脚本或脚本函数"/>
```

上述语法中将 type 设置为 button，表示是普通按钮。当用户单击此按钮时，会直接运行相应的脚本代码或触发脚本函数。

name 属性设置按钮名称，无实质性功能，常省略。

id 属性设置按钮的 id，若需要在脚本代码中有所操作，必须设置此属性。

onclick 属性设置单击按钮时要进行操作的相关脚本代码。

4．<button>标记

<button>标记用于定义按钮。可以在<button>标记内放置文本或图像等内容，实现比通过<input>标记创建的按钮更灵活的效果。其基本语法格式如下：

```
<button id="id" onclick="脚本或脚本函数">要显示的内容</button>
```

上述语法在网页中生成一个按钮。需要注意的是，如果在 HTML 表单中使用<button>标记，不同的浏览器会提交不同的按钮值。若无特殊要求，建议使用<input>标记在表单中创建按钮。

onclick 属性设置单击按钮时要进行操作的相关脚本代码，应用效果如图 2-36 所示。代码调用了 JavaScript 函数 reg()，此函数要在<script>…</script>语句块中完成。

```
<input type="submit" value="提交"/>
<input type="reset" value="重置"/>
<input type="button" value="返回" onclick="JavaScript:
history.back();"/>
<button id="zc" onclick="reg()">注册</button>
```

HTML 代码

4 类按钮组件的应用效果

图 2-36　4 类按钮的应用效果

2.6.6　表单的其他组件

1．表单分组

当表单中组件太多时，为便于用户清晰明了地输入数据，可以将表单中相关的内容进行分类组合。<fieldset>标记可将表单内的相关组件分组，它将表单内容的一部分集中，生成一组相关表单的字段。当一组表单元素放到 <fieldset> 标记内时，浏览器会以特殊方式来显示它们，它们可以有统一的边界、3D 效果等，还可以创建一个子表单来处理这些元素。

<legend>标记用于为 fieldset 组件定义标题。

分组的应用效果如图 2-37 所示。

```
<fieldset>
    <legend>性别：</legend>
    <input type="radio" name="xb" id="xb0" value="男" checked/>男
    <input type="radio" name="xb" id="xb1" value="女"/>女
</fieldset>
```

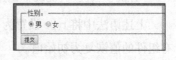

HTML 代码　　　　　　　　　　　　　　　　　fieldset 组件的应用效果

图 2-37　分组的应用效果

2．定义标注 label

<label>标记为<input>标记定义标注，<label>标记不会向用户呈现任何特殊的样式，但可为鼠标用户改善可用性，如用户单击<label>标记内的文本，会切换到控件本身。其基本语法格式如下：

```
<label for="要标注的组件id">要标注的内容</label>
```

for 属性设置值为相关组件的 id，以便将标注与组件捆绑起来。

标注的应用效果如图 2-38 所示。

```
<fieldset>
    <legend>性别: </legend>
    <input type="radio" name="xb" id="xb0" value="男" checked/>
    <label for="xb0">男</label>
    <input type="radio" name="xb" id="xb1" value="女"/>
    <label for="xb1">女</label>
</fieldset>
```

HTML 代码　　　　　　　　　　　　　　　　　label 组件的应用效果

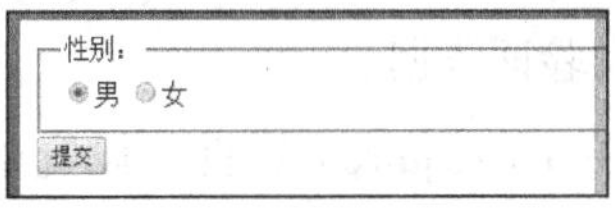

图 2-38　标注的应用效果

3. 输出域 output

输出域定义不同类型的输出，如脚本的输出等。其基本语法格式如下：

```
<output id="id" name="名称" for="其他组件id"></output>
```

上述语法将在表单中生成一个与其他组件相关的计算结果，通常在 form 中通过 oninput 设置相关的计算公式。

for 属性设置计算中使用的元素与计算结果之间的关系。

输出域的应用效果如图 2-39 所示。

```
<form oninput="hj.value=parseInt(sl.value)*19">
    数量: <input type="number" id="sl" value="3"><br />
    小计: <output name="hj" id="hj" for="a"></output>
</form>
```

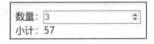

HTML 代码　　　　　　　　　　　　　　　　　　　体现效果

图 2-39　输出域的应用效果

4. 密钥对生成器 keygen

keygen 用于表单的密钥对生成器字段，作用是提供一种安全的方式来验证用户。当提交表单时，会分别生成一个私人密钥和公共密钥，私钥存储在客户端，公钥通过网络发送到服务器。这种非对称加密的方式，为网页数据安全提供了更大的保障。其基本语法格式如下：

```
<keygen id="id" name="名称" />
```

上述语法将在表单中生成两个密钥，私钥在客户端，公钥被发送到服务器，公钥可用于之后验证用户的客户端证书。

图像域和密钥对生成器的应用效果如图 2-40 所示。

图像域　　　　　　　　　　　　　　　　　　密钥对生成器

图 2-40　图像域和密钥对生成器的应用效果

2.6.7 表单的验证

1. 与表单验证相关的属性

HTML5 提供了用于辅助表单验证的元素属性，利用这些属性，可以为后续的表单自动验证提供验证依据。

（1）required 属性。设置了该属性的组件，提交时值不能为空，否则浏览器会提示"请填写此字段。"，不能提交表单。required 属性的应用效果如图 2-41 所示。

```
<input type="text" id="uname" name="uname" required/>
```

HTML 代码　　　　　　　　　　　　　　required 属性的应用效果

图 2-41　required 属性的应用效果

（2）pattern 属性。该属性用于为<input>标记定义一个用正则表达式（见表 2-36）描述的验证模式。提交表单时会检查输入内容是否符合给定的格式，如不符合格式，将提示"请与所请求的格式保持一致。"，且不能提交表单。为提示用户操作，在包含 pattern 属性的表单元素中，通常设置 title 属性以说明规则的作用。体现效果如图 2-42 所示。

```
<input  type="text"  id="yb"  name="yb"
pattern="[0-9]{6}" title="请输入 6 位数字的
邮政编码"/>
```

HTML 代码　　　　　　　　　title 属性的效果　　　　　　　pattern 属性的应用效果

图 2-42　pattern 和 title 属性的应用效果

表 2-36　　　　　　　　　　　　　　常用的正则表达式字符

字符	描述
\	将下一个字符标记为一个特殊字符，或一个原义字符，或一个向后引用，或一个八进制转义符。如 "n" 匹配字符 "n"，"\n" 匹配一个换行符，串行 "\\" 匹配 "\"，"\(" 匹配 "("
^	匹配输入字符串的开始位置。"^" 匹配 "\n" 或 "\r" 之后的位置
$	匹配输入字符串的结束位置。"$" 匹配 "\n" 或 "\r" 之前的位置
*	匹配前面的子表达式零次或多次。如 "zo*" 能匹配 "z" 以及 "zoo"。"*" 等价于 {0,}
+	匹配前面的子表达式一次或多次。如 "zo+" 能匹配 "zo" 以及 "zoo"，但不能匹配 "z"。"+" 等价于 {1,}
?	匹配前面的子表达式零次或一次。如 "do(es)?" 可以匹配 "does" 或 "does" 中的 "do"。"?" 等价于 {0,1}
{n}	n 是一非负整数，匹配 n 次。如 "o{2}" 不能匹配 "Bob" 中的 "o"，但是能匹配 "food" 中的两个 "o"
{n,}	n 是一非负整数，至少匹配 n 次。例如，"o{2,}" 不能匹配 "Bob" 中的 "o"，但能匹配 "foooood" 中的所有 "o"。"o{1,}" 等价于 "o+"，"o{0,}" 则等价于 "o*"

字符	描述
{n,m}	m 和 n 均为非负整数，其中 n≤m。最少匹配 n 次且最多匹配 m 次。例如，"o{1,3}"将匹配"foooood"中的前 3 个"o"。"o{0,1}"等价于"o?"。请注意在逗号和两个数之间不能有空格
?	当该字符紧跟在任何一个其他限制符（*,+,?，{n}，{n,}，{n,m}）后面时，匹配模式是非贪婪模式。非贪婪模式尽可能少地匹配所搜索的字符串，而默认的贪婪模式则尽可能多地匹配所搜索的字符串。例如，对于字符串"oooo"，"o+?"将匹配单个"o"，而"o+"将匹配所有"o"
.	匹配除"\n"外的任何单个字符。要匹配包括"\n"在内的任何字符，请使用"(.|\n)"的模式
(pattern)	匹配 pattern 并获取这一匹配结果。所获取的匹配可从产生的 Matches 集合得到，在 VBScript 中使用 SubMatches 集合，在 JScript 中则使用$0…$9 属性。要匹配圆括号字符，请使用"\("或"\)"
(?:pattern)	匹配 pattern 但不获取匹配结果，也就是说，这是一个非获取匹配，不进行获取供以后使用。这在使用"或"字符"(|)"来组合一个模式的各个部分是很有用的。例如"industr(?:y|ies)"就是一个比"industry|industries"更简略的表达式
(?=pattern)	正向肯定预查，在任何匹配 pattern 的字符串开始处匹配查找字符串。这是一个非获取匹配，也就是说，该匹配不需要获取供以后使用。在一个匹配发生后，在最后一次匹配之后立即开始下一次匹配的搜索，而不是从包含预查的字符之后开始
(?!pattern)	正向否定预查，在任何不匹配 pattern 的字符串开始处匹配查找字符串。这是一个非获取匹配，也就是说，该匹配不需要获取供以后使用。在一个匹配发生后，在最后一次匹配之后立即开始下一次匹配的搜索，而不是从包含预查的字符之后开始
x|y	匹配 x 或 y。例如，"z|food"能匹配"z"或"food"，"(z|f)ood"则匹配"zood"或"food"
[xyz]	字符集合。匹配所包含的任意一个字符。如"[abc]"可以匹配"plain"中的"a"
[^xyz]	负值字符集合。匹配未包含的任意字符。如"[^abc]"可以匹配"plain"中的"p"
[a-z]	字符范围。匹配指定范围内的任意字符。如"[a-z]"可以匹配"a"到"z"的任意小写字母字符
[^a-z]	负值字符范围。匹配不在指定范围内的任意字符。如"[^a-z]"可以匹配不在"a"到"z"范围内的任意字符
\b	匹配一个单词边界，也就是指单词和空格间的位置。如"er\b"可以匹配"never"中的"er"，但不能匹配"verb"中的"er"
\B	匹配非单词边界。"er\B"能匹配"verb"中的"er"，但不能匹配"never"中的"er"
\cx	匹配由 x 指明的控制字符。例如，"\cM"匹配一个"Control-M"或回车符。x 的值必须为 A～Z 或 a～z 之一。否则，将 c 视为一个原义的"c"字符
\d	匹配一个数字字符。等价于"[0-9]"
\D	匹配一个非数字字符。等价于"[^0-9]"
\f	匹配一个换页符。等价于"\x0c"和"\cL"
\n	匹配一个换行符。等价于"\x0a"和"\cJ"
\r	匹配一个回车符。等价于"\x0d"和"\cM"
\s	匹配任何空白字符，包括空格、制表符、换页符等。等价于"[\f\n\r\t\v]"
\S	匹配任何非空白字符。等价于"[^ \f\n\r\t\v]"
\t	匹配一个制表符。等价于"\x09"和"\cI"
\v	匹配一个垂直制表符。等价于"\x0b"和"\cK"
\w	匹配包括下画线的任何单词字符。等价于"[A-Za-z0-9_]"
\W	匹配任何非单词字符。等价于"[^A-Za-z0-9_]"

字符	描述
\xn	匹配 n，其中 n 为十六进制转义值。十六进制转义值必须为确定的两个数字长。如"\x41"匹配"A"，"\x041"等价于"\x04&1"。正则表达式中可以使用 ASCII 编码
\num	匹配 num，其中 num 是一个正整数。
\n	标识一个八进制转义值或一个向后引用。如果"\n"之前至少有 n 个获取的子表达式，则 n 为向后引用；否则，如果 n 为八进制数字（0~7），则 n 为一个八进制转义值。
\nm	标识一个八进制转义值或一个向后引用。如果"\nm"之前至少有 nm 个获得的子表达式，则 nm 为向后引用。如果"\nm"之前至少有 n 个获取，则 n 为一个后跟文字 m 的向后引用。如果前面的条件都不满足，若 n 和 m 均为八进制数字（0~7），则"\nm"将匹配八进制转义值 nm
\nml	如果 n 为八进制数字（0~3），且 m 和 l 均为八进制数字（0~7），则匹配八进制转义值 nml
\un	匹配 n，其中 n 是一个用 4 个十六进制数字表示的 Unicode 字符。如"\u00A9"匹配版权符号"©"

（3）min、max 和 step 属性。这 3 个属性是专门针对数字或日期的限制。min 属性表示允许的最小值，max 表示允许的最大值，step 属性表示合法数据的间隔步长。如下述代码：

```
<input type="number" id="sl" name="sl" min="1" max="10" step="3"/>
```

在该 HTML 代码中，最小值为 1，最大值为 10，步长为 3。合法的取值有 1、4、7、10，如不符合格式，将提示"请与所请求的格式保持一致"，不能提交表单。

（4）novalidate 属性。novalidate 属性用于指定表单或表单内的元素在提交时不验证。若在 <form>标记中使用 novalidate 属性，表单中所有组件在提交时不再验证。具体可参阅"2.6.1　创建表单"中相关内容。

2. 表单验证属性

表单验证的属性都是只读属性，用于获取表单验证的信息。

（1）validity 属性。该属性获取表单元素的 ValidityState 对象，此对象有 8 个方面的验证结果。ValidityState 对象会持续存在，当获取 validity 属性时，将返回同一个 ValidityState 对象。validity 属性的使用方法如下：

```
var validitystate=document.getElementByid("表单元素的id").validity;
```

（2）willValidity 属性。该属性获取一个布尔量，表示表单元素是否需要验证。如果表单元素设置了 required 属性或 pattern 属性，则 willValidity 属性的值为 true，即表单的验证将会执行。willValidity 属性的使用方法如下：

```
var willvalidity=document.getElementByid("表单元素的id").willvalidity;
```

（3）validationMessage 属性。该属性获取当前表单元素的错误提示信息。一般设置了 required 属性的表单元素，其 validationMessage 属性值通常为"请填写此字段"。validationMessage 属性的使用方法如下：

```
var validationMessage=document.getElementByid("表单元素的id").validationMessage;
```

3. ValidityState 对象

ValidityState 对象是通过 validity 属性获取的，该对象有 8 个属性，分别针对 8 个方面的错误验证，属性值均为布尔量。

（1）valueMissing 属性。必填的表单元素的值为空。

如果表单元素设置了 required 属性，则为必填项。如果必填项的值为空，就不能通过表单验证，valueMissing 属性返回 true；否则返回 false。

示例：<input type="text" name="uname" required>

示例说明：名为"uname"的表单元素必须有值，输入值为空时，valueMissing 会返回 true。

（2）typeMismatch 属性。输入的值与设置的 type 不匹配。

HTML5 新增的 number、email、url 等表单元素类型，都包含一个原始的类型验证。如果用户输入的内容与表单类型不符合，typeMismatch 属性返回 true；否则返回 false。

示例：<input type="email" name="yx">

示例说明：特殊的表单元素类型不只是用来定制手机键盘，如果浏览器能够识别出表单元素中的输入不符合对应的类型规则，如 email 地址中没有@符号，或者 number 型控件的输入值不是有效的数字，那么浏览器就会把这个元素标记出来以提示类型不匹配。

（3）patternMismatch 属性。输入的值与 pattern 属性的正则不匹配。

表单元素可以通过 pattern 属性设置正则表达式的验证模式。如果用户输入的内容不符合验证模式的规则，patternMismatch 属性返回 true；否则返回 false。

示例：<input type="text" name="sjh" pattern="[0-9]{11}" title="请输入 11 位数字" >

示例说明：pattern 属性提供了一种强大而灵活的方式来为表单元素设置正则表达式的验证机制。当为控件设置了 pattern 属性后，只要输入控件的值不符合模式规则，patternMismatch 就会返回 true；否则返回 false。

（4）tooLong 属性。输入的内容超过了表单元素的 maxLength 属性限定的字符长度。

表单元素可使用 maxLength 属性设置输入内容的最大长度。虽然在输入时会限制元素内容的长度，但在复制、粘贴、代码赋值等情况下，可超出此限制。如果元素的内容超过了最大长度的限制，tooLong 属性就会返回 true；否则返回 false。

示例：<input type="text" name="sm" maxLength="100">

示例说明：如果名为"sm"的表单元素输入值的长度超过 100，tooLong 属性会返回 true；否则返回 false。

（5）rangeUnderflow 属性。输入的值小于 min 属性值。

一般用于数值的表单元素。如果元素使用 min 属性设置数值范围的最小值，输入值小于该最小值时，rangeUnderflow 属性会返回 true；否则返回 false。

示例：<input type="number" name="nl" min="18">

示例说明：如果名为"nl"的表单元素输入值小于 18，rangeUnderflow 属性会返回 true；否则返回 false。

（6）rangeOverflow 属性。输入的值大于 max 属性值。

一般用于数值的表单元素。如果元素使用 max 属性设置数值范围的最大值，输入值大于该最大值时，rangeOverflow 属性会返回 true；否则返回 false。

示例：<input type="number" name="nl" min="60">

示例说明：如果名为"nl"的表单元素输入值大于 60，rangeOverflow 属性会返回 true；否则返回 false。

（7）stepMismatch 属性。确保输入值符合 min、max 及 step 属性所规定的规则。

用于填写数值的表单元素，可能需要同时设置 min、max、step 3 个属性，这就限制了输入值必须是最小值与 step 属性值的倍数之和。不符合规则要求时，stepMismatch 属性会返回 true；否则返回 false。

示例：<input type="number" name="dj" min="0" max="100" step="5">

示例说明：名为"dj"的表单元素输入范围为 0～100，step 属性值为 5，输入值只能是 5 的倍数，且在 0～100，如输入 23，stepMismatch 属性会返回 true。

（8）customError 属性。使用自定义的验证错误提示信息。

当浏览器内置的验证错误提示信息不能满足要求时，可通过自定义方式设置个性化错误提示信息。使用 setCustomValidity(message) 将表单元素置于 customError 状态，customError 属性为 true 时，setCustomValidity("") 会清除自定义的错误信息。

示例：mm.setCustomValidity("输入的密码值不符合要求");

示例说明：名为"mm"的表单元素输入不符合规则时，会提示"输入的密码值不符合要求"。

4．表单验证方法

HTML5 提供了两个用于表单验证的方法。

（1）checkValidity() 方法。显示验证方法。每个表单元素都可调用 checkValidity() 方法（包括 form），将返回一个布尔量，表示是否通过验证。默认情况下，表单的验证发生在表单提交时；如果使用 checkValidity() 方法，可在需要的任何地方验证表单。若没有通过验证，则触发 invalid 事件。

（2）setCustomValidity() 方法。自定义错误提示信息的方法。当通过该方法自定义错误提示信息时，元素的 validationMessage 属性值会更改为自定义的错误提示信息，同时 ValidityState 对象的 customError 属性值变为 true。表单验证方法的应用效果如图 2-43 所示。

```html
<head>
  <meta charset="utf-8" />
  <title></title>
  <script type="text/JavaScript">
    function check(){
      if(uname.checkValidity())
        uname.setCustomValidity("");
      else
        uname.setCustomValidity("用户名必须输入！");
    }
  </script>
</head>
<body>
  <form action="" method="post" name="form1">
    <input type="text" id="uname" name="uname" required/>
    <input type="submit" value="提交" onclick="check();"/>
  </form>
</body>
```

HTML 代码　　　　　　　　　　　　　　　　表单验证方法的应用效果

图 2-43　表单验证方法的应用效果

5. 表单验证事件

HTML5 提供了 invalid 表单验证事件，表单元素未通过验证时将触发。无论是提交表单还是直接调用 checkValidity()方法，只要有表单元素未通过验证，就会触发 invalid 事件，该事件本身不处理任何事情，通过监听该事件来让用户自定义事件处理。

下面的示例在页面初始化时，为用户名的文本域添加了一个监听的 invalid 事件。当表单验证没有通过时，会触发 invalid 事件，invalid 事件会调用注册到事件中的函数 ih()。这样就可以执行自定义函数 ih()中的代码。表单验证事件的应用效果如图 2-44 所示。

```
<head>
  <meta charset="utf-8" />
  <title></title>
  <script type="text/JavaScript">
    function ih(e){
      if(e.srcElement.validity.valueMissing)
        uname.setCustomValidity("用户名必须输入！");}
    function check(){
      uname.addEventListener("invalid",ih,false);  }
  </script>
</head>
<body>
  <form action="" method="post" name="form1">
    <input type="text" id="uname" name="uname" required/>
    <input type="submit" value="提交" onclick="check();"/>
  </form>
</body>
```

HTML 代码   表单验证事件的应用效果

图 2-44 表单验证事件的应用效果

一般情况下，在 invalid 事件处理完成后，还是会触发浏览器默认的错误提示。必要时，可以使用事件的 preventDefault()方法阻止浏览器的默认行为，并自行处理错误提示信息。使用 invalid 事件使得表单开发更加灵活。如需取消验证，可使用 novalidate 属性。

2.6.8 表单的应用实例——会员注册

1. 实验项目介绍

用户管理系统是 Web 应用系统中常见的模块之一，本实验项目模拟会员注册的界面设计，并包含部分组件的验证。会员信息通常包括用户名、密码、性别、爱好、手机、邮箱地址、出生年月、工作时长、籍贯、头像、个人简介等，其中用户名为普通文本域、密码为密码域、性别为单选按钮组、爱好为复选框组、手机的类型为电话、邮箱的类型为 email、出生年月的类型为 month、工作时长的类型为 number、籍贯为选项列表、头像为文件域、个人简介为多行文本域，并加上同意本协议的超链接和选择，以及"提交"和"重置"按钮。

用户名和密码必须输入，密码和密码确认必须一致，手机如果输入则必须为 11 位长的数字，工作时长如果输入则必须为 0~60 的数字。

2. HTML 的设计

为防止密码输入错误，注册界面中的密码通常需要输入后再确认一次。性别和爱好均采用分

组的形式，以便集中体现。下面的设计中将 JavaScript 函数的触发放在了"提交"按钮的 onclick()
里实现，也可改为放在<form>的 onsubmit()里面实现。

```html
<form action="" method="post" name="form1">
    用户名: <input type="text" id="uname" name="uname" required/><br />
    密码: <input type="password" id="mm" name="mm" required/><br />
    密码确认: <input type="password" id="mm1" name="mm1"/><br />
    <fieldset>
        <legend>性别: </legend>
        <input type="radio" name="xb" id="xb0" value="男" checked/><label for="xb0">
男</label>
        <input type="radio" name="xb" id="xb1" value="女"/><label for="xb1">女</label>
    </fieldset>
    <fieldset>
        <legend>爱好: </legend>
        <input type="checkbox" name="ah" value="音乐" id="ah_0" checked>
        <label for="ah_0">音乐</label>
        <input type="checkbox" name="ah" value="文学" id="ah_1">
        <label for="ah_1">文学</label>
        <input type="checkbox" name="ah" value="教育" id="ah_2">
        <label for="ah_2">教育</label>
        <input type="checkbox" name="ah" value="体育" id="ah_3">
        <label for="ah_3">体育</label>
    </fieldset>
    手机: <input type="tel" name="dh" id="dh" pattern="[0-9]{11}"/><br />
    邮箱: <input type="email" name="yx" id="yx"/><br />
    出生年月: <input type="month" name="csny" id="csny"/><br />
    工作时长: <input type="number" min="0" max="60"/><br />
    <label for="jg">籍贯: </label>
    <select name="jg" id="jg">
    <option value="北京市">北京市</option>
    <option value="上海市">上海市</option>
    <option value="海南省">海南省</option>
    </select><br />
    选择头像: <input type="file" name="file1" id="file1" accept="image/*" onchange=
"xztp(event);"/><br />
    个人简介: <textarea name="grjj" id="grjj" cols="30" rows="4"></textarea><br />
    <input type="checkbox" name="tyxy" id="tyxy" checked onchange="ty();">
    <a href="" target="_blank">同意本协议</a>
    <input type="submit" value="提交" name="tj" id="tj" onclick="check();"/>
    <input type="reset" value="重置"/>
</form>
```

3. JavaScript 代码

在<script>…</script>中新建函数 check()，在函数中分别判断用户名和密码输入框中是否有输入，若有输入，取消自定义错误提示；若无输入，弹出自定义错误提示。判断密码和密码确认是否一致，若不一致，弹出自定义错误提示；若一致，取消自定义错误提示。

```
<script type="text/JavaScript">
    function check(){
        if(uname.value=="")
            uname.setCustomValidity("用户名必须输入！");
        else
            uname.setCustomValidity("");
        if(mm.value=="")
            mm.setCustomValidity("密码必须输入！");
        else
            mm.setCustomValidity("");
        if(mm.value!=mm1.value)
            mm1.setCustomValidity("密码不一致！");
        else
            mm1.setCustomValidity("");
    }
</script>
```

在<script>…</script>中新建函数 xztp()，该函数通过文件域的 onchange 事件带入参数 e，在函数中通过 e 得到选择的文件，若文件大小大于 1MB 或文件类型不为图片，均提示并返回。

```
<script type="text/JavaScript">
    function xztp(e){
        var file=e.target.files[0];
        if(file.size>1024*1024){
            alert("文件超过 1MB！");
            return false;  }
        if(file.type.indexOf("image/")<0){
            alert("请选择图片格式文件！");
            return false;  }
    }
</script>
```

在<script>…</script>中新建函数 ty()，该函数通过"同意本协议"的复选框控制"提交"按钮，判断复选框"tyxy"是否被选中，控制按钮"tj"的可用状态"disabled"。

```
<script type="text/JavaScript">
    function ty(){
        if(tyxy.checked)
            tj.disabled=false;
        else
            tj.disabled=true;
    }
</script>
```

4. 运行效果

界面运行效果如图 2-45 所示。

未输入用户名的体现效果   密码不一致的体现效果   手机号码格式不对的体现效果

文件大小超过 1M   文件格式不对   "提交"按钮不可用

图 2-45　界面运行效果

2.7　练习题

1. HTML5 的正确 doctype 是？（　　　）

   A.　<!DOCTYPE html>

   B.　<!DOCTYPE HTML5>

   C.　<!DOCTYPE>

   D.　<!DOCTYPE HTML PUBLIC "-//W3C//DTD HTML 5.0//EN"

2. <img>标记中指定图片的路径及文件名的属性是（　　　）。

   A.　alt　　　　　　　B.　src　　　　　　　C.　href　　　　　　　D.　loop

3. 在 HTML5 中，哪个属性用于规定输入字段是必填的？（　　　）

   A.　required　　　　B.　formvalidate　　C.　validate　　　　D.　placeholder

4. 请用 HTML5 设计制作一个用户登录的界面。

第3章
Web 应用网页美化——CSS3

CSS（Cascading Style Sheet）全称是层叠样式表，简称"样式表"，最新版本为 CSS3。CSS 使用一系列规范的格式来设置一些规则，对网页中的元素进行美化，使网页变得更加美观，更能体现整个网站的特色。CSS 把网页内容结构代码和网页格式风格代码分离，有效降低了网页内容排版、布局的难度，解决了 HTML 页面中格式控制代码和内容相互交错的问题。CSS 不属于 HTML，它是 HTML 的辅助语言，是对 HTML 功能的一种扩展。

本章首先介绍 CSS 的基本知识，再从类型、背景、区块、方框、边框、列表、定位、扩展和过渡等 9 个方面对 CSS 语法进行详细阐述和应用示例。

3.1　CSS 基础

3.1.1　了解 CSS

1. CSS 简介

"层叠"是指对同一元素或页面应用多个样式，CSS 中的样式形成一个层次结构，规则的优先级由该层次结构决定。通过这些样式，设计师可以更加精细地控制页面的整体布局、字体、颜色、链接、背景、尺寸、滤镜、动画等效果。

CSS3 规范目前得到了大多数浏览器的支持，但为了让用户能够体验其好处，相关厂商都定义了自己的私有属性。采用 Webkit 内核浏览器（如 Safari、Chrome）的私有属性的前缀是-Webkit-；采用 Gecko 内核浏览器（如 Firefox）的私有属性的前缀是-moz-；Opera 浏览器的私有属性的前缀是-o-；IE 浏览器（限于 IE8 以上）的私有属性的前缀是-ms-。

2. CSS 的优势

（1）语法简单、编写容易

CSS 可以精确控制版面位置、网页配色并生成文字、图片特效，功能强大而语法简单。

（2）增加网页设计弹性，网页易于维护

CSS 代码与 HTML 代码分开编写，两者可以放在同一网页文件中；CSS 代码也可独立为样式文件，被 HTML 网页文件调用。当要修改网页样式时，只需修改 CSS 代码就可以了。

（3）网页加载速度提高

应用 CSS 样式后，有些控制字形、段落的 HTML 标记可以从网页中删除，从而减少程序代码的数量，网页加载速度变快。

（4）统一网站风格

网站内所有网页都可以应用同一份 CSS，网页风格能实现统一。

3. CSS3 的新功能

CSS3 较之前的版本有非常大的改进，CSS3 不仅对规范进行了修订和完善，还增加了很多新的功能，如表 3-1 所示。如以前要借助图片或脚本实现的功能，现在只需几行 CSS 代码即可实现。

表 3-1   CSS3 的新功能介绍

功能	说明
功能强大的选择器	CSS3 增加了更多的 CSS 选择器，可实现更强大的功能
文字效果	可以给文字添加阴影、描边、发光等效果，还可自定义特殊字体
边框	可给边框设计圆角、阴影、边框背景等
背景	可以改变背景图片的大小、裁剪背景图片，还可设置多重背景
色彩模式	支持对 RGB、HSL（色调、饱和度、亮度），以及透明度的控制
盒布局和多列布局	为页面布局提供了更多方式，并大幅缩减了代码
渐变	新增了渐变设计，使设计更加灵活，支持动态地从数据库或网络中获得数据
动画	不用编写脚本，就可让网页元素在不影响整体页面布局的情况下动起来
媒体查询	提供了媒体查询功能，可根据不同设备、不同的屏幕尺寸自动调整页面布局

3.1.2   创建 CSS

CSS 是纯文本格式文件，在编辑 CSS 时，可使用记事本这样的纯文本编辑器，也可借助 HTML 的编辑器。

1. CSS 基本格式

CSS 样式表由选择器（selector）和样式规则（rule）组成，每个规则由属性和设置值组成，其基本语法格式是：

选择器{属性:设置值;}

如 p{color:blue;}，设置所有标记为<p>的元素内文字为蓝色。

（1）选择器（selector）

选择器指定对文档中的哪个对象进行定义。要用 CSS 对 HTML 页面中的元素实现一对一、一对多或多对一的控制，就需要用到 CSS 选择器，HTML 页面中的元素就是通过 CSS 选择器进行控制的。选择器包括全局选择器、标记选择器、类选择器、id 选择器、属性选择器、伪类和伪对象选择器等。

（2）全局选择器（*）

使用 "*" 符号来选择所有标记，其语法格式是：

*{属性:设置值;}

如*{font-size:12px; color:red}，设置所有元素的文字字号为 12px，颜色为红色。

（3）标记选择器（标记名称）

使用 HTML 标记名称作为选择器，可设置 HTML 页面中所有该标记的元素都应用本样式，其语法格式是：

标记名{属性:设置值;}

如 p{font-size:12px; color:red}，设置所有<p>标记元素的文字字号为 12px，颜色为红色。

（4）类选择器（.类名）

使用自定义的类名作为选择器，可使 HTML 页面中所有设置了 class="类名"的元素都应用本样式。类名可以是任意英文字符串、英文字母开头与数字的组合，注意不要使用关键字或 HTML 标记作为类名。CSS 代码中用 "." 表示类选择器，其语法格式是：

.类名{属性:设置值;}

如在 CSS 中输入.zw{font-size:12px; color:red}，在 HTML 代码中输入<div class="zw">或<p class="zw">，将设置所有类名为 "zw" 元素的文字字号为 12px，颜色为红色。一个文件中可以有多个元素使用相同的类选择器。

（5）id 选择器（#id）

id 选择器是根据 DOM 文档对象模型原理设计的选择器。使用自定义的 id 作为选择器，可对 HTML 页面中某个设置了 id="id"的元素应用本样式。id 的命名规则同类名，CSS 代码中用 "#" 表示 id 选择器，其语法格式是：

#id{属性:设置值;}

如在 CSS 中输入#bt{font-size:12px; color:red}，在 HTML 代码中输入<h1 id="bt">，则将 id 值为 "bt" 的元素文字字号设置为 12px，颜色为红色。在一个文件中，id 是唯一的，该 id 同样适用于 JavaScript 代码。

（6）属性选择器（[属性]）

属性（attribute）选择器用于根据元素的属性及属性值来选择元素，其语法格式是：

[属性]{属性:设置值;}

如在 CSS 中输入*[title]{font-size:12px; color:red}，将设置所有包含标题 "title" 的元素文字字号为 12px，颜色为红色。

又如在 CSS 中输入 a[href]{font-size:12px; color:red}，将只对有 href 属性的超链接 "a" 元素设置文字字号为 12px，颜色为红色。

属性选择器还另外提供了 6 种筛选方式（见表 3-2），使属性选择器可以更灵活地控制页面效果。

表 3-2 属性选择器的筛选方式

筛选方式	说明	示例
[属性]	用于选取带有指定属性的元素	a[href] {color:red;}
[属性="value"]	用于选取带有指定属性和值的元素	a[href="网址"] {color:red;}
[属性～="value"]	用于选取属性值中包含指定词汇的元素	a[href～="网站名"] {color:red;}
[属性|="value"]	用于选取带有指定值开头的属性值元素，该值必须是整个单词	a[href |="http"] {color:red;}
[属性^="value"]	匹配属性值以指定值开头的每个元素	a[href ^="http://www."] {color:red;}
[属性$="value"]	匹配属性值以指定值结尾的每个元素	a[href $="com"] {color:red;}
[属性*="value"]	匹配属性值中包含指定值的每个元素	a[href *="网站名"] {color:red;}

（7）伪类和伪对象选择器

伪类（见表 3-3）和伪对象（见表 3-4）是一种特殊的类和对象，由 CSS 自动支持，属于 CSS 的一种扩展类型和对象。其名称不能由用户自定义，使用时只能按以下标准格式进行应用：

选择器:伪类或选择器:伪对象

表 3-3 CSS 中内置的伪类

伪类	示例	说明
:link	a:link	选择所有没有访问过的超链接
:hover	a:hover	把鼠标指针放在超链接上的状态
:active	a:active	选择激活状态的超链接
:visited	a:visited	选择所有访问过的超链接
:target	#news:target	选择当前活动#news 元素（单击 URL 包含的超链接名字）
:focus	input:focus	选择元素输入后具有焦点
:first-child	p:first-child	选择器匹配属于任意元素的第一个子元素的 <p> 元素
:checked	input:checked	选择所有选中的表单元素
:disabled	input:disabled	选择所有禁用的表单元素
:enabled	input:enabled	选择所有启用的表单元素
:not(selector)	:not(p)	选择所有<p>以外的元素
:read-only	input:read-only	选择只读属性的元素属性
:read-write	input:read-write	选择没有只读属性的元素属性
:required	input:required	选择有 required 属性的元素属性
:optional	input:optional	选择没有 required 属性的元素属性

表 3-4 CSS 中内置的伪对象

伪对象	示例	说明
:after	p:after	在每个<p>元素之后插入内容
:before	p:before	在每个<p>元素之前插入内容
:first-letter	p:first-letter	选择每个<p>元素的第一个字母
:first-line	p:first-line	选择每个<p>元素的第一行

2. 应用 CSS

在 HTML 文件中可以采用行内声明、内嵌声明、链接外部样式文件等 3 种方式来使用 CSS。

（1）行内声明（Inline）

行内声明是直接把 CSS 写在 HTML 标记中，可以简单直观地对某个元素单独定义样式。编写代码是在 HTML 标记中用 style 属性声明 CSS 语法，多个属性间用 ";" 隔开。需要注意的是，这种方式不符合体现与内容分离的设计要求，而且也不方便维护，应尽量少用。如要设计标题<h1>的样式为 26 号字、红色，可用下面语句：

```
<h1 style="font-size: 26px;color: red;">这是行内声明的样式</h1>
```

（2）内嵌声明（Embedding）

内嵌声明是把 CSS 写在 HTML 文件头部区域，即<head>…</head>标记中，并用<style>…</style>标记进行声明。这种写法虽然没有实现页面内容与 CSS 体现的完全分离，但可以将样式与 HTML 代码分别放在两个部分进行管理。

内嵌声明的样式只对当前页面有效，不能跨页面执行，在大型 Web 应用开发中使用较少。下面的代码是用内嵌声明的方式，设计标题<h2>的样式为 26 号字、红色。

```
<!DOCTYPE html>
<html>
    <head>
        <meta charset="utf-8" />
        <title>创建 CSS 样式表</title>
        <style>
            h2{
                font-size: 26px;
                color: red;
            }
        </style>
    </head>
    <body>
        <h2>这是内嵌声明的样式</h2>
    </body>
</html>
```

（3）链接外部样式文件（Linking）

链接外部样式文件是 CSS 中较为理想的一种方式，先将 CSS 存储为独立的外部文件（*.css），再在 HTML 文件的<head>…</head>标记中用<link>以链接的方式声明，从而达到多个网页调用同一个外部样式文件的效果，实现代码最大化重用和风格的统一。链接外部样式文件的语法格式如下：

```
<link rel="stylesheet" type="text/css" href="样式表文件路径/文件名.css" />
```

这里也可用@import 命令导入外部样式文件。<link>是 HTML 标记，@import 是 CSS 语法。采用导入 CSS 样式的方式，在 HTML 文件初始化时，会被导入 HTML 文件中，成为文件的一部分，类似于内嵌声明的样式。用<link>链接 CSS 是在 HTML 标记需要 CSS 样式风格时才以链接方式引入。导入外部样式文件的语法格式如下：

```
<style>@import url("样式表文件路径/文件名.css");</style>
```

用@import 可一次导入多个外部样式文件。用<link>标记时，由于其有 ref、type、href 等属性，可用 JavaScript 代码进行控制，弹性更大，大部分 Web 应用使用<link>方式。

使用 CSS 时，行内声明、内嵌声明和链接外部样式文件 3 种方式可放在一起同时使用。下面的示例就是用这 3 种方式分别控制标题的效果，如图 3-1 所示。

```
<head>
  <meta charset="utf-8" />
    <title>创建 CSS 样式表</title>
    <link rel="stylesheet" href="css.css" />
    <style>
      h2{font-size: 20px; color: bisque;}
    </style>
</head>
<body>
    <h1style="font-size:26px;"> 行 内 声 明 样 式
</h1>
    <h2>这是内嵌声明的样式</h2>
    <h3>这是链接外部样式文件声明的样式</h3>
</body>
```

```
@charset "utf-8";
h3{
    font-size:
16px;
    color: blue;
}
```

样式表应用效果　　　　　　　　　　HTML 文件代码　　　　　　　　　　CSS 文件代码

图 3-1　样式表应用的代码及应用效果

3.2　CSS 语法

3.2.1　CSS 语法——类型

为了便于对 CSS 语法进行分类，下面的内容参照 Dreamweaver 的 CSS 规则定义的分类进行一一介绍。

Dreamweaver 的 CSS 规则定义第一项是类型，主要是用来控制文字样式，如图 3-2 所示。

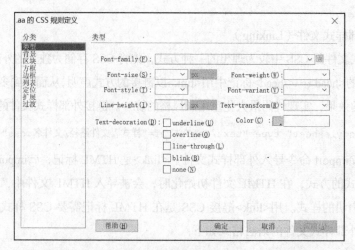

图 3-2　Dreamweaver 的 CSS 规则定义中的"类型"界面

文字样式主要包括字体、字号、粗细、样式、行高、修饰等，CSS3 新加入了文字阴影。

1. 设置字体——font–family

font-family 用来设置字体。同时列出多种字体时，中间以逗号"，"分隔，浏览器会按照顺序自动查找系统中符合的字体，找不到字体时会采用系统的默认字体。建议使用常用字体，不要将自己安装的字体设置为网页的字体，否则用户浏览网页的时候没有该字体，可能会造成文字不美观的现象。通常推荐字体为：黑体、宋体、Arial、Helvetica、sans-serif。其语法格式如下：

```
font-family: 字体名称1，字体名称2，字体名称3,…;
```

例如，设置标题 1 的字体样式中文为宋体、英文为 Arial：h1{font-family: "宋体","arial";}。

2. 设置字号——font–size

font-size 用来设置字号大小，可以是绝对大小或相对大小。其语法格式如下：

```
font-size:属性值; 或 font-size:字号+单位;
```

font-size 的属性值及其单位分别如表 3-5 和表 3-6 所示。

表 3-5　　　　　　　　　　　　　　　font-size 的属性值

属性值	说明	示例
xx-small、x-small、small、medium、large、x-large、xx-large	把字体的大小设置为不同的尺寸，从 xx-small 到 xx-large。默认值：medium	h2{font-size:x-large;} p{font-size:small;}
smaller	把 font-size 设置为比父元素更小的尺寸	div p{font-size:smaller;}
larger	把 font-size 设置为比父元素更大的尺寸	div h2{font-size:larger;}
%	把 font-size 设置为父元素的百分比值	p{font-size:90%;}
length	把 font-size 设置为固定的值，如表 3-6 所示	

表 3-6　　　　　　　　　　　　　　　font-size 的单位列表

单位	说明	示例
cm	以厘米为单位	p{font-size:1cm;}
mm	以毫米为单位	p{font-size:10mm;}
in	以英寸为单位	p{font-size:1in;}
pt	以点数（point）为单位	p{font-size:10pt;}
em	以当前字号为单位	p{font-size:1em;}
px	以屏幕像素（pixel）为单位	p{font-size:10px;}

pt 是印刷使用的字号单位，与屏幕分辨率无关，大小固定。px 是屏幕使用的字号单位，能精确地表示组件在屏幕中的位置与大小，CSS 中多选择以 px 为单位。

3. 设置字体粗细——font–weight

font-weight 用来设置字体粗细。其语法格式是：

```
font-weight:属性值;
```

font-weight 的属性值如表 3-7 所示。

表 3-7 font-weight 的属性值

属性值	说明
normal	默认值。定义标准的字符
bold	定义粗体字符
bolder	定义更粗的字符
lighter	定义更细的字符
inherit	规定从父元素继承字体的粗细
100、200、300、400、500 600、700、800、900	定义由细到粗的字符。400 等同于 normal，而 700 等同于 bold

对于网页中的中文文字，bold 和 bolder 视觉效果上区别不大，但英文则区别明显。

4. 设置字体样式——font-style

font-style 用来设置字体的风格，主要设置是否倾斜，有普通（normal）、斜体（italic）和偏斜体（oblique）3 种。其语法格式是：

```
font-style:normal | italic | oblique;
```

5. 设置字体样式——font-variant

font-variant 用来设置小型大写字母的字体显示文本，即将英文文字中所有的小写字母均转换为大写，但是所有使用小型大写字体的字母比其余文本字体尺寸小，有正常（normal）和小型大写（small-caps）两种。其语法格式是：

```
font-variant:normal |small-caps;
```

6. 设置行高——line-height

line-height 用来设置行高，单位可以是 px、pt、%或自动调整（normal），不允许使用负值。行高是指与前一行基线的距离。该属性会影响行的布局。在应用到一个块级元素时，它定义了该元素中基线之间的最小距离。其语法格式是：

```
line-height:数值(+单位);
```

7. 设置英文大小写转换——text-transform

text-transform 用来设置英文的大小写，设置值有 capitalize（首字母大写，其他字母不变）、uppercase（全部大写）、lowercase（全部小写）3 种。其语法格式是：

```
text-transform:转换方式的属性值;
```

8. 设置文字修饰——text-decoration

text-decoration 用来增加文字的装饰样式，设置值有 none（无）、underline（下画线）、line-through（删除线）、overline（上画线）、blink（文字闪烁）等，但目前多数浏览器不再支持 blink 装饰样式。其语法格式是：

```
text-decoration:属性值;
```

若要设置多项，可用空格隔开属性值。

9. 设置字体颜色——color

color 用来设置文字的颜色，设置值可以用颜色名称、十六进制（HEX）码、RGB 码表示。其语法格式是：

```
color:属性值;
```

用颜色时直接写颜色名称，如 red、RED 等。用十六进制时要用"#"开头，通常为 6 位，当为 8 位时，后两位表示透明度。如果 1~2、3~4、5~6（7~8）位是一样的，可缩写为 3 位或 4 位，如#aabbcc 可简写为#abc、#00112233 可简写为#0123。用 RGB 时格式为 rgb(红,绿,蓝)或 rgba(红,绿,蓝,透明度)，如 rgb(100,0,200)、rgb(100,0,200,100)。

10. 设置文字阴影——text-shadow

text-shadow 用来设置文字的阴影，其语法格式是：

```
text-shadow:水平偏移量 垂直偏移量 模糊距离 阴影颜色;
```

当水平方向阴影大小、垂直方向阴影大小为正值时，阴影从左向右、从上向下；为负值时相反。还可以设置多重文字阴影，用逗号隔开，如 p{ text-shadow: 5px 5px 5px green, -5px -5px 5px blue; }。

下面将上面样式规则集中编写，其应用效果如图 3-3 所示。

```html
<p style="font-family: '仿宋','arial'">字体样式 font-family:仿宋和 arial</p>
<p style="font-family: '楷体','arial black'">字体样式 font-family:楷体和 arial black</p>
<p style="font-size: larger">字号 font-size:larger</p>
<p style="font-size: 26px">字号 font-size:26px</p>
<p style="font-weight: bolder">字体粗细 font-weight:bolder</p>
<p style="font-weight: 100">字体粗细 font-weight:100</p>
<p style="font-style: italic">字体样式 font-style:italic</p>
<p style="font-style: oblique">字体样式 font-style:oblique</p>
<p style="font-variant: normal">字体样式 Font-Variant: normal</p>
<p style="font-variant: small-caps">字体样式 Font-Variant: small-caps</p>
<p style="line-height: 150%;">设置行高 line-height:150%</p>
<p style="text-transform: uppercase;">英文大小写转换 text-transform:uppercase</p>
<p style="text-decoration: line-through overline underline">文字修饰 text-decoration:line-through overline underline</p>
<p style="color: #0bc4;">字体颜色 color:#0bc4</p>
<p style="color: rgba(100,0,200,100);">字体颜色 color:rgba(100,0,200,100)</p>
<p style="text-shadow: 5px 6px 7px red;">文字阴影 text-shadow:5px 6px 7px red;</p>
```

页面效果　　　　　　　　　　　　　　　　　　　HTML5+CSS3 代码

图 3-3　CSS 样式规则——类型的代码及应用效果

3.2.2　CSS 语法——背景

网页整体效果是否美观、和谐，与背景的设置有着重要的关系。Dreamweaver 的 CSS 规则定义第二项就是背景，主要用来对元素的背景进行设置，包括背景颜色、背景图像以及对背景图像的控制，如图 3-4 所示。CSS3 中新加入了大小、渐变等图 3-4 中没有的样式规则。

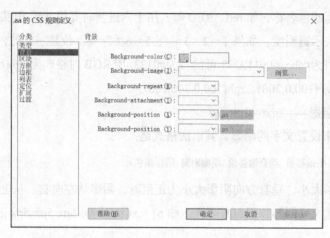

图 3-4　Dreamweaver 的 CSS 规则定义中的"背景"界面

1. 设置背景颜色——background–color

background-color 用来设置元素的背景颜色，设置值同文字颜色，可以用颜色名称、十六进制（HEX）码、RGB 码表示。若没有对元素背景颜色进行设置，则默认为透明（transparent）。其语法格式是：

```
background-color:属性值;
```

2. 设置背景图像——background–image

background-image 用来设置元素的背景图像。语法格式是 background-image:url(路径/文件名);。CSS3 支持多重背景图像，多个 url 间用","隔开。其语法格式是：

```
background-image:url(路径/文件名1), url(路径/文件名2);
```

使用 background-image 属性设置背景图像时，默认以元素左顶点为原点。

3. 设置背景图像是否重复显示——background–repeat

background-repeat 用来设置元素的背景图像重复显示的方式。其语法格式是：

```
background-repeat:属性值;
```

属性值共有 4 种。repeat：默认值，表示水平方向和垂直方向都重复平铺。repeat-x：水平方向重复平铺。repeat-y：垂直方向重复平铺。no-repeat：水平方向和垂直方向都不重复平铺，只显示一次。

4. 设置背景图像是否与滚动条一起滚动——background–attachment

对于页面中设置的背景图像，默认情况下在浏览器中拖动滚动条时，背景图像会自动跟随滚动条的上下操作与其他内容一起滚动。若想让背景图像不受滚动条限制，可通过 background-attachment 设置背景图像固定。其语法格式是：

```
background-attachment:属性值;
```

属性值共有两种。scroll：默认值，当网页滚动时，背景图像会随滚动条滚动。fixed：当网页滚动时，背景图像固定不动。

5. 设置背景图像位置——background–position

background-position 属性能够在页面中精确定位背景图像。其语法格式是：

```
background-position:x 位置 y 位置;
```

x 与 y 的值可以是坐标值，也可以是位置，表示与元素左顶点的距离。坐标值的单位可以用 pt、px、%等，单位可以混用，如 background-position:20px 50%;，表示背景水平方向距离元素左顶点 20px，垂直方向上为 50%。注意垂直方向上用百分比时，表示是该元素高度的比例，若元素内容发生变化，导致高度发生变化，背景图像的位置也会发生变化。

6. 设置背景图像尺寸——background–size

background-size 是 CSS3 新增的属性，用于设置背景图像的尺寸，其属性值如表 3-8 所示。其语法格式是：

```
background-size:属性值;
```

表 3-8　　　　　　　　　　　　　　background-size 的属性值

属性值	说明
length	设置背景图像的高度和宽度。第一个值设置宽度，第二个值设置高度。如果只给出一个值，则第二个值为 auto（自动）。为了防止图像变形，建议根据界面要求只设定一个值
percentage	将计算相对于背景定位区域的百分比。第一个值设置宽度，第二个值设置高度。如果只给出一个值，则第二个值为 auto
cover	保持图像的纵横比并将图像缩放成完全覆盖背景定位区域的最小尺寸
contain	保持图像的纵横比并将图像缩放成适合背景定位区域的最大尺寸

7. 设置背景图像区域——background–clip

background-clip 是 CSS3 新增的属性，用于设置背景图像区域，其属性值如表 3-9 所示。其语法格式是：

```
background-clip:属性值;
```

表 3-9　　　　　　　　　　　　　　background-clip 的属性值

属性值	说明
border-box	背景覆盖到边框
padding-box	背景覆盖到内边距框
content-box	背景覆盖到内容框

8. 设置背景图片的定位（原点）——background–origin

background-origin 指定 background-position 的属性应该相对于谁进行定位，设置的是元素背景图像的原始起始位置，其属性值如表 3-10 所示。其语法格式是：

```
background-origin:属性值;
```

表 3-10　　　　　　　　　　　　　　background-origin 的属性值

属性值	说明
border-box	以边框左顶点为原点
padding-box	以内边距框左顶点为原点
content-box	以内容框左顶点为原点，默认值

background-clip 和 background-origin 的区别：background-clip 是规定背景图像可以绘制并显示的区域，background-origin 决定了背景图像从哪里开始绘制。当 background-origin 的范围大于 background-clip 的范围时，超出的部分不显示。

下面将上面样式规则集中编写，其体现效果如图 3-5 所示。

```
div{
    width:200px;height:250px;padding: 30px;
    border: dashed 4px #FF0000; background-color: antiquewhite;
    background-image:url(img/zm0.png);
    background-repeat: no-repeat;
    background-attachment: fixed;
    background-position: 20px 30px;
    background-clip: padding-box;
    background-origin:border-box;
}
```

CSS3 代码　　　　　　　　　　　　　　　　　　　　　　页面体现效果

图 3-5　部分背景设置的体现效果

上面的代码为了体现出图像区域的背景设置效果，先设置了 div 的宽、高、内边距和边框，再依次设置了背景颜色、背景图像（宽 151px、高 200px，小于元素尺寸）、不重复体现、位置固定、起点基于原点有 20px 和 30px 的偏移、图像尺寸宽缩放为 250px（图像保持纵横比放大，超出元素尺寸）、显示区域覆盖内边距框、原点设置为边框的左顶点。

9. 设置背景渐变

渐变是指可以在两个或多个指定的颜色之间显示平稳的颜色过渡，CSS3 提供了线性渐变（linear-gradient）和径向渐变（radial-gradient）两种方式。为了适应在不同浏览器中的体现，可加前缀兼容浏览器，具体参照 "3.1.1　了解 CSS" 中的相关内容。

（1）线性渐变（linear-gradient）

线性渐变可以在 background 或 background-image 属性中设置，其语法格式是：

```
background:linear-gradient(渐变方向,颜色1 位置1,颜色2 位置2,…);
background-image:linear-gradient(渐变方向,颜色1 位置1,颜色2 位置2,…);
```

兼容其他浏览器：

```
background:-moz-linear-gradient(渐变方向,颜色1 位置1,颜色2 位置2,…);
```

```
background:-Webkit-linear-gradient(渐变方向,颜色1 位置1,颜色2 位置2,…);
background:-o-linear-gradient(渐变方向,颜色1 位置1,颜色2 位置2,…);
background:-ms-linear-gradient(渐变方向,颜色1 位置1,颜色2 位置2,…);
```

下面的代码只列出标准的语法,不再一一列出兼容语句。

渐变方向可以用弧度值表示,也可使用一些预定义的方向。to left:设置渐变为从右到左。to right:设置渐变为从左到右。to top:设置渐变为从下到上。to bottom:设置渐变为从上到下。to right bottom:设置渐变为从左上角到右下角。当使用弧度值时通常可以不用兼容浏览器。

CSS3 中还可以对线性渐变进行重复渐变(加前缀兼容浏览器),其语法格式是:

```
background:repeating-linear-gradient(渐变方向,颜色1 位置1,颜色2 位置2,…);
```

如 background: repeating-linear-gradient(90deg,red 0%,blue 5%,yellow 10%,green 15%);语句,将实现从左到右按位置依次进行红、蓝、黄、绿 4 色渐变,并重复直到填充满所属元素,如图 3-6 所示。

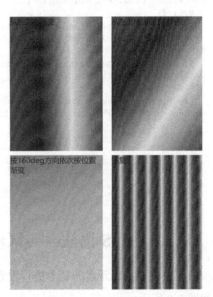

```
div{
  width:200px;height:300px; float:left; margin:5px 10px; }
div.div1{
  background:  linear-gradient(to  right,red,blue,yellow,
green);  }
div.div2{
  background:  linear-gradient(to  right  bottom,red,blue,
yellow,green);  }
div.div3{
  background:linear-gradient(160deg,#0bc 0%,#abc 60%,#fbc
100%);  }
div.div4{
  background: repeating-linear-gradient(90deg,red 0%,blue
5%,yellow 10%,green 15%);  }
```

CSS3 代码　　　　　　　　　　　　　　页面体现效果

图 3-6　线性渐变的体现效果

(2)径向渐变(radial-gradient)

径向渐变是从起点到终点颜色、从内到外进行径向渐变,其属性如表 3-11 所示,其语法格式是:

```
background:radial-gradient(position,shape size,颜色1,颜色2,…);
```

表 3-11　　　　　　　　　　　　　　径向渐变的属性

属性	说明
position	圆心的定位,有 x 位置和 y 位置两个值
shape	圆的形状有 circle(圆)、elipse(椭圆,默认),如果宽和高一致就是圆
size	尺寸大小,只能用 4 个关键字设置:closest-side(最近边)、farthest-side(最远边)、closest-corner(最近角)、farthest-corner(最远角)

CSS3 中还可以对径向渐变进行重复渐变（加前缀兼容浏览器），其语法格式是：

```
background:repeating-radial-gradient(position,shape size,颜色1,颜色2,…);
```

如 background: repeating-radial-gradient(center center,circle,red 0%,blue5%,yellow 10%,green 15%);语句，将实现圆心在元素中心，从内到外按位置依次进行红、蓝、黄、绿 4 色渐变，并重复直到填充满所属元素，体现效果如图 3-7 所示。

```
div{
   width:150px;height:180px;  float:left;  margin:0 10px;  }
div.div1{
   background: -Webkit-radial-gradient(60% 40%,circle closest-
side,red,blue,yellow,green);  }
div.div2{
   background: -Webkit-radial-gradient(60% 40%,circle closest-
corner,red,blue,yellow,green);  }
div.div3{
   background: -Webkit-radial-gradient(60% 40%,circle farthest-
side,red,blue,yellow,green);  }
div.div4{
   background: -Webkit-radial-gradient(60% 40%,circle farthest-
corner,red,blue,yellow,green);  }
div.div5{
   background: -Webkit-repeating-radial-gradient(60% 40%, circle
closest-side,red 0%,blue 5%,yellow 10%,green 15%);  }
```

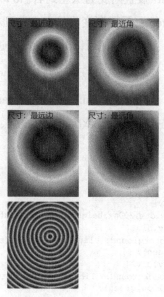

CSS3 代码 　　　　　　　　　　　　　　　　　　　 页面体现效果

图 3-7　径向渐变的体现效果

3.2.3　CSS 语法——区块

区块主要是对元素的文本进行设置，包括文本的文字间距、对齐方式、排列方式和缩进等，如图 3-8 所示。

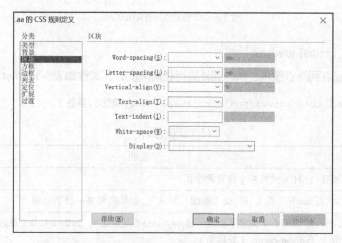

图 3-8　Dreamweaver 的 CSS 规则定义中的"区块"界面

1. 设置单词间距——word-spacing

word-spacing 用来设置单词间的距离，CSS 把"单词（word）"定义为任何非空白符字符组成的串，并由空白字符包围。本属性作用的依据是空格符。其语法格式是：

```
word-spacing:属性值;
```

属性值有以下 3 类。

- normal。默认，定义单词间的标准空间。
- length。定义单词间的固定间距。如设置段落中的单词间距为 25 像素：word-spacing:25px;。
- inherit。规定从父元素继承 word-spacing 属性的值。

2. 设置字母间距——letter-spacing

letter-spacing 用来设置字母间的距离。其语法格式是：

```
letter-spacing:属性值;
```

属性值有以下 3 类。

- normal。默认，定义字母间的标准空间。
- length。定义字母间的固定空间，允许使用负值，让字母间排列更紧密。如设置段落中的字母间距为 2 个字符：letter-spacing:2em;。
- inherit。规定从父元素继承 letter-spacing 属性的值。

3. 设置垂直对齐方式——vertical-align

vertical-align 用来设置元素的垂直对齐方式。该属性定义本元素的基线相对于其所在行的基线垂直方向上的对齐方式。其允许指定负长度值和百分比值，这会使元素位置降低而不是升高。在表单元格中，该属性用于设置单元格内容对齐方式。其属性值如表 3-12 所示，其语法格式是：

```
vertical-align:属性值;
```

表 3-12　　　　　　　　　　　　　　　vertical-align 的属性值

属性值	说明
baseline	默认。元素放置在父元素的基线上
sub	垂直对齐文本的下标
super	垂直对齐文本的上标
top	元素的顶端与行中最高元素的顶端对齐
text-top	元素的顶端与父元素字体的顶端对齐
middle	此元素放置在父元素的中部
bottom	元素的顶端与行中最低元素的顶端对齐
text-bottom	元素的底端与父元素字体的底端对齐
length	元素基于父元素的基线升高或降低
%	使用 line-height 属性的百分比来排列此元素，允许使用负值
inherit	规定从父元素继承 vertical-align 属性的值

4. 设置文字水平对齐方式——text-align

text-align 用来设置元素中文本的水平对齐方式。该属性通过指定行框与哪个点对齐，设置块级元素内文本的水平对齐方式。其属性值如表 3-13 所示，其语法格式是：

```
text-align:属性值;
```

表 3-13   text-align 的属性值

属性值	说明
left	默认。文本靠左对齐
right	文本靠右对齐
center	文本居中对齐
justify	文本两端对齐
inherit	规定从父元素继承 text-align 属性的值

值 justify 可以使文本的两端都对齐。在两端对齐的文本中，文本行的左右两端都放在父元素的内边界上，然后调整单词和字母间的间隔，使各行的长度恰好相等。不过在 CSS 中，建议尽量少使用此对齐方式。

5. 设置首行缩进距离——text-indent

text-indent 用来设置文本块中首行文本的缩进。缩进值可以是固定的值或百分比，如果是负值，表示首行被缩进到左边。其语法格式是：

```
text-indent:属性值;
```

6. 设置空白处理方式——white-space

white-space 属性指定元素内的空白怎样处理。其属性值如表 3-14 所示，其语法格式是：

```
white-space:属性值;
```

表 3-14   white-space 的属性值

属性值	说明
normal	默认。空白会被浏览器忽略
pre	空白会被浏览器保留。类似于 HTML 中的<pre>标记
nowrap	文本不换行，保持在同一行直到遇到 标记
pre-wrap	保留空白符序列，正常地进行换行
pre-line	合并空白符序列，保留换行符
inherit	规定从父元素继承 white-space 属性的值

7. 设置生成框的类型——display

display 属性规定元素应该生成的框的类型。这个属性用于定义建立布局时元素生成的显示框类型。其属性值如表 3-15 所示，其语法格式是：

```
display:属性值;
```

表 3-15　　　　　　　　　　　　　　　　　　　display 的属性值

属性值	说明
none	此元素不被显示
block	此元素将显示为块级元素，其前后会带有换行符
inline	默认。此元素会被显示为内联元素，元素前后没有换行符
inline-block	行内块元素
list-item	此元素会作为列表显示
run-in	此元素会根据上下文作为块级元素或内联元素显示
table	此元素会作为块级表格来显示（类似 <table>），表格前后带有换行符
inline-table	此元素会作为内联表格来显示（类似 <table>），表格前后没有换行符
table-row-group	此元素会作为一个或多个行的分组来显示（类似 <tbody>）
table-header-group	此元素会作为一个或多个行的分组来显示（类似 <thead>）
table-footer-group	此元素会作为一个或多个行的分组来显示（类似 <tfoot>）
table-row	此元素会作为一个表格行显示（类似 <tr>）
table-column-group	此元素会作为一个或多个列的分组来显示（类似 <colgroup>）
table-column	此元素会作为一个表格列显示（类似 <col>）
table-cell	此元素会作为一个表格单元格显示（类似 <td> 和 <th>）
table-caption	此元素会作为一个表格标题显示（类似 <caption>）
inherit	规定从父元素继承 display 属性的值

8. 设置文本溢出处理——text-overflow

text-overflow 用来设置当文本溢出所属元素时的处理方式。为避免文本文字内容超出一定宽度后溢出而影响页面整体布局效果，可用省略号（…）表示溢出的部分。其属性值如表 3-16 所示，其语法格式是：

```
text-overflow:属性值;
```

表 3-16　　　　　　　　　　　　　　　　　text-overflow 的属性值

属性值	说明
clip	不显示省略标记（…），进行简单的裁剪
ellipsis	当元素内文本溢出时显示省略标记（…）

需要注意的是，要实现溢出时产生省略标记效果，必须强制文本在一行内显示（white- space: nowrap;），并且设置溢出内容为隐藏（overflow:hidden）。

9. 设置文本换行控制——word-wrap 和 word-break

word-wrap 用来设置当文本长度超过指定容器的边界时是否断开换行。其属性值如表 3-17 所示，其语法格式是：

```
word-wrap:属性值;
```

表 3-17　　　　　　　　　　　　　　　　　word-wrap 的属性值

属性值	说明
normal	只在允许的断点处换行（浏览器保持默认处理）
break-word	在长单词或 URL 地址内部进行换行

word-break 用来设置指定容器内文本的换行方式，尤其在多语言情况下。其属性值如表 3-18 所示，其语法格式是：

```
word-break:属性值;
```

表 3-18　　　　　　　　　　　　　　　　　word-break 的属性值

属性值	说明
normal	使用浏览器默认的换行规则
break-all	允许在单词内换行
keep-all	只能在半角空格或连字符处换行

下面将上面样式规则集中编写，其代码及页面应用效果如图 3-9 所示。

```
<div style="word-spacing: 20px;">单词间距 20px 依据空格</div>
<div style="letter-spacing: 1em;">定义字母间距为 1 个字符</div>
<div>用于对比 <span style="vertical-align: 10px;">垂直对齐方式:10px</span>的文字</div>
<div style="text-align: center;">文字水平对齐方式：居中对齐</div>
<div style="text-indent: 2em;">文本块首行缩进：2 个字符</div>
<div style="white-space: pre-wrap;">设置空白处理方式:white-space: pre-wrap　　　　　　保留空白符序列，正常地进行换行</div>
<div>用于对比的文字：<span style="display:block">设置生成框的类型:block</span></div>
<div style="width: 100px; text-overflow: ellipsis;white-space:nowrap;overflow:hidden;">设置文本溢出处理:显示省略标记</div>
<div style="width: 120px; word-wrap:normal">换行 -normal：http://www.公司名称.com</div>
<div style="width: 120px; word-wrap:break-word">换行 -break-word: http://www.公司名称.com</div>
<div style="width: 120px;word-break:normal">换行 -normal：http://www.公司名称.com</div>
<div style="width: 120px;word-break:break-all">换行-break-all: http://www.公司名称.com</div>
<div style="width: 120px;word-break:keep-all">换行-keep-all: http://www.公司名称.com</div>
```

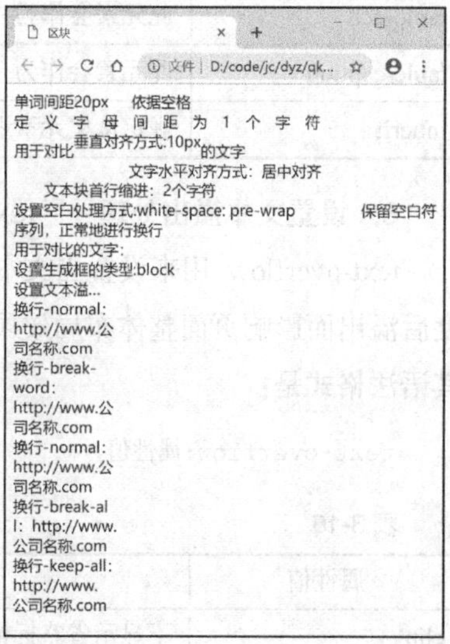

　　　　　　　　　　HTML5+CSS3 代码　　　　　　　　　　　　　　　　　　　　　　页面应用效果

图 3-9　CSS 样式规则——区块的代码及应用效果

3.2.4　CSS 语法——方框

Dreamweaver 的 CSS 规则定义第四项是方框，主要是对元素的边界、间距、尺寸和浮动方式进行控制，如图 3-10 所示。

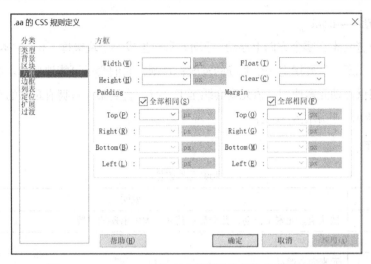

图 3-10　Dreamweaver 的 CSS 规则定义中的 "方框" 界面

1．CSS 的盒子模型

网页元素的排版将影响页面体现的效果，在 CSS 中，所有元素都包含在一个矩形框内，这个矩形称为盒子模型。盒子模型由外边距（margin）、边框（border）、内边距（padding）和内容（content）等几部分组成，描述了元素及其属性在页面布局中所占的空间大小，它会影响其他元素的位置大小，如图 3-11 所示。

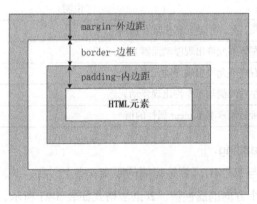

图 3-11　CSS 盒子模型示意图

CSS3 又引进了弹性盒子模型，实现了在盒子元素内部设置排列方向、排列顺序、空间分配和对齐方式等，增强了布局的灵活性，可设计出自适应浏览器窗口的流动布局或自适应大小的弹性布局。

2．设置元素的尺寸——width 和 height

width 用来设置元素内容区的宽度，height 用来设置元素内容区的高度。其语法格式是：

`width:宽度值;`　　`height:高度值;`

该值默认为 auto，表示浏览器计算出实际的宽（高）度；也可用固定值，单位为 px、pt、cm等；还可用百分比，表示基于父元素宽（高）度的百分比宽（高）度。

3. 设置浮动——float

float 用来设置元素在哪个方向上浮动。浮动元素会生成一个块级框，不论它本身是何种元素，如果浮动非替换元素，就要指定一个明确的宽度；否则，它们会尽可能地变窄。如果在一行之上只有极少的空间供浮动元素使用，该元素会跳至下一行，直到某一行拥有足够的空间为止。其属性值如表 3-19 所示，其语法格式是：

```
float:属性值;
```

表 3-19   float 的属性值

属性值	说明
none	默认值。元素不浮动，并会显示其在文本中出现的位置
left	元素向左浮动
right	元素向右浮动
inherit	规定从父元素继承 float 属性的值

4. 设置不允许浮动——clear

clear 属性定义元素的哪边不允许出现浮动元素。其属性值如表 3-20 所示，其语法格式是：

```
clear:属性值;
```

表 3-20   clear 的属性值

属性值	说明
none	默认值。允许浮动元素出现在两侧
left	元素左侧不允许出现浮动元素
right	元素右侧不允许出现浮动元素
both	元素左右两侧均不允许出现浮动元素
inherit	规定从父元素继承 clear 属性的值

5. 设置内边距——padding

内边距是指边框内侧与 HTML 元素边缘间的距离，有上、右、下、左 4 个方向的属性，可逐一设置，也可一次指定 4 个方向的属性值。其语法格式如表 3-21 所示，其属性值如表 3-22 所示。

表 3-21   padding 的语法格式

语法格式	示例	说明
padding:上内边距 右内边距 下内边距 左内边距;	padding:10px;	4 个方向上的内边距均为 10px
	padding:10px 15px;	上下内边距为 10px、左右内边距为 15px
	padding:5px 10px 15px 20px;	上、右、下、左内边距分别为 5px、10px、15px、20px
padding-top:上内边距	padding-top:10px;	上内边距为 10px
padding-right:右内边距	padding-right:10px;	右内边距为 10px
padding-bottom:下内边距	padding-bottom:10px;	下内边距为 10px
padding-left:左内边距	padding-left:10px;	左内边距为 10px

　　行内非替换元素设置的内边距不影响行高计算；因此，如果一个元素既有内边距又有背景，元素的背景会延伸穿过内边距，视觉上可能会延伸到其他行，还可能与其他内容重叠。

表 3-22　　　　　　　　　　　　　　　padding 的属性值

属性值	说明
auto	浏览器计算内边距
length	规定以具体单位计算内边距值，单位为 px、pt、cm 等
%	规定基于父元素的宽度的百分比的内边距
inherit	规定从父元素继承内边距

padding 属性不允许指定负的内边距值。

6. 设置外边距——margin

　　外边距在边框外围，用来设置不同元素间的距离，有上、右、下、左 4 个方向的属性，可逐一设置，也可一次指定 4 个方向的属性值。其语法格式如表 3-23 所示，其属性值如表 3-24 所示。

表 3-23　　　　　　　　　　　　　　　margin 的语法格式

语法格式	示例	说明
margin:上外边距 右外边距 下外边距 左外边距;	margin:10px;	4 个方向上的外边距均为 10px
	margin:10px 15px;	上下外边距为 10px、左右外边距为 15px
	margin:10px auto;	上下外边距为 10px、左右外边距居中对齐
	margin:5px 10px 15px 20px;	上、右、下、左外边距分别为 5px、10px、15px、20px
margin-top:上外边距	margin-top:10px;	上外边距为 10px
margin-right:右外边距	margin-right:10px;	右外边距为 10px
margin-bottom:下外边距	margin-bottom:10px;	下外边距为 10px
margin-left:左外边距	margin-left:10px;	左外边距为 10px

表 3-24　　　　　　　　　　　　　　　margin 的属性值

属性值	说明
auto	浏览器计算外边距
length	规定以具体单位计算外边距值，单位为 px、pt、cm 等
%	规定基于父元素的宽度的百分比的外边距
inherit	规定从父元素继承外边距

　　块级元素的垂直相邻外边距会合并，而行内元素不占上下外边距。行内元素的左右外边距不会合并。浮动元素的外边距也不会合并。

　　margin 属性允许指定负的外边距值，不过使用时要小心。通常设置左右外边距为 auto，实现元素水平居中对齐，如 p{margin:0px auto}。

7. 设置盒子阴影——box-shadow

　　box-shadow 用来设置元素的阴影，语法格式是：

box-shadow:水平偏移量 垂直偏移量 模糊距离 阴影尺寸 阴影颜色 阴影类型

上述 6 个参数中水平偏移量和垂直偏移量是必要的，其他 4 个为可选参数。阴影类型默认为外阴影（outset），可设置为内阴影（inset）。当水平方向阴影大小、垂直方向阴影大小为正值时，阴影从左向右、从上向下；为负值时相反。还可用逗号隔开来设置多重阴影，多个阴影从上往下分布，第一个阴影在顶层，如 div{ box-shadow: 5px 5px 5px green, -5px -5px 5px blue; }。

8．设置盒子尺寸——box-sizing

默认情况下，元素的 width 和 height 属性设定的值只包括 HTML 元素的内容区域，通过 box-sizing 可以设置元素宽和高包含的区域。box-sizing 的属性值如表 3-25 所示，其语法格式是：

box-sizing:属性值;

表 3-25 box-sizing 的属性值

属性值	说明
content-box	默认值。元素的宽和高仅限内容区域
padding-box	元素的宽和高包括内边距和内容区域
border-box	元素的宽和高包括边框、内边距和内容区域
inherit	规定从父元素继承 box-sizing 属性的值

下面将上面样式规则集中编写，其代码及应用效果如图 3-12 所示。

```html
<head>
    <style type="text/css">
        div{
            background-color: #FAEBD7;
            width: 200px;height: 100px; float: left;
            padding:auto 10px; margin: 5px 10px;
            border: solid 2px #FF0000;
            box-shadow: 5px 7px 9px burlywood;
            box-sizing: border-box;  }
        p{
            background-color: #abc;width: 200px;
            height: 100px; float: right;clear: right;  }
        h5{
            clear: both;width: 300px;
            margin: 0px auto;  }
    </style>
</head>
<body>
    <div>这里是 CSS 中方框相关属性</div>
    <div>这是第二个 DIV</div>
    清除浮动: <p>这是第一个 P 段落</p>
    <p>这是第二个段落 P</p>
    <h5>用 margin 设置元素水平居中对齐</h5>
</body>
```

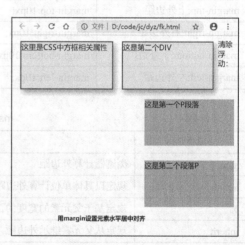

HTML5+CSS3 代码   页面应用效果

图 3-12 CSS 样式规则——方框的代码及应用效果

9．设置盒子布局方向——box-orient

弹性盒子模型是 CSS3 新增的一种布局方式，在使用时要先将 display 属性设置为 box 或

inline-box 来开启弹性盒子模型。目前还没有浏览器支持此模型，为了兼容，要在相关属性、属性值前加上前缀，具体参照"3.1.1　了解 CSS"中的相关内容。

box-orient 属性规定盒子内子元素的布局方向，可以是水平或垂直排列。其属性值如表 3-26 所示，其语法格式是：

```
box-orient:属性值;
```

表 3-26　　　　　　　　　　　　　　　box-orient 的属性值

属性值	说明
horizontal	在水平行中从左向右排列子元素
vertical	从上向下垂直排列子元素
inline-axis	沿着行内轴来排列子元素（映射为 horizontal）
block-axis	沿着块的轴来排列子元素（映射为 vertical）
inherit	规定从父元素继承 box-orient 属性的值

10. 设置盒子布局顺序——box-direction

box-direction 属性规定盒子内的子元素以什么方向来排列。其属性值如表 3-27 所示，其语法格式是：

```
box-direction:属性值;
```

表 3-27　　　　　　　　　　　　　　　box-direction 的属性值

属性值	说明
normal	默认值。以正常顺序显示，即 box-orient 为水平时子元素从左到右显示，垂直时从上到下显示
reverse	反方向显示子元素，子元素显示顺序与 normal 相反
inherit	规定从父元素继承 box-direction 属性的值

11. 设置盒子中子元素的位置——box-ordinal-group

box-ordinal-group 用来设置 box 子元素的显示顺序。值较低的元素显示在值较高的元素之前；当值相同时，元素显示顺序取决于原顺序。其语法格式是：

```
box-ordinal-group:整数值;
```

12. 设置盒子中子元素空间分配——box-flex

box-flex 用来设置 box 子元素是否灵活，包括当 box 收缩或增长时，元素是否收缩或增长；当有额外空间时，元素能否灵活地扩大来填补这一空间。其语法格式是：

```
box-flex:值;
```

这里的值表示元素的可伸缩性，柔性是相对的，例如，box-flex 为 2 的子元素空间两倍于 box-flex 为 1 的子元素。

13. 设置盒子中子元素对齐方式——box-pack 和 box-align

box-pack 用来设置盒子中的子元素的对齐方式为水平对齐。当盒子宽度大于子元素的尺寸时，设置在何处放置子元素。其属性值如表 3-28 所示，其语法格式是：

```
box-pack:属性值;
```

表 3-28 box-pack 的属性值

属性值	说明
start	所有子元素都分布在盒子的左侧，右侧留空
end	所有子元素都分布在盒子的右侧，左侧留空
center	默认值，额外的空间平均分为两半，前一半放置第一个子元素，后一半放置最后一个子元素
justify	额外的空间平均分配给每个子元素

box-align 用来设置 box 子元素如何对齐。其属性值如表 3-29 所示，其语法格式是：

```
box-align:属性值;
```

表 3-29 box-align 的属性值

属性值	说明
start	所有子元素从盒子的顶部开始排列，额外空间将显示在盒子底部
end	所有子元素从盒子的底部开始排列，额外空间将显示在盒子顶部
center	表示子元素纵向居中，额外空间在子元素的上下两侧平均分配，上下各一半
baseline	表示子元素沿着它们的基线排列，额外空间将前后显示
stretch	子元素拉伸以填充盒子

下面将上面弹性盒子的样式规则集中编写，其应用效果如图 3-13 所示。

```html
<div class="div1">
    <p>这是第一个 P 段落</p>
    <p>这是第二个段落 P</p>
</div>
<div class="div2">
    <p>这是第三个 P 段落</p>
    <p>这是第四个段落 P</p>
</div>
<div class="div1">
    <p style="-Webkit-box-ordinal-group: 2;
-Webkit-box-flex: 1;">这是 1 倍可扩充段落</p>
    <p style="-Webkit-box-ordinal-group: 1;
-Webkit-box-flex: 2;">这是 2 倍可扩充段落</p>
</div>
```

HTML5 代码

```css
.div1{
    background-color:azure;width: 350px;height: 50px;
    display:-Webkit-box;-Webkit-box-orient:horizo
ntal;
}
.div2{
    background-color: cornsilk;width: 350px;height:
60px;
    display:-Webkit-box;-Webkit-box-orient:horizo
ntal;
    -Webkit-box-direction: reverse;
    -Webkit-box-pack: center;-Webkit-box-align: center;
}
p{
    background-color: #abc;width: 140px;height: 40px;
    margin: 0px 10px; }
```

CSS3 代码

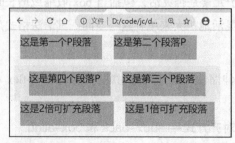

图 3-13 弹性盒子部分属性的代码及应用效果

3.2.5　CSS 语法——边框

元素的边框（border）是围绕元素内容和内边距的一条或多条线，Dreamweaver 的 CSS 规则定义第五项是边框，主要是对元素边框的样式、宽度和颜色等进行控制，如图 3-14 所示。CSS3 中新加入了圆角边框和花样边框的设置。

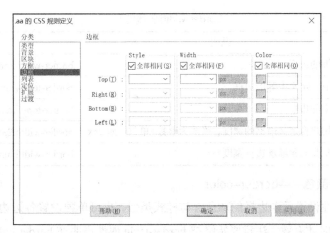

图 3-14　Dreamweaver 的 CSS 规则定义中的"边框"界面

1. 设置边框的样式——border-style

样式是边框最重要的一个属性，没有样式，就没有边框。border-style 属性用于设置元素所有边框的样式，或者单独为各边设置边框样式。只有当这个值不是 none 时边框才可能出现。其属性值如表 3-30 所示，其语法格式是：

border-style:属性值;

表 3-30　　　　　　　　　　　　　border-style 的属性值

属性值	说明	代码	图例
none	定义无边框	border-style: none;	none
dotted	定义点状边框	border-style: dotted;	dotted
dashed	定义虚线边框	border-style: dashed;	dashed
solid	定义实线边框	border-style: solid;	solid
double	定义双线边框。双线的宽度等于 border-width 的值	border-style: double;	double
groove	定义 3D 凹线边框。其效果取决于 border-color 的值	border-style: groove;	groove
ridge	定义 3D 凸线边框。其效果取决于 border-color 的值	border-style: ridge;	ridge
inset	定义 3D 嵌入线边框。其效果取决于 border-color 的值	border-style: inset;	inset
outset	定义 3D 浮出线边框。其效果取决于 border-color 的值	border-style: outset;	outset

border-style 属性如仅输入一种样式，表示元素 4 边都应用相同的样式，也可输入 4 个值，让上、右、下、左 4 边应用各自的样式，值之间用空格隔开，还可以分别用 border-top-style、

121

border-right-style、border-bottom-style、border-left-style 逐一进行设置，属性值同上表。

2. 设置边框的宽度——border-width

border-width 属性设置元素边框的宽度，与样式类似，也可单独设置各边边框的宽度。其只有当边框样式不是 none 时才有效，不允许指定负的长度值。其属性值如表 3-31 所示，其语法格式是：

`border-width:属性值;`

表 3-31 border-width 的属性值

属性值	说明	示例
thin	定义细的边框	border-width:thin;
medium	默认值。定义中等的边框	border-left-width:medium;
thick	定义粗的边框	border-top-width:thick;
length	允许用户自定义边框的宽度，格式为整数+单位，如 2px	border-width:2px 4px 6px 8px;
inherit	规定从父元素继承边框宽度	border-width:inherit;

3. 设置边框的颜色——border-color

border-color 属性设置元素边框的颜色，与样式类似，也可单独设置各边边框的颜色。只有当边框样式不是 none 时才有效，注意要始终把 border-style 属性声明在 border-color 属性之前，即元素必须在设置颜色前获得边框。其语法格式是：

`border-color:颜色值;`

如 border-color:red;表示元素的 4 边边框均为红色；border-left-color:red;表示元素的左边框为红色，border-color:red blue #abc rgb(200,200,0);表示元素上、右、下、左 4 边边框的颜色分别为红色、蓝色、灰色、土黄色。

4. 边框综合设置——border

如果元素 4 边的边框属性都相同，则可以一次性声明边框样式、边框宽度和边框颜色，这 3 种属性没有先后顺序，只要用空格分隔即可。其语法格式是：

`border:样式 宽度 颜色;`

如 border: solid 1px #FF0000;表示设置元素 4 边的边框均为实线、1px 宽、红色。

也可以一次性声明某一边的 3 个属性，如 border-left: solid 1px #FF0000;表示设置元素的左边框为实线、1px 宽、红色。

边框的体现效果如图 3-15 所示。

5. 设置圆角边框——border-radius

border-radius 属性为元素添加圆角边框。其语法格式是：

`border-radius:设置值;`

设置值可以为长度或百分比，当 4 边的弧度不同时，可依次按上、右、下、左的顺序赋值，用空格隔开；也可用 border-top-left-radius、border-top-right-radius、border-bottom-left-radius、border-bottom-right-radius 分别进行设置。圆角边框的体现效果如图 3-16 所示。

```
<head>
<style type="text/css">
    div{ width: 250px;text-align: center;
        border: solid 4px #FF0000;    }
    div.div1{border-style: solid dashed dotted double;
        border-color: red blue yellow green; }
    div.div2{border-top: dashed 1px blue;
        border-right: dotted 2px yellow;
        border-bottom: solid 3px green;
        border-left: double 4px red;  }
</style>
</head>
<body>
    <div>四个方向上的边框均相同</div><br />
    <div class="div1">四个方向上的边框均不相同</div><br />
    <div class="div2">四个方向上的边框均不相同</div>
</body>
```

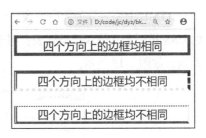

　　　　　　　HTML5+CSS3 代码　　　　　　　　　　　　　　　　　　　　页面体现效果

图 3-15　CSS 样式规则——边框的代码及体现效果

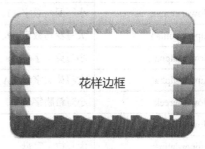

border-radius:10px;　　　　　border-radius: 30px 10px;　　　　border-radius:10px 15px 20px 25px;

4 个角都相同的边框　　　　　　　对称圆角边框　　　　　　　　4 个角都不相同的边框

图 3-16　圆角边框的体现效果

6. 设置花样边框——border–image

border-image 属性用图像为元素添加花样边框。其参数如表 3-32 所示，其语法格式是：

```
border-image: source slice width repeat;
```

表 3-32　　　　　　　　　　　　　　　border-image 的参数

参数	说明
source	指定要用于绘制边框的图像位置，必填项，用 url("图像位置/文件名")
slice	图像的裁剪位置，必填项
width	图像宽度，整数，可省略
repeat	图像填充方式，可省略，值为 repeat（重复）、stretch（拉伸）或 round（铺满）

　　其中 repeat 参数可以有 1～2 个属性值：如果是一个，则用于上、下、左、右 4 个方位；如果有两个，第一个用于上下方位，第二个用于左右方位。应用效果如图 3-17 所示。

```
<head>
<style type="text/css">
  div{ width: 250px;height: 80px;
    text-align: center;  padding: 80px 0px 0px 0px;
    border-image: url(img/an6.png) 27/30px repeat; }
</style>
</head>
<body>
    <div>花样边框</div>
</body>
```

　　　　　　　HTML5+CSS3 代码　　　　　　　　　　　　　　　　　　　　页面应用效果

图 3-17　花样边框的代码及应用效果

3.2.6 CSS 语法——列表

HTML 中列表分为无序列表（<ul>）、有序列表（<ol>）和自定列表（<dl>）3 类。Dreamweaver 的 CSS 规则定义第六项是列表，用于为列表标记定义样式，包括对列表符号、图片、位置等进行控制，如图 3-18 所示。

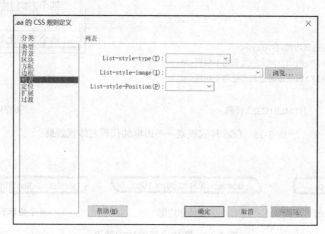

图 3-18 Dreamweaver 的 CSS 规则定义中的"列表"界面

1. 设置列表符号——list-style-type

list-style-type 属性设置列表项标记的类型。其属性值如表 3-33 所示，其语法格式是：

list-style-type:属性值;

表 3-33　　　　　　　　　　　　　　　　list-style-type 的属性值

属性值	说明
none	无标记
disc	默认。标记是实心圆
circle	标记是空心圆
square	标记是实心方块
decimal	标记是数字
decimal-leading-zero	0 开头的数字标记，01、02、03……
lower-roman	小写罗马数字，i、ii、iii、iv、v 等
upper-roman	大写罗马数字，I、II、III、IV、V 等
lower-alpha	小写英文字母，a、b、c、d、e 等
upper-alpha	大写英文字母，A、B、C、D、E 等
lower-greek	小写希腊字母
lower-latin	小写拉丁字母
upper-latin	大写拉丁字母
cjk-ideographic	简单的表意数字，中文中体现为一、二. 等

2. 自定义列表符号——list-style-image

list-style-image 属性使用图像来替换列表项的标记。这个属性指定一个图像作为有序或无序列表项符号标记。图像相对于列表项内容的放置位置通常使用 list-style-position 属性来控制。其语法格式是：

```
list-style-image:url(图像位置/文件名);
```

3. 设置列表符号位置——list-style-position

list-style-position 属性用来设置列表符号的位置。其属性值如表 3-34 所示，其语法格式是：

```
list-style-position:属性值;
```

表 3-34　　　　　　　　　　　　　list-style-position 的属性值

属性值	说明
inside	列表项标记放置在文本以内，且环绕文本根据标记对齐
outside	默认值。保持标记位于文本左侧。列表项标记放置在文本以外，且环绕文本不根据标记对齐
inherit	规定从父元素继承 list-style-position 属性的值

外部（outside）标记会放在离列表项边框边界一定距离处，不过这个距离在 CSS 中未定义。内部（inside）标记处理就像是插入在列表项内容最前面的行内元素一样。

4. 设置所有的列表属性——list-style

list-style 属性是一个简写属性，如果需要同时设置多个列表属性，可使用该属性同时设置 list-style-type、list-style-position、list-style-image 3 个属性。其语法格式是：

```
list-style:type 值 position 值 image 值;
```

可以不设置其中的某个值，例如 "list-style:circle inside;" 是允许的，未设置的属性会使用其默认值。

list-style 涵盖了所有其他列表样式属性，可应用于所有 display 为 list-item 的元素。

下面将上面样式规则集中编写，其应用效果如图 3-19 所示。

```
<head>
<style type="text/css">
    ul{list-style-type:lower-greek; list-style-position: outside; }
    ol{list-style:square inside; }
    .tp{list-style-image:url(img/tp6.png); }
</style>
</head>
<body>
    <ul>
        <li>ul 列表项一</li> <li>ul 列表项二</li>
        <li class="tp">ul 列表项三</li> <li>ul 列表项四</li>
    </ul>
    <ol>
        <li>ol 列表项一</li> <li>ol 列表项二</li>
        <li>ol 列表项三</li> <li>ol 列表项四</li>
    </ol>
</body>
```

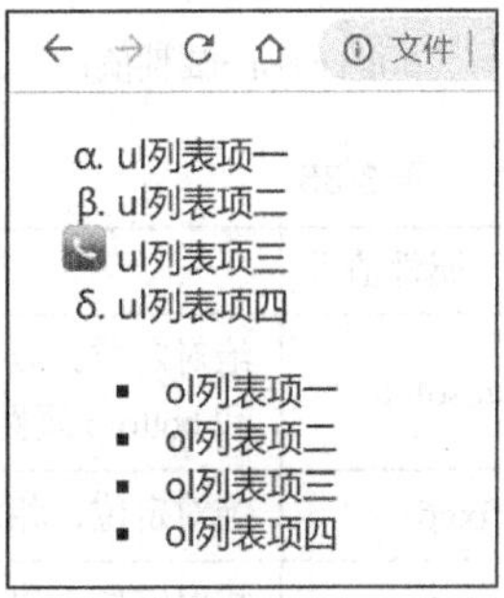

HTML5+CSS3 代码　　　　　　　　　　　　　　　　页面应用效果

图 3-19　CSS 样式规则——列表的代码及应用效果

3.2.7　CSS 语法——定位

CSS 定位允许定义元素框相对于其正常位置应该出现的位置，或相对于父元素、另一个元素甚至浏览器窗口本身的位置。它有 3 种基本的定位机制：普通流、浮动和绝对定位。默认为普通流定位，块级框从上到下一个接一个地排列，框之间的垂直距离由框的垂直外边距计算而来。行内框在一行中水平布置，可以使用水平内边距、边框和外边距调整它们的间距。但是，垂直内边距、边框和外边距不影响行内框的高度。由一行构成的水平框称为行框（Line Box），行框的高度总是足以容纳它包含的所有行内框，设置行高可以增加这个框的高度。

Dreamweaver 的 CSS 规则定义第七项是定位，用来定义元素的大小和位置，如图 3-20 所示。

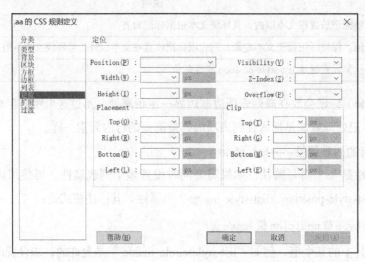

图 3-20　Dreamweaver 的 CSS 规则定义中的"定位"界面

1.　设置位置——position

position 属性指定一个元素（静态的或相对的，绝对的或固定的）的定位方法的类型。任何元素都可以定位，不论元素本身是什么类型。绝对或固定定位会生成一个块级框；相对定位元素会相对于它在正常流中的默认位置偏移。其属性值如表 3-35 所示，其语法格式是：

```
position:属性值;
```

表 3-35　　　　　　　　　　　　　　　　　position 的属性值

属性值	说明
absolute	绝对定位，以 static 定位外的上一层父元素的左顶点为原点进行定位，位置通过 left、top、right 和 bottom 属性进行设定；若无上一层父元素，则以\<body\>的左顶点为原点进行定位
fixed	绝对定位，相对于浏览器窗口进行定位，位置通过 left、top、right 和 bottom 属性进行设定
relative	相对定位，以元素本身的左顶点为原点进行定位
static	默认值。没有定位，元素出现在正常的流中（忽略 top、bottom、left、right 或 z-index 声明）
inherit	规定从父元素继承 position 属性的值

2. 设置元素偏移量——top、left

CSS 通过 top、left 属性分别设置元素上、左方向上的外边距与父元素相应边界的距离，即元素相对于父元素定位的偏移量。语法格式是：

`top:属性值;`和 `left:属性值;`

该属性值可以是固定值（px、pt 等）或百分比（%），可使用负值。

下面的代码是综合使用 position 和偏移量的例子，应用效果如图 3-21 所示。

```
<div style="position: absolute;left: 10px;top: 10px;">
    <h3>正常位置的标题</h3>
    <h3 style="position:absolute;left:10px;top: 35px;">
absolute 定位的标题，left=10px, top=35px</h3>
    <h3 style="position:fixed;left:10px;top: 25px;">
fixed 定位的标题，left=10px, top=25px</h3>
    <h3 style="position: relative;left: 10px;top: 35px;">
relative 定位的标题，left=10px, top=35px</h3>
    <h3 style="position: static;">static 定位的标题</h3>
</div>
```

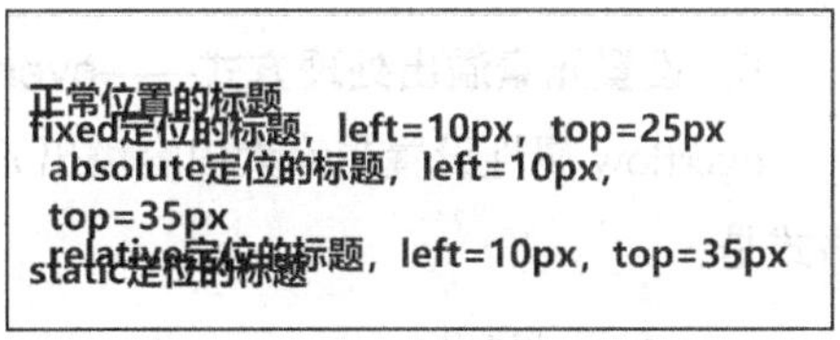

HTML5+CSS3 代码　　　　　　　　　　　　页面应用效果

图 3-21　位置和偏移量的代码及应用效果

3. 设置元素是否可见——visibility

visibility 属性设置元素是否可见。若设置为不可见，元素仍占据其页面上的空间。若要让出空间，应使用 "display" 属性来创建不占据页面空间的不可见元素。其属性值如表 3-36 所示，其语法格式是：

`visibility:属性值;`

表 3-36　　　　　　　　　　　　　　　visibility 的属性值

属性值	说明
visible	默认值。元素可见
hidden	元素不可见
collapse	当在表格元素中使用时，此值可删除一行或一列，但不影响表格的布局。被行或列占据的空间会留给其他内容使用。如果此值被用在其他的元素上，会呈现为 "hidden"
inherit	规定从父元素继承 visibility 属性的值

4. 设置图层定位——z-index

z-index 属性设置元素的堆叠顺序。该属性设置一个定位元素沿 z 轴的位置，z 轴定义为垂直延伸到显示区的轴。如果为正数，则离用户更近；为负数则表示离用户更远。拥有更高堆叠顺序的元素总是会处于堆叠顺序较低的元素的前面。需要注意的是，z-index 只能作用于定位元素（如 position:absolute;）。语法格式是：

`z-index:层次数值;`

z-index 的代码及应用效果如图 3-22 所示。

```
<head>
<style type="text/css">
    img{ position:absolute;left:0px;top:0px;z-index:-1 }
</style>
</head>
<body>
    <h1>这是一个标题</h1>
    <img src="img/an2.png" />
    <p>默认的 z-index 是 0。Z-index=-1 拥有更低的优先级。</p>
</body>
```

这是一个标题

默认的 z-index 是 0。Z-index -1 拥有更低的优先级。

HTML5+CSS3 代码   页面应用效果

图 3-22   z-index 的代码及应用效果

5. 设置元素溢出处理方式——overflow

overflow 属性设置当元素内容溢出元素范围时的处理方式。其属性值如表 3-37 所示，其语法格式是：

overflow:属性值;

表 3-37   overflow 的属性值

属性值	说明
visible	默认值。内容不会被修剪，会呈现在元素框之外
hidden	内容会被修剪，溢出内容不可见
scroll	内容会被修剪，但是浏览器会显示滚动条以便查看其余的内容，不论是否溢出，都有滚动条
auto	如果内容被修剪，则浏览器会显示滚动条以便查看其余的内容，溢出时才有滚动条
inherit	规定从父元素继承 overflow 属性的值

overflow 的应用效果如图 3-23 所示。

```
<head>
<style type="text/css">
    div{ width: 150px;height: 20px;    background-color: #FAEBD7; }
</style>
</head>
<body>
    <div style="overflow: visible">内容溢出处理——overflow: visible</div>
<br/>
    <div style="overflow: hidden">内容溢出处理——overflow: hidden</div><br/>
    <div style="height:50px;overflow: scroll">内容溢出处理——overflow: scroll</div><br />
    <div style="overflow: auto">内容溢出处理——overflow: auto</div><br />
</body>
```

内容溢出处理——
overflow: visible
内容溢出处理——

内容溢出处理——
overflow: scroll

内容溢出处理——

HTML5+CSS3 代码   页面应用效果

图 3-23   overflow 的代码及应用效果

6. 剪裁绝对定位元素——clip

clip 属性用来剪裁绝对定位元素。这个属性用于定义一个剪裁矩形，对于一个绝对定位元素，在这个矩形内的内容才可见；出了这个剪裁区域的内容会根据 overflow 的值来处理。剪裁区域可能比元素的内容区大，也可能比内容区小。需要注意的是，clip 属性只能用于绝对定位元素，如

position:absolute 或 fixed。其属性值如表 3-38 所示，其语法格式是：

```
clip:属性值;
```

表 3-38　　　　　　　　　　　　　　clip 的属性值

属性值	说明
shape	设置元素的形状。唯一合法的形状值是 rect (top, right, bottom, left)
auto	默认值。不应用任何剪裁
inherit	规定从父元素继承 clip 属性的值

clip 的应用效果如图 3-24 所示。

```
<head>
<style type="text/css">
    img.cj{ margin-left: 10px;position:absolute;
        clip:rect(0px 100px 150px 0px);}
</style>
</head>
<body>
<p>左边是原图，右边是 clip 属性剪裁的图像：</p>
<div><img src="img/zm0.png">
    <img class="cj" src="img/zm0.png"></div>
</body>
```

HTML5+CSS3 代码　　　　　　　　　　　　　　　　　页面应用效果

图 3-24　clip 的代码及应用效果

3.2.8　CSS 语法——扩展

Dreamweaver 的 CSS 规则定义第八项是扩展，用来定义元素的分布和视觉效果，如图 3-25 所示。

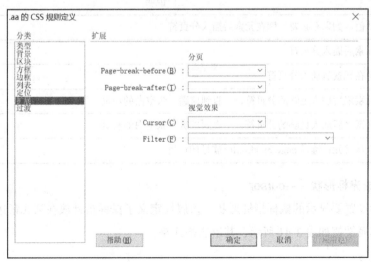

图 3-25　Dreamweaver 的 CSS 规则定义中的"扩展"界面

1. 在指定元素前添加分页符——page-break-before

page-break-before 属性用来在指定元素前添加分页符。该属性不会修改网页在屏幕上的显示，而是用来控制文件的打印方式。虽然它可以用 always 强制放上分页符，但是无法保证避免分页符的插入。应用于 position 值为 relative 或 static 的非浮动块级元素，不能对绝对定位的元素使用此属性。其属性值如表 3-39 所示，其语法格式是：

```
page-break-before:属性值;
```

表 3-39   page-break-before 的属性值

属性值	说明
auto	默认值。如果有必要，则在元素前插入分页符
always	在元素前插入分页符
avoid	避免在元素前插入分页符
left	在元素之前插入足够的分页符，一直到填满一张空白的左页
right	在元素之前插入足够的分页符，一直到填满一张空白的右页
inherit	规定从父元素继承 page-break-before 属性的设置

注意，请尽可能少地使用分页属性，并且避免在表格、浮动元素、带有边框的块元素中使用分页属性。

2. 在指定元素后添加分页符——page-break-after

page-break-after 属性用于在指定元素后面插入分页符。在应用上同 page-break-before 属性。其属性值如表 3-40 所示，其语法格式是：

```
page-break-after:属性值;
```

表 3-40   page-break-after 的属性值

属性值	说明
auto	默认值。如果有必要，则在元素后插入分页符
always	在元素后插入分页符
avoid	避免在元素后插入分页符
left	在元素之后插入足够的分页符，一直到填满一张空白的左页
right	在元素之后插入足够的分页符，一直到填满一张空白的右页
inherit	规定从父元素继承 page-break-after 属性的设置

3. 设置元素光标形状——cursor

cursor 属性设置要显示的鼠标指针形状。该属性定义了鼠标指针放在某元素边界范围内时所显示的形状。其属性值如表 3-41 所示，其语法格式是：

```
cursor:属性值;
```

表 3-41　　　　　　　　　　　　　　　　　　cursor 的属性值

属性值	说明
URL	使用自定义鼠标指针的 URL，鼠标指针文件是 CUR 文件，多数浏览器支持 JPG、GIF 或 PNG 格式文件
default	默认鼠标指针（通常是一个箭头）
auto	默认。浏览器设置的鼠标指针
crosshair	鼠标指针呈现为十字线
pointer	鼠标指针呈现为指示链接的指针（一只手）
move	此鼠标指针指示某对象可被移动
e-resize	此鼠标指针指示矩形框的边缘可被向右（东）移动
ne-resize	此鼠标指针指示矩形框的边缘可被向上及向右移动（北/东）
nw-resize	此鼠标指针指示矩形框的边缘可被向上及向左移动（北/西）
n-resize	此鼠标指针指示矩形框的边缘可被向上（北）移动
se-resize	此鼠标指针指示矩形框的边缘可被向下及向右移动（南/东）
sw-resize	此鼠标指针指示矩形框的边缘可被向下及向左移动（南/西）
s-resize	此鼠标指针指示矩形框的边缘可被向下移动（南）
w-resize	此鼠标指针指示矩形框的边缘可被向左移动（西）
text	此鼠标指针指示文本
wait	此鼠标指针指示等待（通常是一只表或沙漏）
help	此鼠标指针指示可用的帮助（通常是一个问号或一个气球）

4．设置滤镜——filter

filter 属性主要用来实现图像的各种特殊效果，filter 属性定义了元素的可视效果。其属性值如表 3-42 所示，其语法格式是：

```
filter:属性值；
```

属性值通常使用百分比或小数表示。

表 3-42　　　　　　　　　　　　　　　　　　filter 的属性值

属性值	说明
none	默认值，没有效果
blur	给图像设置高斯模糊（px），值越大越模糊。若无设定值，则默认 0，不接受百分比值
brightness	应用线性乘法，使图片更亮或更暗（%）。0%为全黑、100%为无变化（默认），超过 100%图像会更亮
contrast	对比度（%）。0%为全黑、100%为不变（默认），超过 100%运用更低的对比
drop-shadow	给图像设置阴影效果。具体内容下面详细介绍
grayscale	将图像转为灰度图像（%）。100%为灰度图像，0%为无变化（默认），0%～100%，效果线性变化
hue-rotate	图像应用色相旋转（deg）。弧度值设定图像会被调整的色环角度值。0deg 为无变化（默认），无最大值，但超过 360deg 相当于又绕一圈

续表

属性值	说明
invert	反转输入图像（%）。100%为完全反转、0%为无变化（默认），0%～100%，效果线性变化
opacity	透明程度（%）。0%为完全透明、100%为无变化（默认），0%～100%，效果线性变化
saturate	饱和度（%）。0%为完全不饱和、100%为无变化（默认），0%～100%效果线性变化
sepia	将图像转换为深褐色（%）。100%为完全深褐色、0%为无变化（默认）。0%～100%，效果线性变化
url()	接收一个 XML 文件，该文件设置 SVG 滤镜，且包含一个锚点来指定一个具体的滤镜元素
initial	设置属性为默认值
inherit	规定从父元素继承该属性

其中 drop-shadow 给图像设置一个阴影效果。语法是 drop-shadow(h-shadow v-shadow blur spread color)，依次是水平偏移量、垂直偏移量、模糊距离、阴影尺寸、阴影颜色。阴影是合成在图像下面的，可以有模糊度，可以以特定颜色画出遮罩图的偏移版本。该属性与"3.2.4 CSS 语法——方框"中的 box-shadow 属性很相似；通过滤镜，一些浏览器为了拥有更好的性能，会提供硬件加速。

filter 的代码及应用效果如图 3-26 所示。

```
<div>原图<br /><img src="zm0.png" /></div>
<div>高斯模糊<br /><img class="blur" src="z.png" /></div>
<div>亮暗调节<br /><img class="brightness" src="z.png" /></div>
<div>对比度<br /><img class="contrast" src="z.png" /></div>
<div>阴影<br /><img class="drop-shadow" src="z.png" /></div>
<div>灰度图像<br /><img class="grayscale" src="z.png" /></div>
<div>色相旋转<br /><img class="hue-rotate" src="z.png" /></div>
<div>反转输入<br /><img class="invert" src="z.png" /></div>
<div>透明度<br /><img class="opacity" src="z.png" /></div>
<div>饱和度<br /><img class="saturate" src="z.png" /></div>
<div>转深褐色<br /><img class="sepia" src="z.png" /></div>
```

HTML5 代码

```
div{float: left;margin-right: 5px;}
.blur{-Webkit-filter:blur(2px);}
.brightness{-Webkit-filter:brightness(150%);}
.contrast{-Webkit-filter:contrast(80%);}
.drop-shadow{-Webkit-filter:drop-shadow(0px 0px 5px #f00);}
.grayscale{-Webkit-filter:grayscale(100%);}
.hue-rotate{-Webkit-filter:hue-rotate(60deg);}
.invert{-Webkit-filter:invert(80%);}
.opacity{-Webkit-filter:opacity(50%);}
.saturate{-Webkit-filter:saturate(60%);}
.sepia{-Webkit-filter:sepia(80%);}
```

CSS3 代码

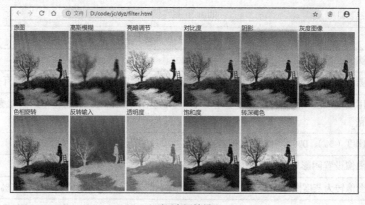

页面应用效果

图 3-26 filter 的代码及应用效果

3.2.9　CSS 语法——过渡

通过 CSS3，设计师可以在不使用 Flash 动画或 JavaScript 的情况下，在元素从一种样式变换为另一种样式时为元素添加效果。Dreamweaver 的 CSS 规则定义第九项是过渡，用来定义元素过渡的效果，如图 3-27 所示。

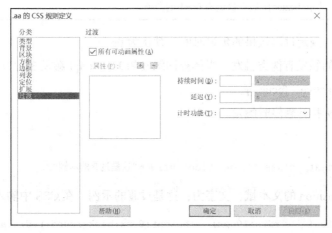

图 3-27　Dreamweaver 的 CSS 规则定义中的"过渡"界面

使用过渡（transition）有以下 4 个要素。

● 指定过渡属性，即哪个属性需要变化，例如 background-image、color 等。

● 指定过渡时间，可以是秒（s）或毫秒（ms）。

● 指定过渡延迟时间，表示什么时候开始执行过渡。

● 触发过渡，通过用户的行为触发过渡效果，例如悬停、单击等。

使用 CSS3 还可以创建动画（animation），以取代许多网页动画图。

1. CSS3 过渡——transition

CSS3 过渡是元素从一种样式逐渐改变为另一种样式的效果。其语法格式是：

```
transition:transition-property transition-duration transition-timing-function transition-delay;
```

transition-property：规定应用过渡效果的 CSS 属性的名称（当指定的 CSS 属性改变时，过渡效果开始），其默认值为 all。

transition-duration：规定完成过渡效果需要的时间（单位为 s 或 ms），默认值为 0s，意味着如果不指定这个属性，将不会呈现过渡效果。

transition-timing-function：规定过渡效果的时间曲线，其值如表 3-43 所示。

表 3-43　　　　　　　　　　　　transition-timing-function 的值

属性值	说明
ease	默认。慢速开始，中间变快，慢速结束；相当于 cubic-bezier(0.25, 0.1, 0.25, 1)
liner	匀速运动；相当于 cubic-bezier(0, 0, 1, 1)

续表

属性值	说明
ease-in	慢速开始；相当于 cubic-bezier(0.42, 0, 1, 1)
ease-out	慢速结束；相当于 cubic-bezier(0, 0, 0.58, 1)
ease-in-out	慢速开始，慢速结束；相当于 cubic-bezier(0.42, 0, 0.58, 1)
cubic-bezier(n, n, n, n)	在 bezier 函数中自定义 0~1 的数值

transition-delay：规定过渡效果的延迟时间，默认为 0s。

过渡 transition 的触发有伪类触发、媒体查询触发和 JavaScript 触发 3 种方式。其中常用的伪类触发包括 hover、active、focus 等。

（1）hover：鼠标指针悬停时触发。

如代码：

```
<input type="text" class="transition" value="这是过渡的示例"/>
```

表示一个类名为 transition 的文本域，文字为：这是过渡的示例。在 CSS 中输入：

```
input.transition{  width:100px;  height:60px;background:red;transition:all  3s
ease-in; }
```

表示样式为宽 100px、高 60px、背景红色、过渡将针对所有属性、时长 3s、慢速开始。

再输入：

```
input.transition:hover{width:250px;}
```

把鼠标指针悬停在<input>上时，<input>宽度将由原来的 100px 变为 250px，鼠标指针移开后，宽度再逐步恢复到 100px。

（2）active：单击元素并按住鼠标时触发。

如在上述的 CSS 代码中加入：

```
input.transition:active{color:#FFF;}
```

单击<input>并按住鼠标时，<input>里的文字将由默认的黑色变为白色。

（3）focus：获得焦点时触发。

如在上述的 CSS 代码中加入：

```
input.transition:focus{background-color:blue;}
```

进入<input>时（获得焦点），<input>的背景将由红色变为蓝色。

如需向多个样式添加过渡效果，可添加多个属性，由逗号隔开。如上述 input.transition 的 CSS 代码可改为：

```
input.transition{  width:100px;  height:60px;background:red;transition:width  3s
ease-in,color 4s linear,background-color 5s ease-in-out; }
```

transition 的应用效果如图 3-28 所示。

初始界面

鼠标指针悬停 hover 的界面

按住鼠标 active 的界面

获得焦点 focus 的界面

图 3-28　transition 的体现效果

2. CSS3 转换——transform

transform 属性应用于元素的 2D 或 3D 转换，实现元素的旋转、缩放、移动、倾斜等。其属性值如表 3-44 所示，其语法格式是：

```
transform: none|transform-functions;
```

表 3-44　transform 的属性值

属性值	说明
matrix(n,n,n,n,n,n)	2D 矩阵转换，使用 6 个值的矩阵
matrix3d(n,n,n,n,n,n,n,n,n,n,n,n,n,n,n,n)	3D 矩阵转换，使用 16 个值的 4×4 矩阵
translate(x,y)	2D 位移。还可用 translateX、translateY、translateZ 分别按相应的轴进行转换
translate3d(x,y,z)	3D 位移
scale(x,y)	2D 缩放转换。还可用 scaleX、scaleY、scaleZ 通过设置轴的值定义缩放转换
scale3d(x,y,z)	3D 缩放转换
rotate(angle)	2D 旋转，参数为角度。还可用 rotateX、rotateY、rotateZ 沿着指定轴旋转
rotate3d(x,y,z,angle)	3D 旋转
skew(x-angle,y-angle)	沿着 x 和 y 轴的 2D 倾斜转换。还可用 skewX、skewY 沿轴倾斜转换
perspective(n)	为 3D 转换元素定义透视视图，设置用户和元素 3D 空间 Z 平面间的距离

例如，下面的示例依次体现 transform 各类转换效果。

（1）位移：translate(x,y)、translateX(x)、translateY(y)、translateZ(z)、translate3d(x,y,z)，体现效果如图 3-29 所示。

```
.edwy{-Webkit-transform:translate(50px,30px);}
.xwy{-Webkit-transform:translateX(50px);}
.ywy{-Webkit-transform:translateY(30px);}
.zwy{-Webkit-transform:translateZ(20px);}
.sdwy{
-Webkit-transform:translate3d(50px,30px,20px);}
```

CSS3 代码

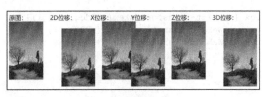

界面效果

图 3-29　translate 位移的体现效果

（2）矩阵转换：matrix(6 个值的矩阵)、matrix3d(16 个值的 4×4 矩阵)，体现效果如图 3-30 所示。

```
.edzh { -Webkit-transform:matrix(0.8, 0.3, -0.8, 1.2, 12, 28);}
.sdzh {
  -Webkit-transform:matrix3d(0.5352,0.2149,0.817,0,-0.6805,0.6826,
0.2662,0,-0.5005,-0.6984,0.5116,0,0,0,10,0.7);
}
```

CSS3 代码   界面效果

图 3-30 matrix 矩阵转换的体现效果

（3）缩放：scale(x,y)、scaleX(x)、scaleY(y)、scaleZ(z)、scale3d(x,y,z)，体现效果如图 3-31 所示。

```
.edsf {-Webkit-transform:scale(1.3,0.5);}
.xsf {-Webkit-transform:scaleX(1.3);}
.ysf {-Webkit-transform:scaleY(0.5);}
.zsf {-Webkit-transform:scaleZ(1.8);}
.sdsf
{-Webkit-transform:scale3d(1.3,0.5,1.8);}
```

CSS3 代码   界面效果

图 3-31 scale 缩放的体现效果

（4）旋转：rotate(angle)、rotateX(angle)、rotateY(angle)、rotateZ(angle)、rotate3d(x,y,z,angle)，体现效果如图 3-32 所示。

```
.edxz {-Webkit-transform:rotate(-30deg);}
.xxz {-Webkit-transform:rotateX(-30deg);}
.yxz {-Webkit-transform:rotateY(-30deg);}
.zxz {-Webkit-transform:rotateZ(-30deg);}
.sdxz {
-Webkit-transform:rotate3d(20,30,10,-30deg);}
```

CSS3 代码   界面效果

图 3-32 rotate 旋转的体现效果

（5）倾斜：skew(x-angle,y-angle)、skewX(angle)、skewY(angle)，体现效果如图 3-33 所示。

```
.qx {-Webkit-transform:skew(-30deg,50deg);}
.xqx {-Webkit-transform:skewX(-30deg);}
.yqx {-Webkit-transform:skewY(50deg);}
```

CSS3 代码   界面效果

图 3-33 skew 倾斜的体现效果

（6）透视视图：perspective(n)，体现效果如图 3-34 所示。

```
.xxz
{-Webkit-transform:rotateX(-30deg);}
.tsstxxz {
  -Webkit-transform:perspective(100px)
rotateX(-30deg);}
.yxz
{-Webkit-transform:rotateY(-50deg);}
.tsstyxz {
  -Webkit-transform:perspective(100px)
rotateY(-50deg);}
```

CSS3 代码

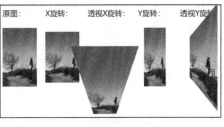

界面效果

图 3-34　perspective 透视视图的体现效果

3. CSS3 动画——animation

动画 animation 是使元素从一种样式逐渐变化为另一种样式的效果。创建动画需要使用 @keyframes 规则。在@keyframes 中规定某项 CSS 样式，就能创建由当前样式逐渐变为新样式的动画效果。使用@keyframes 创建动画时，要把它绑定到某个选择器，否则不会产生动画效果。

@keyframes 的属性值如表 3-45 所示，其语法格式是：

```
@keyframes animationname {keyframes-selector {css-styles;}}
```

表 3-45　　　　　　　　　　　　　　　@keyframes 的属性值

属性值	说明
animationname	必需。定义动画的名称
keyframes-selector	必需。动画时长的百分比：0%～100%，from（与 0% 相同）、to（与 100% 相同）
css-styles	必需。一个或多个合法的 CSS 样式属性

animation 的属性值如表 3-46 所示，其语法格式是：

```
animation: name duration timing-function delay iteration-count direction;
```

表 3-46　　　　　　　　　　　　　　　animation 的属性值

属性值	说明
animation-name	指定要绑定到选择器的关键帧的名称
animation-duration	指定动画需要多少秒或毫秒完成，单位为 s 或 ms
animation-timing-function	设置动画将如何完成一个周期
animation-delay	设置动画在启动前的延迟间隔，单位为 s 或 ms
animation-iteration-count	定义动画的播放次数，infinite 关键字让动画无限次播放
animation-direction	指定是否应该轮流反向播放动画，normal（反复）、alternate（来回）、reverse（反向）、alternate-reverse（反向开始来回）
animation-fill-mode	规定当动画不播放时要应用的元素的样式
animation-play-state	指定动画是否正在运行或已暂停
inherit	规定从父元素继承属性

下面的示例是实现将<div>从左边 0px 移到 200px 的动画效果，应用效果如图 3-35 所示。

动画开始时的效果

```css
div{
    width:120px;height:60px;background:red;position:relative;
    animation:mymove 5s infinite;
    -Webkit-animation:mymove 5s infinite;
    animation-direction:alternate-reverse;
    animation-duration:5s;
}
@keyframes mymove{
    from {left:0px;}    to {left:200px;}
}
@-Webkit-keyframes mymove{
    from {left:0px;}    to {left:200px;}
}
img{
    width:200px;
    padding-left: 200px;
    animation:mymove1 5s infinite;
    -Webkit-animation:mymove1 5s infinite;
}
@keyframes mymove1{
    0% {transform:rotate(0deg) ;}
    50% {transform:rotate(45deg) ;}
    100%{transform:rotate(90deg) ;}
}
@-Webkit-keyframes mymove1{
    0% {transform:rotate(0deg) ;}
    50% {transform:rotate(45deg) ;}
    100%{transform:rotate(90deg) ;}
}
```

动画运行中时的效果

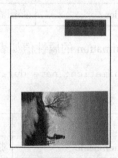

动画将结束时的效果

CSS3 代码

图 3-35　animation 的应用效果

3.3　练习题

1. CSS 的引入方式有哪些?
2. 设置块级元素在父元素中水平、垂直方向上居中的方法有哪些?
3. 请说出 overflow 的 3 种取值,并说明具体含义。
4. CSS 的定位有几种方式? 说明它们定位的区别。

第4章
Web 应用程序交互——JavaScript 语言

JavaScript 是一种基于 ECMAScript 规范的直译式脚本语言。其广泛用于 Web 应用开发，常用来为网页添加各式各样的动态功能，为用户提供更流畅美观的浏览效果。JavaScript 脚本通常通过嵌入 HTML 中来实现自身的功能，其源代码在发往客户端运行之前不需经过编译，而是将文本格式的字符代码发送给浏览器，并由其解释运行。

本章首先介绍 JavaScript 的语法和语句，然后介绍 JavaScript 函数、对象和 DOM，最后用一个 JavaScript 事件应用示例，对本章的重要知识点进行总结。

4.1 JavaScript 的语法和语句

4.1.1 JavaScript 基本常识

1. 区分大小写

JavaScript 要区分大小写，给变量命名时要注意，如 a 与 A 表示两个不同的变量。通常关键字都是小写的。

2. 注释

注释可提高代码的可读性，在 JavaScript 代码中可进行多行和单行两种方式的注释。

多行注释以 "/*" 开始，以 "*/" 结束，如：

```
/*这是多行注释，注释开始
通常描述下面程序的功能
注释结束*/
```

单行注释以两条正斜线开始，且没有结束标记，只占一行，如：

```
//这是一行的注释，通常描述这行语句的作用或提示信息
```

3. 分号

在 JavaScript 里，分号 ";" 用来分隔表达式，代表语句的结束，虽然 JavaScript 有分号自动

插入功能，但建议养成良好的代码编写习惯，手动插入分号。

4. 空白和换行

大多数情况下，JavaScript 会忽略空白，它只是语句间的空格。为了增强程序的可读性，可使用空格键和 Tab 键进行代码的缩进。

换行也叫"回车"，在官方的 ECMA-62 标准中称为"行结束符"，把一个代码行与下一个代码行分隔开。

5. JavaScript 用法

JavaScript 代码可放置在 HTML 页面的<head>或<body>标记中，脚本必须位于<script>与</script>标记之间。以前<script>标记中使用的 type="text/JavaScript"，现在已经可以省略。JavaScript 是所有现代浏览器以及 HTML5 中的默认脚本语言。

6. 标识符和 JavaScript 保留关键字

标识符是一个名字，在 JavaScript 中，标识符用来对变量和函数进行命名，标识符必须以字母、下画线 "_" 或美元符号 "$" 开始，后续的字符可以是数字、字母、下画线或美元符号。不能把数字作为标识符的首字符。

JavaScript 把一些标识符保留为关键字（见表 4-1），不能用作变量名或函数名。

表 4-1　　　　　　　　　　　　　　JavaScript 保留的关键字

abstract	arguments	boolean	break	byte
case	catch	char	class*	const
continue	debugger	default	delete	do
double	else	enum*	eval	export*
extends*	false	final	finally	float
for	function	goto	if	implements
import*	in	instanceof	int	interface
let	long	native	new	null
package	private	protected	public	return
short	static	super*	switch	synchronized
this	throw	throws	transient	true
try	typeof	var	void	volatile
while	with	yield		

* 标记的关键字是 ECMAScript5 中新添加的。

JavaScript 中还有一些内置的对象、属性和方法（见表 4-2），它们的名称也不能作为 JavaScript 的变量名或函数名等标识符。

表 4-2　　　　　　　　　　　　　　JavaScript 内置的对象、属性和方法

Array	Date	eval	function	hasOwnProperty
Infinity	isFinite	isNaN	isPrototypeOf	length
Math	NaN	name	Number	Object
prototype	String	toString	undefined	valueOf

除了保留的关键字，在 JavaScript 实现中也有一些非标准的关键字。如 const 用于定义变量，一些 JavaScript 引擎把 const 当作 var 的同义词，而另一些引擎则把 const 当作只读变量，建议不使用。

4.1.2　数据类型和变量

数据类型在数据结构中的定义是一个值的集合及定义在这个集合上的一组操作。变量是用来存储值的，有名称和数据类型。

1. 数据类型

JavaScript 的数据类型有原始类型（primitive type）和对象类型（object type）两类，原始类型包括基本类型（数字、字符串和布尔值）和特殊类型（空和未定义）。

（1）数字（number）类型

数字类型表示整数和浮点数，以及 NaN（Not a Number，非数值）。通常用十进制表示，用八进制时第一位是 0；十六进制前面是 0x，后面跟十六进制数字（0~F），不区分大小写。如：

```
var num1=58;      //十进制 58
var num2=072;     //八进制 58
var num3=0x3a;    //十六进制 58
```

当一个数超出 JavaScript 处理范围时，会自动转换为 Infinity，表示无穷，不能参与计算。NaN 表示一个准备返回数值的操作数未返回数值的情况，如 var num=8*"abc"，结果为 NaN。可以用 isNaN( )函数判断一个量是否是数值，false 表示是数值，true 表示不是数值。

（2）字符串（string）类型

字符串指的是一组用来表示文本的字符序列，用一对双引号（"…"）或单引号（'…'）括起，两个字符串可以用加号"+"连接起来成为一个新的字符串。

JavaScript 字符串中有一类用反斜杠"\"开头的特殊字符，表示转义字符，有特定的含义，表 4-3 是一些常用的转义字符。

表 4-3　　　　　　　　　　　　　　　　JavaScript 转义字符

代码	含义	代码	含义
\'	单引号	\t	制表符
\"	双引号	\b	退格符
\&	连接符	\f	换页符
\\	反斜杠	\xXX	由两位十六进制 XX 指定的 Latin-1 字符
\n	换行符	\uXXXX	由 4 位十六进制 XXXX 指定的 Unicode 字符
\r	回车符		

（3）布尔（boolean）类型

布尔类型只有真（true）和假（false）两个值，需要注意的是，true 不一定等于 1，false 也不一定等于 0。布尔类型常用于条件测试中。

（4）空（null）类型

null 值表示一个空对象指针，指没有值、空值，不代表任何东西，不占用资源。

（5）未定义（undefined）类型

undefined 类型指的是访问一个不存在或未初始化的变量。如用 var 声明了一个变量，但未对其进行初始化，这个变量的值就是 undefined。

（6）对象（object）类型

对象类型包括对象、数组和函数等，对象（object）是属性的集合，每个属性都是由键值对构成的。

（7）查看类型操作符 typeof

在 JavaScript 中可以用 typeof 操作符返回一个代表数据类型的字符串，结果为上述数据类型。

2. 变量

在 JavaScript 中，使用 var 关键字声明变量，其语法格式如下：

```
var 标识符；
var 标识符=初始值；
```

可在一行代码中声明多个变量。JavaScript 变量不是强类型，声明时无须指定数据类型。

函数外声明的变量为全局变量，作用域为全局。没有声明就使用的变量默认为全局变量。函数内部用 var 声明的变量为局部变量，作用域为函数内部。在 JavaScript 中，只有函数作用域，没有块级作用域。函数外部不能访问函数内部局部变量（私有属性）。函数内部的变量，在函数执行完毕以后就会被释放。也可以使用闭包访问函数的私有变量。

还可以使用 let 声明变量，使变量只在 let 命令所在的代码块内有效。可用 const 声明一个只读的常量，一旦声明，常量的值就不能改变。

4.1.3 运算符和表达式

表达式是由数字、运算符、变量等构成的组合。

1. 运算符

运算符用于执行程序代码的运算，可有一个及以上的操作数，分为算术运算符、赋值运算符、连接运算符、比较运算符、逻辑运算符、位运算符和其他运算符，如表 4-4 所示。

表 4-4　　　　　　　　　　　　　　运算符

类型	说明	示例
算术运算符	+加、-减、*乘、/除、%取模（求余）、++自加 1、--自减 1	x=y+z、x=y%2、x++
赋值运算符	=赋值、+=、-=、*=、/=、%=	x=2、x+=2（等价于 x=x+2）
连接运算符	+运算符用于将文本值或字符串连接起来	a="Chi"+"na";(a="China")
比较运算符	==等于、===全等、!=不等于、!==非全等、>大于、<小于、>=大于等于、<=小于等于	设 x=5、y=8，则 x==y 为 false、x<8 为 true、x>=y 为 false
逻辑运算符	&&与、||或、!非（取反），用于布尔值的运算	(x<10&&y>6)||z==2

续表

类型	说明	示例
位运算符	对位模式按位或二进制数进行的操作。 &位与：两个数按二进制数位对齐，都是 1 则为 1，否则为 0 |位或：两个数按二进制数位对齐，都是 0 则为 0，否则为 1 ～位反：把数变为 32 位二进制数，取反后转换成浮点数 ^位异或：两个数按二进制数位对齐，相同为 0，否则为 1 <<左移位：把数按二进制左移动指定位，右边空位填充 0 >>有符号右移：把数变为 32 位二进制数，右移指定位，保留符号 >>>无符号右移：把数变为 32 位二进制数，整体右移指定位	6 和 5 的二进制数分别为 110 和 101 x=6&5; (x=4,100) x=6|5; (x=7,111) x=～6; (x=-7) x=6^5; (x=3,011) x=6<<5; (x=192,11000000) x=6>>2; (x=1,1) x=6>>>2; (x=1,1)
其他运算符	,逗号运算符：在一条语句中执行多个运算 ?:条件运算符：基于条件对变量进行赋值 typeof 类型运算符：返回操作数的类型字符串	var x=2,y=3,z=4; z=(x<y)?0:6; x<y 则 z=0，否则 z=6 var a=typeof x;　a 为"number"

2. 数据类型转换

JavaScript 是一种动态类型语言，变量没有类型，可任意赋值，但数据和各种运算符是有类型的，因此运算时变量需转换类型。通常数据类型转换是隐式转换，有时也需要手动（显式）转换。

（1）隐式转换

不同类型的数据在计算过程中会自动进行转换，规则如下。

- 数字+字符串：数字转换为字符串。
- 数字+布尔值：true 转换为 1，false 转换为 0。
- 字符串+布尔值：布尔值转换为字符串 true 或 false。
- 布尔值+布尔值：布尔值转换为数值 1 或 0。

（2）显式转换

① parseInt(string,radix)函数将字符串转换为整数类型的数值。转换时忽略字符串前的空格，数值如果以 0 开头，按八进制数解析；若以 0x 开头，按十六进制数解析；如果指定 radix 参数，则以 radix 为基数进行解析，如图 4-1 所示。

```html
<html>
  <head>
    <meta charset="UTF-8">
    <title></title>
    <script>
    var a1=parseInt("11");//按十进制转换为整数
    var a2=parseInt("011");//八进制的 11 为十进制的 9
    var a3=parseInt("0x11");//十六进制的 11 为十进制的 17
    var a4=parseInt("11",2);//按二进制转换 11 为十进制的 3
    var a5=parseInt("11",5);//按五进制转换 11 为十进制的 6
    alert("a1="+a1+"\na2="+a2+"\na3="+a3+"\na4="+a4+"\na5="+a5);
    </script>
  </head>
  <body></body>
</html>
```

JavaScript 代码　　　　　　　　　　　　　　　　运行结果

图 4-1　parseInt()函数将字符串转换为整数的效果

② parseFloat(string)函数将字符串解析为浮点数。转换时若遇到正负号、数字、小数点或科学记数法中的指数（e 或 E）外的字符，则忽略该字符及后面的所有字符，返回当前已解析的浮点数。若参数字符串的第一个字符不能被解析为数字，则返回 NaN，如图 4-2 所示。

```html
<html>
  <head>
    <meta charset="UTF-8">
    <script>
      var a1=parseFloat("11");
      var a2=parseFloat("11.00");
      var a3=parseFloat("11.23");
      var a4=parseFloat("11abc11");//忽略字母后的字符
      var a5=parseFloat("abc11");//以非数字开头,不能解析
      alert("a1="+a1+"\na2="+a2+"\na3="+a3+"\na4="+a4+"\na5="+a5);
    </script>
  </head>
  <body></body>
</html>
```

JavaScript 代码　　　　　　　　　　　　　　　　　　运行结果

图 4-2　parseFloat()函数转换字符串的效果

③ toString(radix)函数将对象转换为字符串，若有参数 radix，数据会按指定进制转变后再转换为字符串，如图 4-3 所示。

```html
<html>
  <head>
    <meta charset="UTF-8">
    <title></title>
    <script>
      var c0=11,c1=true;
      var a1=c0.toString();//输出十进制 11
      var a2=c1.toString();//输出布尔值
      var a3=c0.toString(2);//十进制 11 转为二进制输出 1011
      var a4=c0.toString(8);//十进制 11 转为八进制输出 13
      var a5=c0.toString(16);//十进制 11 转为十六进制输出 b
      alert("a1="+a1+"\na2="+a2+"\na3="+a3+"\na4="+a4+"\na5="+a5);
    </script>
  </head>
  <body></body>
</html>
```

JavaScript 代码　　　　　　　　　　　　　　　　　　运行结果

图 4-3　toString()函数转换字符串的效果

3. 运算符的优先级

JavaScript 中的运算符优先级遵循一定规则（见表 4-5），具有较高优先级的运算符先于较低优先级的运算符执行，相同优先级的运算符按从左到右的顺序执行。

表 4-5　　　　　　　　　　　　　　　　运算符的优先级

运算符	描述
.、[ ]、( )	字段访问、数组下标、函数调用及表达式分组
++、−−、−、~、!、delete、new、typeof、void	一元运算符、返回数据类型、对象创建、未定义值

运算符	描述
*、/、%	乘法、除法、取模
+、-	加法/字符串连接、减法
<<、>>、>>>	移位
<、<=、>、>=、instanceof	小于、小于等于、大于、大于等于、判断左边对象是否为右边类的实例
==、!=、===、!==	等于、不等于、严格相等、非严格相等
&	按位与
^	按位异或
|	按位或
&&	逻辑与
||	逻辑或
?:	条件
=、oP=	赋值、运算赋值
,	多重求值

4.1.4　语句

JavaScript 语句是一条向浏览器发出的命令，通常在每条可执行语句结尾添加分号。

1. 声明语句

（1）var 用来声明变量，可以在声明变量时为变量赋值，也可不赋值。在 JavaScript 中允许不使用 var 关键字来声明变量并赋值，即隐式声明，这将提供一个可变的全局量，建议不要这样操作。其语法格式如下：

`var 变量名;` 或 `var 变量名=值;`

（2）function 用来定义函数。其语法格式如下：

`function 函数名(参数列表){}`

2. 表达式语句

表达式语句是由表达式加上分号 ";" 构成的，如赋值语句、自加、自减及函数调用。如：

```
s="中国"; //将 "中国" 字符串赋给变量 s
x+=5; //将 x 加 5 后赋给变量 x
count++; //变量 count 加 1
alert("测试"); //调用 alert() 函数显示警告框
z=Math.sin(p); //调用数学函数 sin() 计算变量 p 的正弦赋值给 z
```

3. 条件语句

条件语句用于不同条件执行不同代码。

（1）if 语句表示只有指定条件为 true 时，才执行相应的语句。其语法格式如下：

```
if(条件){
    语句块;
}
```

（2）if…else 语句表示当指定条件为 true 时，执行相应的语句，否则执行其他语句。其语法格式如下：

```
if(条件){
    语句块 a;
}else{
    语句块 b;
}
```

（3）if…else if…else 语句表示当指定条件一为 true 时，执行相应的语句一，否则再判断指定条件二，如果为 true，执行相应的语句二，否则执行其他语句。其语法格式如下：

```
if(条件一){
    语句块 a;
}else  if(条件二){
    语句块 b;
}else{
    语句块 c;
}
```

（4）switch 语句用来选择要执行的多个操作之一。当值等于相应常量时，执行这个量关联的代码块，执行完可用 break 跳出 switch；若没有 break，程序将继续执行下一条件对应的语句。其语法格式如下：

```
switch(表达式){
    case 常量 1:
        语句块 a;
        break;
    case 常量 2:
        语句块 b;
        break;
    ...
    default:与上述常量均不匹配时执行的代码;
}
```

下面是用条件语句实现将考试成绩转换为等级的示例，如图 4-4 所示。

4. 循环语句

（1）for 循环语句一般用在循环次数已知的情况下，包含 3 个可选的表达式，3 个可选的表达式由一对圆括号括起，并由分号分隔，后面跟一个在循环中执行的语句（通常是一个块语句）。其语法格式如下：

```
for  (初始值表达式; 结束条件表达式; 步长表达式){
    执行语句块;
}
```

```
var x=58;
if(x<60)
  alert("不及格");
```

```
var x=68;
if(x<60)
    alert("不及格");
else
    alert("及格");
```

```
var x=78;
if(x<60)
    alert("不及格");
else if(x>=60&&x<70)
    alert("及格");
else if(x>=70&&x<80)
    alert("中等");
else if(x>=80&&x<90)
    alert("良好");
else
    alert("优秀");
```

```
var x=88;
switch(parseInt(x/10)){
  case 10:
  case 9:
    alert("优秀");
    break;
  case 8:
    alert("良好");
    break;
  case 7:
    alert("中等");
    break;
  case 6:
    alert("及格");
    break;
  default:
    alert("不及格"); }
```

图 4-4　条件语句的应用效果

（2）for…in 循环语句可遍历一个对象的所有属性，在每次循环时，变量被赋值为对象不同的属性名。其语法格式如下：

```
for(变量 in 对象){
    执行语句块;
}
```

for…in 语句不能按照特定的顺序返回属性，所以不要用该语句遍历数组。

（3）for…of 语句可创建一个循环来迭代可迭代的对象。ES6（ECMAScript 6.0）中引入 for…of 循环来替代 for…in 和 for each…in，并支持新的迭代协议。for…of 允许遍历 Array（数组）、String（字符串）、Map（映射）、Set（集合）等可迭代的数据结构。其语法格式如下：

```
for(变量 of 对象){
    执行语句块;
}
```

for…of 循环只能用于可迭代的对象，不能用于普通对象的迭代。另外，该语句目前还未得到所有浏览器的支持。

for 循环语句的实现效果如图 4-5 所示。

（4）while 语句可创建一个循环，只要循环条件为 true，循环体内的语句块就一直执行。其语法格式如下：

```
while(条件表达式){
    执行语句块;
}
```

```
var sum=0;                  var o={country:"中国",province:"   var arr=["中国","美国", "俄罗斯"];
for(var i=1;i<=100;i++){     海南省",city:"海口市"};             var s="国家: ";
    sum+=i;                  var s="";                        for (var value of arr) {
}                           for (var value in o) {               s+=value+" ";
alert(sum);                     s+=o[value]+" ";              }
                            }                                alert(s);
                            alert(s);
```

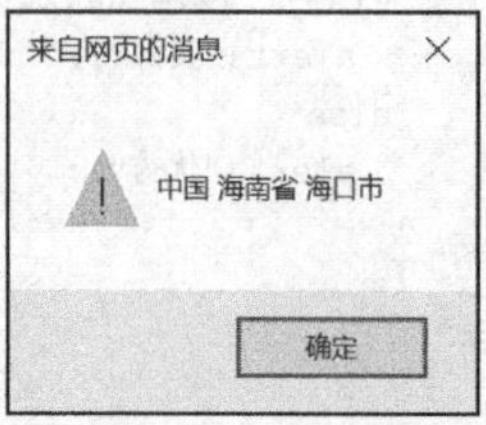

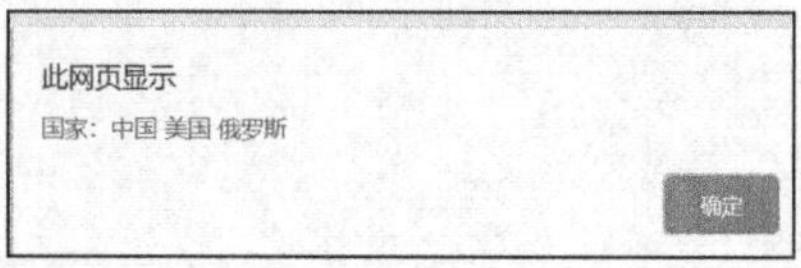

图 4-5   for 循环语句的实现效果

使用 break 语句可以跳出循环，直接执行循环体外的语句。

（5）do…while 语句可创建一个执行指定语句块的循环，直到循环条件为 false。每次执行完指定语句块后检测循环条件，所以指定的语句块至少会执行一次。其语法格式如下：

```
do{
      执行语句块;
}while(条件表达式)
```

使用 break 语句可以跳出循环，直接执行 while()后的语句。

while 和 do…while 循环语句的实现效果如图 4-6 所示。

```
var x=0;                    var x=0;
while(x<5) {                do{
  x++;                        x++;
}                           }while(x<5)
alert(x);                   alert(x);
```

图 4-6   while 和 do…while 循环语句的实现效果

5. break 和 continue 语句

（1）break 语句用于跳出循环，跳出循环后，继续执行该循环之后的代码。

（2）continue 语句可中断循环中的迭代，跳转到循环处，继续执行循环中的下一个迭代。

（3）label 用来标记 JavaScript 语句，只有 break 和 continue 语句能够跳出代码块。其语法格式如下：

```
label 的标识符:
    语句
```

或

```
label 的标识符:{
    语句块;
}
```

使用时的语法：

```
break label 的标识符；
continue label 的标识符；
```

需要注意的是，continue 语句（带或不带标记引用）只能用在循环中，而 break 语句（不带标记引用）只能用在循环或 switch 中；但通过标记引用，break 语句可用于跳出任何 JavaScript 代码块。实现效果如图 4-7 所示。

```
var s="";
for (var i=1;i<10;i++) {
  if(i%4==0)
   break;
  s+=i+" ";
}
alert(s);
```

```
var s="";
for (var i=1;i<10;i++) {
   if(i%4==0)
     continue;
   s+=i+" ";
}
alert(s);
```

```
var s="";
show:
for (var i=1;i<10;i++) {
  if(i%4==0)
    break show;
  s+=i+" ";   }
alert(s);
```

图 4-7　break、continue 语句的实现效果

有了标记，可以使用 break 和 continue 在多层循环的时候控制外层循环。

6. try…catch 语句

try…catch 语句用于标记要执行的语句块，并指定出现异常时抛出的响应。其语法格式如下：

```
try{
    要执行的语句块；
}
[catch(异常类型){
    异常时要执行的语句块；
}]
[finally {
     无论是否有异常抛出或捕获，这些语句都将执行的语句块；
}]
```

catch 子句可选，其中包含 try 块中抛出异常时要执行的语句。如果在 try 块中有任何一个语句（或者从 try 块中调用的函数）抛出异常，控制立即转向 catch 子句。如果在 try 块中没有异常抛出，会跳过 catch 子句。

finally 子句可选，在 try 块和 catch 块之后、下一个 try 声明之前执行。无论是否有异常抛出或捕获，它总是执行。

当 try 块中抛出一个异常时，exception_var（异常类型）用来保存被抛出声明指定的值，可以用这个标识符来获取关于被抛出异常的信息。实现效果如图 4-8 所示。

```
try {
    var s=uname.value;
}
catch(e) {
    alert("出错"+e);
}
```

图 4-8　try 语句的实现效果

4.2　JavaScript 函数

函数是由事件驱动的代码块，或者是当它被调用时执行的可重复使用的代码块。JavaScript 函数是语句的集合，可以有名或匿名；函数还可以带有参数，以接收传递进来的值。在函数内就可以操作传递给函数的参数，也可通过 return 将结果值返回给函数的调用者。

4.2.1　函数的使用

1. 函数的定义

（1）函数声明

① JavaScript 函数是通过 function 关键字定义的，后面通常跟着函数名，然后是包含可选参数的圆括号，最后使用大括号把作为函数一部分的执行语句包围起来。其语法格式如下：

```
function 函数名(参数列表){
    语句块;
    return;
}
```

也可用表达式来定义 JavaScript 函数，用来在变量或事件中存储函数。这样的函数实际上是一个匿名函数。存放在变量中的函数不需要函数名，使用时用变量名调用。其语法格式如下：

```
var 变量名=function (参数列表){语句块;};
或
标记的 id.事件=function (参数列表){语句块;};
```

② 还可以用 Function()构造函数定义，在 JavaScript 中尽量避免使用关键字 new。其语法格式如下：

```
var 变量名=new Function 函数名(参数列表);
```

这种函数定义方式中的函数声明有预解析，优先级高于变量，使用 Function 构造函数定义的方式是一个函数表达式，会导致解析两次代码，第一次解析常规的 JavaScript 代码；第二次解析传入构造函数的字符串，会影响性能。

（2）JavaScript 函数参数

JavaScript 函数对参数的值没有进行任何的检查，包括参数在函数定义时列出的显式参数

（Parameter）和参数在函数调用时传递给函数真正值的隐式参数（Argument）。

参数有如下规则。

① JavaScript 函数定义显式参数时没有指定数据类型。

② JavaScript 函数对隐式参数的类型和数量进行检测。

JavaScript 函数可以通过值或对象来传递参数。

① 通过值传递参数时，在函数中调用的参数是函数的隐式参数，函数只是获取值；当函数修改参数的值时，不会修改显式参数的初始值，即隐式参数的改变在函数外是不可见的。

② 通过对象传递参数时，在函数内部修改对象的属性就会修改其初始的值，即对象属性的修改在函数外是可见的。

（3）返回值

函数执行完代码后会使用 return 关键字来停止执行程序，并返回给调用者一个值。可以将返回值放在函数的任何地方，不是必须放在结尾处。

2．函数的调用

函数被定义时，其内部代码不会执行；只有函数被调用时，函数内部的代码才会执行。

JavaScript 函数有 4 种调用方式。

① 以函数形式调用函数。即直接通过函数名加参数列表的方式进行调用。其语法格式如下：

```
函数名(参数列表);
```

② 函数作为方法调用。在 JavaScript 中可以将函数定义为对象的方法。调用该函数时，可通过对象来实现。其语法格式如下：

```
对象名.函数名(参数列表);
```

③ 使用构造函数调用函数。如果函数调用前使用关键字 new，则调用了构造函数。表面上看起来就像创建了新的函数，实际上 JavaScript 函数是重新创建对象。其语法格式如下：

```
变量名=new 函数名(参数列表);
```

④ 作为函数方法调用函数。在 JavaScript 中，函数是对象，有自己的属性和方法。通过 call() 和 apply() 这两个预定义的函数方法可调用函数，两个方法的第一个参数必须是对象本身。其语法格式如下：

```
对象名=函数名.call(对象名,参数列表);
```

或

```
对象名=函数名.apply(对象名,参数数组[参数列表]);
```

这两个方法都使用对象本身作为第一个参数。区别在于 apply 传入的是一个参数数组，而 call 则直接传入参数。

3．闭包

在 JavaScript 中，嵌套函数可以访问外部函数的变量。闭包是指一个函数嵌套另一个函数时，外部函数将嵌套函数对象作为返回值返回。全局变量能够通过闭包实现局部（私有）。

函数的定义、调用与闭包的应用效果如图 4-9 所示。

```
function sum(x,y){
  return x+y;
}
var obj = {
 uname:"abcdefg",
 mm: "123456",
  xx: function () {
   return this;
  }
}
var o=obj.xx();
alert("sum="+sum(10,8)+"\nyh
hm="+o.uname+"\nmm="+o.mm);
```

```
function sum(x,y){
  return x+y;
}
var s="";
var o1=sum.call(o1,10,8);
var a=[10,8];
var o2=sum.apply(o2,a);
s+="call方式="+o1+"\n";
s+="apply方式="+o2;
alert(s);
```

```
var s="";
function fun(){
  var num=0;
function f(){
  num++;
  s+=num+"\n";
 }
 return f;
}
var ff=fun();
ff();
ff();
ff();
alert(s);
```

图 4-9　函数的定义、调用与闭包的应用效果

4.2.2　JavaScript 的内置函数

JavaScript 的内置函数分为常规函数、数组函数、日期函数、数学函数和字符串函数 5 类，分别如表 4-6、表 4-7、表 4-8、表 4-9、表 4-10 所示。

1. 常规函数

表 4-6　　　　　　　　　　　　　　　　JavaScript 内置的常规函数

函数	描述	示例
alert	显示一个警告对话框，包括一个"确定"按钮	alert("警告信息");
confirm	显示一个确认对话框，包括"确定""取消"按钮，单击"确定"按钮返回 true，否则返回 false	confirm("提示信息");
prompt	显示一个输入对话框，提示等待用户输入	prompt("标题","初始值");
escape	将字符转换成 Unicode 码	escape("字符串");
unescape	解析由 escape 函数编码的字符串	unescape("字符串");
eval	计算表达式的结果	eval("2+2");
isNaN	判断一个数是否是数字，不是数字返回 true	isNaN(123);
parseFloat	将字符串转换成浮点数（参见"4.1.3　运算符和表达式"）	parseFloat("10.33");
parseInt	将字符串转换成整数数字（可指定几进制）	parseInt("1f", 16);

下面是部分常规函数的应用示例，应用效果如图 4-10 所示。

```
var s=prompt("请输入姓名","");
s=escape(s);
alert(s);
s=unescape(s);
alert(s);
var a=confirm("确定退出吗! ");
alert(a);
```

JavaScript 代码　　　　　　　　　　prompt 效果　　　　　　　用 alert 显示 escape 效果

 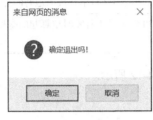  

unescape 效果　　　　　　confirm 效果　　　　单击"确定"按钮的效果　　单击"取消"按钮的效果

图 4-10　部分内置常规函数的应用效果

2. 数组函数

表 4-7　　　　　　　　　　　　　　　JavaScript 内置的数组函数

函数	描述	示例
join	转换并连接数组中的所有元素为一个字符串	数组名.join("分隔符");
length	返回数组的长度	数组名.length;
reverse	将数组元素的顺序颠倒	数组名.reverse();
sort	将数组元素按顺序重新排序	数组名.sort();

下面是数组函数的应用示例，应用效果如图 4-11 所示。

```
var a=new Array("中国","美国","俄罗斯","英国","法国");
var s=a.join("-");
s+="\n 数组长="+a.length;
s+="\n 逆序="+a.reverse();
s+="\n 重新="+a.sort();
alert(s);
```

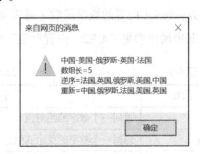

图 4-11　数组函数的应用效果

3. 日期函数

表 4-8　　　　　　　　　　　　　　　JavaScript 内置的日期函数

函数	描述
getFullYear、getMonth、getDate、getDay	分别获得日期量的年、月、日和星期几
getTime、getTimezoneOffset	获得系统时间和当地时间与格林尼治标准时间的地区时差

续表

函数	描述
getHours、getMinutes、getSeconds、getMilliseconds	分别获得时间量的小时、分钟和秒
setYear、setMonth、setDate	分别设置日期量的年、月、日
setHours、setMinutes、setSeconds	分别设置时间量的小时、分钟和秒
parse	返回从 1970 年 1 月 1 日零时整算起的毫秒数（当地时间）
toGMTString	转换日期成为字符串，按格林尼治标准时间计算
toLocaleString	转换日期成为字符串，按当地时间计算
UTC	从 1970 年 1 月 1 日零时整算起的毫秒数，按格林尼治标准时间计算

下面是日期函数的应用示例，应用效果如图 4-12 所示。

```
var d=new Date();
var s="时间: "+d+"\n";
s+="系统时间="+d.getTime()+"\n";
s+="从1970年起的毫秒"+Date.parse(d)+"\n";
s+="与 GMT 相差="+d.getTimezoneOffset()/60+"小时
\n";
s+=d.getFullYear()+" 年  "+d.getMonth()+" 月
"+d.getDate()+"日星期"+d.getDay()+"\n";
s+=d.getHours()+" 时  "+d.getMinutes()+" 分
"+d.getSeconds()+"秒"+d.getMilliseconds()+"毫
秒\n";
s+="GMT 当前时间="+d.toGMTString()+"\n";
s+="本地当前时间="+d.toLocaleString()+"\n";
alert(s);
```

图 4-12　日期函数的应用效果

4. 数学函数

JavaScript 内置的数学函数（见表 4-9）就是 Math 对象，包括属性和函数（或称方法）两部分，其中属性参见 "4.3.2　内置对象" 中的 Math 对象。

表 4-9　　　　　　　　　　　　　　JavaScript 内置的数学函数

函数	描述	示例
abs	返回一个数字的绝对值	Math.abs(数值);
acos	返回一个数字的反余弦值，结果为 0～π 弧度(radians)	Math.acos(数值);
asin	返回一个数字的反正弦值，结果为 -π/2～π/2 弧度	Math.asin(数值);
atan	返回一个数字的反正切值，结果为 -π/2～π/2 弧度	Math.atan(数值);
atan2	返回一个坐标的极坐标角度值	Math.atan2(x 坐标,y 坐标);
ceil	返回一个数字的最小整数值（大于或等于）	Math.ceil(数值);
cos	返回一个数字的余弦值，结果为 -1～1	Math.cos(数值);
exp	返回 e（自然对数）乘方的值	Math.exp(数值);
floor	返回一个数字的最大整数值（小于或等于）	Math.floor(数值);

续表

函数	描述	示例
log	自然对数函数，返回一个数字的自然对数（e）值	Math.log(数值);
max	返回两个数中的最大值	Math.max(数值 1,数值 2);
min	返回两个数中的最小值	Math.min(数值 1,数值 2);
pow	返回一个数字乘方的值	Math.pow(数值 1,次方数);
random	返回一个 0～1 的随机数值	Math.random();
round	返回一个数字的四舍五入值，类型是整数	Math.round(数值);
sin	返回一个数字的正弦值，结果为-1～1	Math.sin(数值);
sqrt	返回一个数字的平方根值	Math.sqrt(数值);
tan	返回一个数字的正切值	Math.tan(数值);

下面是数学函数的应用示例，应用效果如图 4-13 所示。

```
var a=-21.34,b=0.32;
var s="绝对值"+Math.abs(a)+"\n";
s+="反余弦值"+Math.acos(b)+"\n";
s+="反正弦值"+Math.asin(b)+"\n";
s+="反正切值"+Math.atan(b)+"\n";
s+="极坐标角度值"+Math.atan2(a,b)+"\n";
s+="最小整数值"+Math.ceil(a)+"\n";
s+="余弦值"+Math.cos(a)+"\n";
s+="e 的乘方值"+Math.exp(a)+"\n";
s+="最大整数值"+Math.floor(a)+"\n";
s+="自然对数值"+Math.log(b)+"\n";
s+="两数中的大值"+Math.max(a,b)+"\n";
s+="两数中的小值"+Math.min(a,b)+"\n";
s+="乘方值"+Math.pow(a,3)+"\n";
s+="随机数"+Math.random()+"\n";
s+="四舍五入值"+Math.round(a)+"\n";
s+="正弦值"+Math.sin(a)+"\n";
s+="平方根值"+Math.sqrt(b)+"\n";
s+="正切值"+Math.tan(a)+"\n";
alert(s);
```

图 4-13　数学函数的应用效果

5. 字符串函数

JavaScript 内置的字符串函数（见表 4-10）用于完成字符串的字体大小设置、颜色设置、长度（length 属性）设置和查找等操作。

表 4-10　　　　　　　　　　JavaScript 内置的部分字符串函数

函数	描述	示例
charAt	返回字符串中指定位置的某个字符	字符串.charAt(位置数值);
indexOf	从字符串左边开始查找第一个指定字符的下标位置	字符串.indexOf();
lastIndexOf	从字符串右边开始查找第一个指定字符的下标位置	字符串.lastIndexOf();

续表

函数	描述	示例
toLowerCase	将字符串转换为小写	字符串.toLowerCase();
toUpperCase	将字符串转换为大写	字符串.toUpperCase();
substring	截取子字符串	字符串.substring(开始位置,结束位置);

下面是字符串函数的应用示例，应用效果如图 4-14 所示。

```
var a="中华人民共和国。Welcome to China!";
var s="从 0 位起 5 位的字是"+a.charAt(5)+"\n";
s+="从左开始找 e 字在"+a.indexOf("e")+"\n";
s+="从右开始找 e 字在"+a.lastIndexOf("e")+"\n";
s+="字符串共有"+a.length+"个字符\n";
s+="小写: "+a.toLowerCase()+"\n";
s+="大写: "+a.toUpperCase()+"\n";
s+="截取子字符串: "+a.substring(2,4);
alert(s);
```

图 4-14　字符串函数的应用效果

表 4-11 所示为 JavaScript 内置的部分字符串 HTML 包装函数。

表 4-11　　　　　　　JavaScript 内置的部分字符串 HTML 包装函数

函数	描述	示例
big	将字体加大一号，与<BIG>…</BIG>标记结果相同	字符串.big();
bold	字体加粗，与<B>…</B>标记结果相同	字符串.bold();
fixed	字符串显示为打字机字体，与<TT>…</TT>标记结果相同	字符串.fixed();
fontcolor	设定文字颜色，与<FONT COLOR=color>标记结果相同	字符串.fontcolor(颜色值);
fontsize	设定字体大小，与<FONT SIZE=n>标记结果相同	字符串.fontsize(1～7);
italics	使字体成为斜体字，与<I>…</I>标记结果相同	字符串.italics();
link	产生一超链接，相当于设定<A HREF=…>的 URL 地址	a.link("超链接目标");
small	将字体减小一号，与<SMALL>…</SMALL>标记结果相同	字符串.small();
strike	文本中间加一横线，与<STRIKE>…</STRIKE>标记结果相同	字符串.strike();
sub	设置字符串为下标	字符串.sub();
sup	设置字符串为上标	字符串.sup();

下面是字符串 HTML 包装函数的应用示例，应用效果如图 4-15 所示。

```
var a="欢迎光临本店。Welcome to our shop.";
var s="正常输出："+a+"<br>";
s+="字体加大一号："+a.big()+"<br>";
s+="加粗："+a.bold()+"<br>";
s+="打字机字体："+a.fixed()+"<br>";
s+="文字颜色："+a.fontcolor("red")+"<br>";
s+="字体大小："+a.fontsize(2)+"<br>";
s+="斜体字："+a.italics()+"<br>";
s+="超链接："+a.link("网址")+"<br>";
s+="字体减小一号："+a.small()+"<br>";
s+="文本加横线："+a.strike()+"<br>";
s+="设置下标："+a.sub()+"<br>";
s+="设置上标："+a.sup();
document.write(s);
```

图 4-15　字符串 HTML 包装函数的体现效果

4.3　JavaScript 对象

对象是包含相关属性和方法的集合体。一个 JavaScript 对象有很多属性，每个属性包含一个名称和一个值。属性定义了对象的特征，方法是对象的行为。JavaScript 支持自定义对象、内置对象和浏览器对象 3 种。

4.3.1　自定义对象

1. 创建对象

在 JavaScript 中创建对象的方法有两种。

（1）使用关键字 new 创建，其语法格式如下：

```
var 对象名=new Object( );
```

（2）使用大括号创建，在大括号中可以用"名称:值"的形式编写（名称和值以冒号分隔）。其语法格式如下：

```
var 对象名={};
```

下面分别用以上两种方式创建描述商品的对象，包括产品名称、单价、数量 3 项内容。

```
function cp(){              function cp(pro_name,pro_price,pro_num){    var o1={pro_name:"",
  var pro_name="";           this.pro_name=pro_name;                     pro_price:0,pro_num:0};
  var pro_price=0;           this.pro_price=pro_price;
  var pro_num=0;             this.pro_num=pro_num;
}                          }
var o=new cp();            var o=new cp("",0,0);
```

　　　　用关键字 new 创建对象　　　　　　　　　　　　　　　　　　　　　　用大括号创建对象

2. 为对象添加属性

对象创建完毕后，就可以为其添加属性了。在对象名后用"."或"[…]"表示其属性。其语法格式如下：

> 对象名.属性名=值；
>
> 或
>
> 对象名["属性名"]=值；

"对象名.属性名"或"对象名["属性名"]"可进行属性的设置与获取。在用大括号创建对象时，也可直接在大括号中设置相关属性。

3. 为对象添加方法

对象方法是含函数定义的对象属性，添加方法时用"方法名=函数"的方式。其语法格式如下：

```
function 方法名(参数列表){
    语句块;
}
或
对象名.方法名=function(参数列表){
    语句块;
};
```

调用方法时可用"对象名.方法名();"的方式。

下面是上面方法的示例，用方法统计消费的总量，应用效果如图 4-16 所示。

```
function cp(pro_name,pro_price,pro_num){
    this.pro_name=pro_name;
    this.pro_price=pro_price;
    this.pro_num=pro_num;
    this.total=function(){
        return this.pro_price*this.pro_num;  }; }
var o=new cp("足球",129,3);
o.pro_num=5;
alert("一共买了"+o.pro_num+"个"+o.pro_name+"，花了
"+o.total()+"元");
```

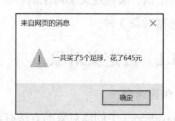

图 4-16　自定义对象应用的应用效果

上面的代码出现了关键字"this"，表示对象本身，即把参数变量的值赋给对象变量。读者可试着去掉该关键字，可以发现有些量在运算中会出错。

4.3.2　内置对象

1. 数组（Array）对象

数组对象使用单独的变量名来存储一系列的值,其中的每个元素都有自己的索引(也叫下标),可以通过变量名按索引访问任何一个值。

（1）数组的创建。可以用关键字 new 或直接用"="创建。其语法格式如下：

```
var 数组名=new Array();
var 数组名=new Array(值1,值2,...值n);
var 数组名=[值1,值2,...值n];
```

（2）访问数组。通过数组名和索引号可读取或设置指定位置的元素值。其语法格式如下：

```
var 变量名=数组名[索引];
数组名[索引]=值;
```

在 JavaScript 数组中，元素可以有不同的对象，这与很多语言的数组不同，这样提高了数组的灵活度。数组中有不同的变量类型，允许在一个数组中同时包含对象元素、函数、数组。

（3）数组的属性。

在 JavaScript 中，数组的属性如表 4-12 所示。

表 4-12　　　　　　　　　　　　　　　　数组的属性

属性	描述	示例
constructor	返回创建数组对象的原型函数	数组名.constructor;
length	设置或返回数组元素的个数	获得数组长度：数组名.length; 设置数组长度：数组名.length=数值;
prototype	向数组对象添加属性或方法。prototype 是全局属性，适用于所有的 JavaScript 对象	Array.prototype.属性名=值;

（4）数组对象的方法。

在 JavaScript 中，数组对象的方法如表 4-13 所示。

表 4-13　　　　　　　　　　　　　　　　数组对象的方法

方法	描述	示例
concat()	连接两个或更多的数组，并返回结果	数组 1.concat(数组 2,…,数组 n);
copyWithin()	从数组的指定位置复制元素到数组的另一个指定位置中	数组名.copyWithin(目标索引, 开始位置, 结束位置);
entries()	返回数组的可迭代对象，该对象包含数组的键值对	数组名.entries();
every()	检测数组的每个元素是否都符合条件，只要有一项不符合就返回 false，都符合才返回 true	数组名.every(function(当前元素值,当前元素索引,当前元素数组),回调);
fill()	使用一个固定值来填充数组	数组名.fill(填充值,开始位置,结束位置);
filter()	检测数值元素，并返回符合条件的所有元素的数组	数组名.filter(function(当前元素值,当前元素索引,当前元素数组),回调);
find()	返回符合传入测试（函数）条件的数组元素	数组名.find(function(当前元素值,当前元素索引,当前元素数组),回调);
findIndex()	返回符合传入测试（函数）条件的数组元素索引	数组名.findIndex(function(当前元素值,当前元素索引,当前元素数组),回调);
forEach()	数组每个元素都执行一次回调函数	数组名.forEach(function(当前元素值,当前元素索引,当前元素数组),回调);
from()	在给定的对象中创建一个数组	Array.from(源对象,要用的函数,映射函数);
includes()	判断一个数组是否包含一个指定的值	数组名.includes(要查的值, 开始位置);
indexOf()	搜索数组中的元素，并返回它所在的位置	数组名.indexOf(要查的元素,开始位置);
isArray()	判断对象是否为数组	Array.isArray(要判断的对象);

方法	描述	示例
join()	把数组的所有元素放入一个字符串	数组名.join(分隔符);
keys()	返回数组的可迭代对象，包含原始数组的键（key）	数组名.keys();
lastIndexOf()	搜索数组中的元素，并返回它最后出现的位置	数组名.lastIndexOf(要查的元素,开始位置);
map()	通过指定函数处理数组每个元素，返回处理后的数组	数组名.map(function(当前元素值,当前元素索引,当前元素数组),回调);
pop()	删除数组的最后一个元素并返回删除的元素	数组名.pop();
push()	向数组的末尾添加一个或更多元素，返回新的长度	数组名.push(元素 1,…,元素 n);
reduce()	将数组元素计算为一个值（从左到右）	数组名.reduce(function(返回值,当前元素,当前元素索引,当前元素数组),初始值);
reduceRight()	将数组元素计算为一个值（从右到左）	数组名.reduceRight(function(返回值,当前元素,当前元素索引,当前元素数组),初始值);
reverse()	反转数组的元素顺序	数组名.reverse();
shift()	删除并返回数组的第一个元素	数组名.shift();
slice()	选取数组的一部分，并返回一个新数组	数组名.slice(开始位置,结束位置);
some()	检测数组元素中是否有元素符合指定条件	数组名.some(function(当前元素值,当前元素索引,当前元素数组),回调);
sort()	对数组的元素进行排序	数组名.sort(升序或降序的函数);
splice()	从数组中添加或删除元素	数组名.splice(开始,数量,元素 1,…,元素 n);
toString()	把数组转换为字符串，并返回结果	数组名.toString();
unshift()	向数组的开头添加一个或多个元素，返回新的长度	数组名.unshift(元素 1,…,元素 n);
valueOf()	返回数组对象的原始值	数组名.valueOf();

下面是关于数组的示例，用来完成数组的创建、连接、排序及输出，应用效果如图 4-17 所示。

```
var a1=["中国","美国","俄罗斯","英国","法国"];
var a2=new Array();
a2[0]="北京",a2[1]="华盛顿",a2[2]="莫斯科";
a2[3]="伦敦",a2[4]="巴黎";var a3=a1.concat(a2);//数组连接
document.write("数组连接后的长度："+a3.length+"<br>");
document.write("读取数组元素："+a3[5]+"<br>");
document.write("用分隔符连接数组元素："+a3.join("-")+"<br>");
document.write("直接输出数组元素："+a3+"<br>");
document.write("反转数组元素："+a3.reverse()+"<br>");
document.write("数组元素排序："+a3.sort()+"<br>");
document.write("删除数组元素："+a3.splice(2,3)+"<br>");
document.write("数组转换为字符串："+a3.toString()+"<br>");
```

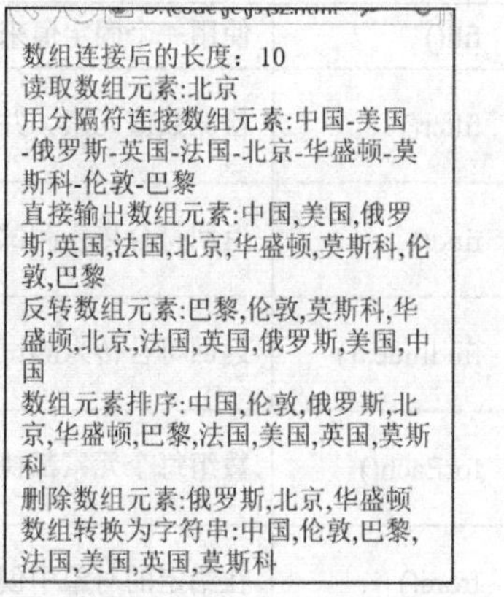

数组连接后的长度：10
读取数组元素:北京
用分隔符连接数组元素:中国-美国-俄罗斯-英国-法国-北京-华盛顿-莫斯科-伦敦-巴黎
直接输出数组元素:中国,美国,俄罗斯,英国,法国,北京,华盛顿,莫斯科,伦敦,巴黎
反转数组元素:巴黎,伦敦,莫斯科,华盛顿,北京,法国,英国,俄罗斯,美国,中国
数组元素排序:中国,伦敦,俄罗斯,北京,华盛顿,巴黎,法国,美国,英国,莫斯科
删除数组元素:俄罗斯,北京,华盛顿
数组转换为字符串:中国,伦敦,巴黎,法国,美国,英国,莫斯科

图 4-17　部分数组对象方法应用的应用效果

2. 布尔（Boolean）对象

布尔对象用于将非布尔值转换为布尔值（true 或 false）。

（1）创建布尔对象。布尔对象代表"true"或"false"两个值，可以用关键字 new 创建，其语法格式如下：

```
var 布尔对象名=new Boolean();
```

（2）布尔对象的属性（见表 4-14）。

表 4-14　　　　　　　　　　　　　　　布尔对象的属性

属性	描述	示例
constructor	返回对创建此对象的布尔函数的引用	布尔对象名.constructor;
prototype	向布尔对象添加属性或方法	Boolean.prototype.属性名=值;

（3）布尔对象的方法（见表 4-15）。

表 4-15　　　　　　　　　　　　　　　布尔对象的方法

方法	描述	示例
toString()	把布尔值转换为字符串，并返回结果	布尔对象名.toString();
valueOf()	返回布尔对象的原始值	布尔对象名.valueOf();

3. Date 对象

（1）创建 Date 对象。Date 对象用于处理日期与时间，用关键字 new 创建。其语法格式如下：

```
var 时间对象名=new Date();  //当前日期和时间
var 时间对象名=new Date(milliseconds);  //用距 1970 年 1 月 1 日的毫秒创建日期和时间
var 时间对象名=new Date(dateString);  //用指定字符串创建日期和时间
var 时间对象名=new Date(year, month, day, hours, minutes, seconds, milliseconds);  //
```
用指定时间量创建日期和时间

下面是用上面 4 种方式创建时间量的示例，应用效果如图 4-18 所示。

```
var s="当前时间："+(new Date());
s+="\n 用指定毫秒创建时间："+(new Date(2000000000));
s+="\n 用指定时间字符串创建时间："+(new Date("October
1, 2019 01:01:01"));
s+="\n 用指定时间量创建日期和时间："+(new Date(2019,8,
1,12,30,6));
alert(s);
```

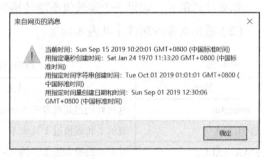

图 4-18　创建日期和时间对象的应用效果

（2）Date 对象的属性（见表 4-16）。

表 4-16　　　　　　　　　　　　　　　Date 对象的属性

属性	描述	示例
constructor	返回对创建此对象的 Date 函数的引用	Date 对象名.constructor;
prototype	向 Date 对象添加属性或方法	Date.prototype.属性名=值;

（3）Date 对象的方法。大多数 Date 对象的方法参见 "4.2.2 JavaScript 的内置函数" 中的日期函数。

4. Math 对象

Math 对象用于执行数学任务，Math 对象不是对象的类，因此没有构造函数 Math()，使用时直接用 Math.属性和 Math.方法()即可。

（1）Math 对象的属性（见表 4-17）。

表 4-17 Math 对象的属性

属性	描述	示例
E	返回算术常量 e，即自然对数的底数（约等于 2.718）	Math.E;
LN2	返回 2 的自然对数，即 $\log_e 2$（约等于 0.693）	Math.LN2;
LN10	返回 10 的自然对数，即 $\log_e 10$（约等于 2.302）	Math.LN10;
LOG2E	返回以 2 为底的 e 的对数，即 $\log_2 e$（约等于 1.4426950408889634）	Math.LOG2E;
LOG10E	返回以 10 为底的 e 的对数，即 $\log_{10} e$（约等于 0.434）	Math.LOG10E;
PI	返回圆周率（约等于 3.14159）	Math.PI;
SQRT1_2	返回 2 的平方根的倒数（约等于 0.707）	Math.SQRT1_2;
SQRT2	返回 2 的平方根（约等于 1.414）	Math.SQRT2;

（2）Math 对象的方法。

大多数 Math 对象的方法参见 "4.2.2 JavaScript 的内置函数" 中的数学函数。

5. 数值（Number）对象

数值对象是原始数值的包装对象。

（1）数值对象的创建。可以用关键字 new 创建，其语法格式如下：

var 数值对象名=new Number(参数值);

需要注意的是，如果一个参数值不能转换为一个数字，将返回 NaN（非数字的值）。

（2）数值对象的属性（见表 4-18）。

表 4-18 数值对象的属性

属性	描述	示例
constructor	返回对创建此对象的 Number 函数的引用	Number 对象名.constructor;
EPSILON	表示 1 和最接近 1 且大于 1 的最小值间的差别	Number.EPSILON;
MAX_VALUE	可表示的最大的数，约 1.8×10^{308}	Number.MAX_VALUE;
MAX_SAFE_INTEGER	表示最大的安全整数（$2^{53} - 1$）	Number.MAX_SAFE_INTEGER;
MIN_VALUE	可表示的最小的数，接近 0，非负，约 5×10^{-324}	Number.MIN_VALUE;
MIN_SAFE_INTEGER	表示最小的安全整数（$-(2^{53} - 1)$）	Number.MIN_SAFE_INTEGER
NEGATIVE_INFINITY	负无穷大，溢出时返回该值，$-\text{Infinity}$	Number.NEGATIVE_INFINITY;
NaN	非数字值，代表非数字值的特殊值	Number.NaN
POSITIVE_INFINITY	正无穷大，溢出时返回该值，Infinity	Number.POSITIVE_INFINITY;
prototype	向 Number 对象添加属性或方法	Number.prototype.属性名=值;

（3）数值对象的方法（见表 4-19）。

表 4-19　　　　　　　　　　　　　　　　　数值对象的方法

方法	描述	示例
isFinite()	检测指定参数是否为无穷大，返回布尔值	Number.isFinite(参数值);
isInteger()	判断给定的参数是否为整数，返回布尔值	Number.isInteger(参数值);
isSafeInteger()	判断给定的参数是否为安全整数，返回布尔值	Number.isSafeInteger(参数值);
toExponential()	把对象的值转为指数计数法，参数可选，0~20	Number 对象名.toExponential(参数值);
toFixed()	把数字转为字符串，结果的小数点后有指定位数的数字，参数可选，0~20	Number 对象名.toFixed(参数值);
toPrecision()	把数字格式化为指定的长度，参数可选，1~21	Number 对象名.toPrecision(参数值);
toString()	把数字转换为字符串，进制为 2~36	Number 对象名.toString(进制);
valueOf()	返回一个 Number 对象的基本数值	Number 对象名.valueOf();

6. 字符串（String）对象

字符串对象用于处理文本（字符串），一个字符串可以使用单引号或双引号。

（1）创建字符串对象。可以用关键字 new 或 "=" 创建，其语法格式如下：

```
var 字符串名=new String();
var 字符串名="字符串";
```

（2）字符串对象的属性（见表 4-20）。

表 4-20　　　　　　　　　　　　　　　　　字符串对象的属性

属性	描述	示例
constructor	返回对创建此对象的 String 函数的引用	String 对象名.constructor;
length	字符串的长度	String 对象名.length;
prototype	向 String 对象添加属性或方法	String.prototype.属性名=值;

（3）字符串对象的方法。字符串对象的常用方法（函数）在 "4.2.2　JavaScript 的内置函数" 中的字符串函数中已经介绍，表 4-21 列出了部分未说明的方法（函数）。

表 4-21　　　　　　　　　　　　　　　　　字符串对象的部分方法

方法	描述	示例
charCodeAt()	返回指定位置字符的 Unicode 编码	对象名.charCodeAt(位置);
concat()	连接两个或更多字符串，返回新字符串	对象名.concat(变量 1,…,变量 n);
fromCharCode()	将 Unicode 编码转为字符	对象名.fromCharCode(编码 1,…,编码 n);
includes()	查找字符串中是否包含指定的子字符串	对象名.includes(要查的字符串,开始位置);
match()	查找一个或多个正则表达式匹配，返回数组	对象名.match(RegExp 对象);
repeat()	复制字符串指定次数，并连接返回	对象名.repeat(次数);
replace()	在字符串中查找匹配的子字符串，并替换与正则表达式匹配的子字符串	对象名.replace(要查的内容,替换的内容);

方法	描述	示例
search()	查找与正则表达式相匹配的值，-1 为未找到	对象名.search(查的内容);
slice()	提取字符串片段，并在新的字符串中返回被提取的部分	对象名.slice(开始位置,结束位置);
split()	把字符串分割为字符串数组	对象名.split(分隔符,返回数组最大长度);
startsWith()	查看字符串是否以指定的子字符串开头	对象名.startsWith(要查的内容,开始位置)
substr()	从起始索引号提取字符串中指定数目的字符	对象名.slice(开始位置,结束位置);
trim()	去除字符串两边的空白	对象名.trim();
toLocaleLowerCase()	按本地主机的语言把字符串转换为小写	对象名.toLocaleLowerCase();
toLocaleUpperCase()	按本地主机的语言把字符串转换为大写	对象名.toLocaleUpperCase();

（4）字符串对象的 HTML 包装方法。字符串对象的 HTML 包装方法用来返回包含在相对应的 HTML 标记中的内容。具体请参阅"4.2.2　JavaScript 的内置函数"中的字符串函数。

7. 正则表达式（RegExp）对象

正则表达式对象是描述字符模式的对象。正则表达式用于对字符串模式进行匹配及检索替换，是对字符串执行模式进行匹配的强大工具。具体可参阅"2.6.7　表单的验证"中的常用的正则表达式字符。

（1）正则表达式对象的创建。可以用关键字 new 或"="创建，其语法格式如下：

```
var 对象名=new RegExp(pattern,modifiers);
var 对象名=/pattern/modifiers;
```

pattern（模式）描述表达式的模式，modifiers（修饰符）指定全局匹配、区分大小写的匹配和多行匹配。

使用构造函数创建正则表达式对象时，要用到常规的字符转义规则（在前面加反斜杠"\"），如下面的代码：

```
var r1=new RegExp("\\w+");
var r2 = /\w+/;
```

（2）修饰符（见表 4-22）。修饰符用于执行区分大小写的匹配和全局匹配。

表 4-22　　　　　　　　　　正则表达式对象的修饰符

修饰符	描述	示例
i	执行对大小写不敏感的匹配	new RegExp("China","i");或/China/i;
g	执行全局匹配（查找所有匹配）	new RegExp("China","g");或/China/g;
m	执行多行匹配	

（3）方括号（见表 4-23）。方括号用于查找某个范围内的字符。

表 4-23　　　　　　　　　　正则表达式对象的方括号

表达式	描述	示例
[abc]	查找方括号之间的任何字符	new RegExp("[abc]");或/[abc]/;
[^abc]	查找任何不在方括号之间的字符	new RegExp("[^abc]");或/[[^abc]/;

续表

表达式	描述	示例
[0-9]	查找任何从 0 至 9 的数字	new RegExp("[1-6]");或/[1-6]/;
[a-z]	查找任何从小写 a 到小写 z 的字符	new RegExp("[a-f]");或/[a-f]/;
[A-Z]	查找任何从大写 A 到大写 Z 的字符	new RegExp("[A-F]");或/[A-F]/;
[A-z]	查找任何从大写 A 到小写 z 的字符	new RegExp("[A-f]");或/[A-f]/;
[adgk]	查找给定集合内的任何字符	new RegExp("[ab12]");或/[ab12]/;
[^adgk]	查找给定集合外的任何字符	new RegExp("[^ab12]");或/[[^ab12]/;

（4）元字符（见表 4-24）。元字符（Metacharacter）是拥有特殊含义的字符。

表 4-24　　　　　　　　　　　正则表达式对象的元字符

元字符	描述	示例
.	查找单个字符，除了换行符和行结束符	new RegExp("China.");或/China./;
\w	查找单词字符，包括 a~z、A~Z、0~9，以及下画线	new RegExp("\w");或/\w/;
\W	查找非单词字符	new RegExp("\W");或/\W/;
\d	查找数字	new RegExp("\d");或/\d/;
\D	查找非数字字符	new RegExp("\D");或/\D/;
\s	查找空白字符，空白字符包括空格符、制表符、回车符、换行符、垂直换行符、换页符	new RegExp("\s");或/\s/;
\S	查找非空白字符	new RegExp("\S");或/\S/;
\b	匹配单词边界	new RegExp("\bChina");或/\bChina/;
\B	匹配非单词边界	new RegExp("\BChina");或/\BChina/;
\0	查找 NULL 字符	new RegExp("\0");或/\0/;
\n	查找换行符	new RegExp("\n");或/\n/;
\f	查找换页符	new RegExp("\f");或/\f/;
\r	查找回车符	new RegExp("\r");或/\r/;
\t	查找制表符	new RegExp("\t");或/\t/;
\v	查找垂直制表符	new RegExp("\v");或/\v/;
\xxx	查找以八进制数 xxx 规定的字符	new RegExp("\123");或/\123/;
\xdd	查找以十六进制数 dd 规定的字符	new RegExp("\x12");或/\x12/;
\uxxxx	查找以十六进制数 xxxx 规定的 Unicode 字符	new RegExp("\u0063");或/\u0063/;

（5）正则表达式方法。test()方法用于检测一个字符串是否匹配某个模式，如果字符串中含有匹配的文本，则返回 true，否则返回 false。

exec()方法用于检索字符串中的正则表达式的匹配。该函数返回一个数组，其中存放匹配的结果。如果未找到匹配，则返回值为 null。

下面是结合字符串和正则表达式应用的示例，主要实现截取文件名，用正则表达式将文本中的"\n"转换为"
"，应用效果如图 4-19 所示。

```
var fn="文件配图.jpg";
var s="这是模拟一篇从数据库中读取的文字。\n 由于换行在数据
存储和网页中不同，所以要转换。";
alert(s);
var i=fn.lastIndexOf(".");
var wjm=fn.substr(0,fn.length-i);
var reg=new RegExp("\n","g");
var s1=s.replace(reg,"<br>");
document.write("截取的文件名："+wjm+"<br>");
document.write("未替换前\n："+s+"<br>");
document.write("替换后\n："+s1+"<br>");
var reg1=/中/g;
document.write("查找："+s.search(reg1)+"<br>");
```

图 4-19 字符串和正则表达式应用的效果

4.3.3 浏览器对象

浏览器对象模型（Browser Object Model，BOM）描述 JavaScript 与浏览器进行交互的方法和接口。它提供了很多对象，用于访问浏览器，这些功能与任何网页内容无关。浏览器对象模型如图 4-20 所示。

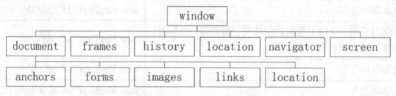

图 4-20 浏览器对象模型

1. window 对象

window 对象表示浏览器中打开的窗口。

（1）window 对象属性（见表 4-25）。

表 4-25　　　　　　　　　　　　　　　　window 对象属性

属性	描述	示例
closed	窗口是否已被关闭，返回一个布尔值	window.closed;
defaultStatus	设置或返回窗口状态栏中的默认文本	window.defaultStatus;
innerWidth、innerHeight	窗口的文档显示区的宽度、高度	window.innerWidth;
localStorage	在浏览器中存储 key/value，参阅 "7.2　网页存储 Web storage"	localStorage.key;
length	设置或返回窗口中的框架数量	window.length;
name	设置或返回窗口的名称	window.name;
opener	返回对创建此窗口的窗口的引用	window.opener;
outerWidth、outerHeight	窗口的外部宽度、高度，包括工具条与滚动条	window.outerWidth;
pageXOffset、pageYOffset	当前页面相对于窗口显示区左上角的 x、y 位置	window.pageXOffset;

续表

属性	描述	示例
screenLeft、screenTop screenX、screenY	相对于屏幕窗口的 x、y 坐标	window.screenLeft; window.screenX;
sessionStorage	在浏览器中存储 key/value，参阅 "7.2　网页存储 Web storage"	sessionStorage.key;
self	返回对当前窗口的引用。等价于 window 属性	window.closed;
status	设置窗口状态栏的文本	window.status;
top	返回最顶层的父窗口	window.top;

下面是部分 window 对象属性应用的示例，应用效果如图 4-21 所示。

```
window.status="我设置的状态栏";
var s="状态栏: "+window.status+"<br>";
s+=" 浏览器坐标：横 ="+window.screenLeft+" 纵
="+window.screenTop+"<br>";
s+="页面相对窗口坐标：横="+window.pageXOffset+"
纵="+window.pageYOffset+"<br>";
s+=" 文 档 显 示 区 宽 ="+window.innerWidth+" 高
="+window.innerHeight+"<br>";
s+=" 窗 口 外 部 宽 ="+window.outerWidth+" 高
="+window.outerHeight;
document.write(s);
```

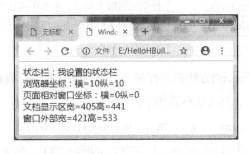

图 4-21　window 部分对象属性应用的效果

（2）window 对象方法（见表 4-26）。

表 4-26　　　　　　　　　　　　　　window 对象方法

方法	描述	示例
alert()	显示带有一段消息和一个 "确认" 按钮的警告框	alert(消息);
atob()	解码一个 base-64 编码的字符串	window.atob(字符串);
btoa()	创建一个 base-64 编码的字符串，使用"A-Z"、"a-z"、"0-9"、"+"、"/"和"="字符来编码字符串	window.btoa(字符串);
blur()	把键盘焦点从顶层窗口移开	window.blur();
clearInterval()	取消用 setInterval()设置的定时操作	window.clearInterval(ID);
clearTimeout()	取消用 setTimeout()方法设置的定时操作	window.clearTimeout(ID);
close()	关闭浏览器窗口	window.close();
confirm()	显示带有一段消息及 "确认" 和 "取消" 按钮的对话框	window.confirm(消息);
createPopup()	创建一个 pop-up 窗口，只有 IE 浏览器支持	window.createPopup();
focus()	把键盘焦点赋予一个窗口	window.focus();
getSelection()	返回一个 Selection 对象，表示选择的文本范围或光标当前位置	window.getSelection();
getComputedStyle()	获取指定元素的 CSS 样式	window.getComputedStyle(要获取样式的元素,伪类元素);
matchMedia()	检查 media query 语句，返回一个 MediaQueryList 对象	window.matchMedia(字符串);

续表

方法	描述	示例
moveBy()	相对窗口的当前坐标把它移动指定的像素	window.moveBy(x,y);
moveTo()	把窗口的左上角移动到一个指定的坐标位置	window.moveTo(x,y);
open()	打开一个新的浏览器窗口或查找一个已命名的窗口	window.open(URL,name,specs,replace);
print()	打印当前窗口的内容	window.print();
prompt()	显示可提示用户输入的对话框	window.prompt(标题,默认文本);
resizeBy()	按照指定的像素调整窗口的大小	window.resizeBy(宽,高);
resizeTo()	把窗口的大小调整到指定的宽度和高度	window.resizeTo(宽,高);
scrollBy()	按照指定的像素值来滚动内容	window.scrollBy(右滚,下滚);
scrollTo()	把内容滚动到指定的坐标位置	window.scrollTo(x 坐标，y 坐标);
setInterval()	按指定周期（毫秒）来调用函数或计算表达式	window.setInterval(函数,毫秒);
setTimeout()	在指定的毫秒数后调用函数或计算表达式	window.setTimeout(函数,毫秒);
stop()	停止页面载入	window.stop();

open()方法用于打开一个新的浏览器窗口或查找一个已命名的窗口。其项目列表值如表 4-27 所示，其语法格式如下：

```
window.open(URL,name,specs,replace);
```

① URL 可选。打开指定页面的 URL。如果没有指定 URL，则打开一个新的空白窗口。

② name 可选。指定 target 属性或窗口的名称。_blank 为新窗口，默认。详细内容请参阅 "2.4.2 超链接的用法"。

③ specs 可选。一个逗号分隔的项目列表。

表 4-27　　　　　　　　　　　　　window.open()方法的项目列表值

值	描述
channelmode=yes|no|1|0	是否要在影院模式显示 window，默认否。仅限 IE 浏览器
directories=yes|no|1|0	是否添加 "目录" 按钮，默认是。仅限 IE 浏览器
fullscreen=yes|no|1|0	浏览器是否显示全屏模式，默认否。仅限 IE 浏览器
height=pixels	窗口的高度。最小值为 100
left=pixels	该窗口的左侧位置
location=yes|no|1|0	是否显示地址字段，默认是
menubar=yes|no|1|0	是否显示菜单栏，默认是
resizable=yes|no|1|0	是否可调整窗口大小，默认是
scrollbars=yes|no|1|0	是否显示滚动条，默认是
status=yes|no|1|0	是否要添加一个状态栏，默认是
titlebar=yes|no|1|0	是否显示标题栏，默认是
toolbar=yes|no|1|0	是否显示浏览器工具栏，默认是
top=pixels	窗口顶部的位置，仅限 IE 浏览器
width=pixels	窗口的宽度，最小值为 100

④ replace 可选。设置装载到窗口的 URL 是在窗口的浏览历史中创建一个新条目，还是替换浏览历史中的当前条目。true 表示 URL 替换浏览历史中的当前条目；false 表示 URL 在浏览历史中创建一个新条目。

2. navigator 对象

navigator 对象包含有关浏览器的信息。

（1）navigator 对象属性（见表 4-28）。

表 4-28　　　　　　　　　　　　　　　navigator 对象属性

属性	描述	示例
appCodeName	返回浏览器的代码名	navigator.appCodeName;
appName	返回浏览器的名称	navigator.appName;
appVersion	返回浏览器的平台和版本信息	navigator.appVersion;
cookieEnabled	返回指明浏览器中是否启用 cookie 的布尔值	navigator.cookieEnabled;
platform	返回运行浏览器的操作系统和（或）硬件平台	navigator.platform;
userAgent	返回由客户机发送服务器的 user-agent 头部的值	navigator.userAgent;

（2）navigator 对象方法（见表 4-29）。

表 4-29　　　　　　　　　　　　　　　navigator 对象方法

方法	描述	示例
javaEnabled()	判断浏览器是否支持并启用了 Java，如果是，返回 true	navigator.javaEnabled();
taintEnabled()	规定浏览器是否启用数据污点（data tainting）	navigator.taintEnabled();

下面是部分 navigator 对象属性和方法应用的示例，应用效果如图 4-22 所示。

```
var s="浏览器名称="+navigator.appName+"<br>";
s+="浏览器代码="+navigator.appCodeName+"<br>";
s+="浏览器版本="+navigator.appVersion+"<br>";
s+="操作系统="+navigator.platform+"<br>";
s+="user-agent 头部="+navigator.userAgent+"<br>";
if(navigator.cookieEnabled)
  s+="已启用 cookie"+"<br>";
else
  s+="未用 cookie"+"<br>";
if(navigator.javaEnabled)
  s+="已启用 Java"+"<br>";
else
  s+="未启用 Java"+"<br>";
if(navigator.taintEnabled)
  s+="已启用数据污点";
else
  s+="未启用数据污点";
document.write(s);
```

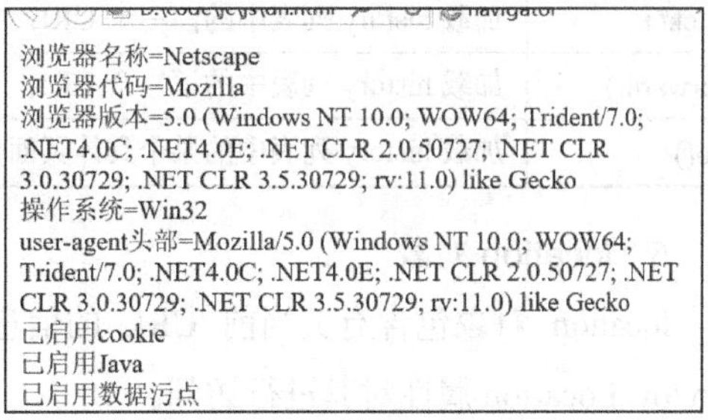

图 4-22　部分 navigator 属性和方法应用的效果

3. screen 对象

screen 对象包含有关客户端显示屏幕的信息，其属性如表 4-30 所示。

表 4-30   screen 对象属性

属性	描述	示例
availWidth、availHeight	返回屏幕的宽度和高度（不包括 Windows 任务栏）	screen.availHeight;
colorDepth	返回目标设备或缓冲器上的调色板的比特深度	screen.colorDepth;
pixelDepth	返回屏幕的颜色分辨率（每像素的位数）	screen.pixelDepth;
width、height	返回屏幕的总宽度和高度	screen.width;

下面是部分 screen 对象属性应用的示例，应用效果如图 4-23 所示。

```
var s="屏幕总宽="+screen.width+"高="+screen.height+"<br>";
s+=" 屏 幕 宽 ="+screen.availWidth+" 高 ="+screen.availHeight+
"<br>";
s+="屏幕颜色分辨率="+screen.pixelDepth+"<br>";
s+="调色板的比特深度="+screen.colorDepth;
document.write(s);
```

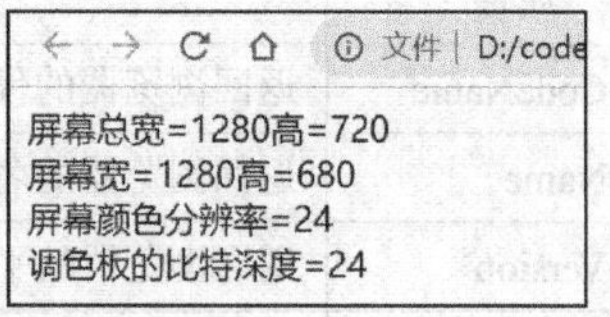

图 4-23　部分 screen 对象属性应用的效果

4. history 对象

history 对象包含用户（在浏览器窗口中）访问过的 URL。history 对象是 window 对象的一部分，可通过 window.history 属性对其进行访问。

（1）history 对象属性（见表 4-31）。

表 4-31   history 对象属性

属性	描述	示例
length	返回历史列表中的网址数量	history.length;

（2）history 对象方法（见表 4-32）。

表 4-32   history 对象方法

方法	描述	示例
back()	加载 history 列表中的前一个 URL	history.back();
forward()	加载 history 列表中的下一个 URL	history.forward();
go()	加载 history 列表中的某个具体页面，-1 为上一页面，1 为下一页面	history.go(数字或 URL);

5. location 对象

location 对象包含有关当前 URL 的信息。location 对象是 window 对象的一部分，可通过 window.Location 属性对其进行访问。

（1）location 对象属性（见表 4-33）。

表 4-33   location 对象属性

属性	描述	示例
hash	设置或返回一个 URL 的锚部分（从 "#" 开始的部分）	location.hash;
host	设置或返回一个 URL 的主机名和端口	location.host;

续表

属性	描述	示例
hostname	设置或返回 URL 的主机名	location.hostname;
href	设置或返回完整的 URL，可实现页面的跳转，也可省略 href	location.href="网址";
pathname	设置或返回 URL 路径名	location.pathname;
port	设置或返回一个 URL 服务器使用的端口号	location.port;
protocol	设置或返回一个 URL 协议	location.protocol;
search	设置或返回一个 URL 的查询部分（问号 "?" 之后的部分）	location.search;

下面是部分 location 对象属性应用的示例，应用效果如图 4-24 所示。

```
var s="URL 的主机名和端口="+location.host+"<br>";
s+="URL 的主机名="+location.hostname+"<br>";
s+="URL 的端口号="+location.port+"<br>";
s+="URL 的协议="+location.protocol+"<br>";
s+="完整的 URL="+location.href+"<br>";
s+="URL 路径名="+location.pathname+"<br>";
s+="URL 的查询部分="+location.search;
document.write(s);
```

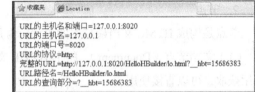

图 4-24　location 对象属性应用的效果

（2）location 对象方法（见表 4-34）。

表 4-34　　　　　　　　　　　　　　　location 对象方法

方法	描述	示例
assign()	载入一个新的文档	location.assign(URL);
reload()	重新载入当前文档，用于刷新当前文档	location.reload();
replace()	用新的文档替换当前文档，可实现页面的跳转	location.replace(newURL);

4.4　JavaScript DOM

文档对象模型（Document Object Model，DOM）提供了一种访问和修改 HTML 文档内容的方法。文档指的是整个 HTML 网页文档，对象表示将网页中的每一个部分都转换为一个对象，模型表示对象间的关系。

4.4.1　DOM

1. DOM 被结构化为对象树

当网页被加载时，浏览器会创建页面的 DOM，DOM 被结构化为对象树，如图 4-25 所示。

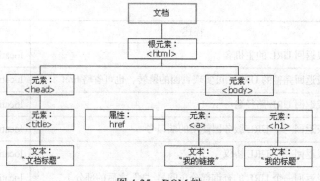

图 4-25　DOM 树

通过这个 DOM，JavaScript 可以动态操作页面中的所有 HTML 元素、属性、CSS 样式和事件处理。

2．节点

节点是构成 HTML 文档最基本的单元，常用节点分为以下 4 类。

（1）文档节点（Document）：整个 HTML 文档 document 对象作为 window 对象的属性存在，不用获取，可以直接使用。

（2）元素节点（Element）：HTML 文档中的 HTML 标记。

（3）属性节点（Attr）：元素的属性表示的是标记中的属性，需要注意的是，属性节点并非元素节点的子节点，而是元素节点的一部分。

（4）文本节点（Text）：HTML 标记中的文本内容。

3．获取元素

操作 HTML 元素时，首先要找到该元素，可以通过 id、标记、类 3 种方式。

（1）通过 id 查找 HTML 元素是 DOM 中频繁使用的一种方法，以获取 HTML 文档中一特定元素并返回一个对它的引用。其语法格式如下：

```
document.getElementById("id");
```

（2）当需要同时获取同一标记的多个或所有元素时，可通过标记名查找 HTML 元素。其语法格式如下：

```
document.getElementsByTag("标记");
```

或

```
element.getElementsByTag("标记");
```

（3）当要同时获取不同标记的多个元素时，可通过类名查找 HTML 元素。其语法格式如下：

```
document.getElementsByClassName("类名");
```

4.4.2　操作 HTML 元素

1．改变 HTML 元素

属性用于获取或设置 HTML 元素的值，方法用于完成 HTML 元素的动作。innerHTML 属性是获取元素内容最简单的方法，可用于获取或替换任何 HTML 元素的内容。attribute 属性是 HTML 标记上的某个属性，如 id、class、value 等以及自定义属性，它的值只能是字符串。property 属性是 JavaScript 获取的 DOM 对象上的属性值，一个 JavaScript 对象有很多 property，而 attribute 的 id、class、name 等一般都会作为 property 附加到 JavaScript 对象上，可以和 property 一样取值、赋值。

DOM 对象属性如表 4-35 所示。

表 4-35　　　　　　　　　　　　　　　　DOM 对象属性

属性	描述	示例
element.innerHTML	改变元素的 innerHTML	document.getElementById("id").innerHTML="内容";
element.attribute	改变 HTML 元素的属性值	document.getElementById("id").src="图像名";
element.style.property	改变 HTML 元素的样式	document.getElementById("id").style.property=新样式;

attribute 属性可以用 element.getAttribute(attribute)方法来获取 HTML 元素的属性值，用 element.setAttribute(attribute, value)方法改变 HTML 元素的属性值。

2. 创建和删除元素

创建和删除元素的方法如表 4-36 所示。

表 4-36　　　　　　　　　　　　　　　　创建和删除元素

属性	描述	示例
document.createElement(element)	创建 HTML 元素	var newE=document.createElement("p");
document.createTextNode(内容)	创建文本节点	var node = document.createTextNode("内容");
document.removeChild(element)	删除 HTML 元素	newE.removeChild(node);
document.appendChild(element)	添加 HTML 元素	newE.appendChild(node);
document.replaceChild(element)	替换 HTML 元素	newE.replaceChild(node, node1);
document.insertBefore(element)	插入 HTML 元素	newE.insertBefore(node,node1);
document.write(text)	写入 HTML 输出流	document.write("内容");

4.4.3　JavaScript 事件

JavaScript 事件就是一种浏览器通知，告诉当前窗口在文档中要进行哪种交互。文档中的很多交互需要有前置条件，只有满足这些前置条件时，才会触发某个动作。事件实现了这种交互。

1. 事件的添加

HTML 事件是发生在 HTML 元素上的行为，当在 HTML 页面中使用 JavaScript 时，JavaScript 可以触发这些事件。这些 HTML 事件可以是浏览器行为，也可以是用户行为。事件添加的方式有 3 种，以下以单击事件 click 为例。

（1）绑定 HTML 元素属性：<button onclick="函数名()">。

（2）绑定 DOM 对象属性：document.getElementById("标记 id").onclick=函数名();。

（3）使用 addEventListener 方法：标记 id.addEventListener("事件名称 click",函数名(),可选布尔值用于描述事件是冒泡还是捕获);。

2. JavaScript 事件处理机制

事件流描述的是从页面中接收事件的顺序。IE 浏览器的事件流叫作事件冒泡（event bubbling），即事件开始时由最具体的元素（文档中嵌套层次最深的那个节点）接收，然后逐级向上传播到较为不具体的节点（文档）。事件捕获的思想是不太具体的节点更早接收到事件，而最具体的节点最后接收到事件。

事件是用户或浏览器自身执行的某种动作，如 click、load 等都是事件的名字。响应某个事件的函数就叫作事件处理程序（或事件侦听器）。事件处理程序的名字以 "on" 开头。

3. 常用的事件类型

常用的事件类型如表 4-37 所示。

表 4-37 常用的事件类型

分类	事件	描述
表单	blur	元素失去焦点时触发
	change	域的内容被改变时触发
	focus	元素获得焦点时触发
	sumbit	表单提交时触发
鼠标	click	单击某个元素时触发
	dbclick	双击某个元素时触发
	mousedown	鼠标按钮被按下时触发
	mouseenter	鼠标指针移入事件时触发
	mouseleave	鼠标指针移出事件时触发
	mouseover	鼠标指针移到某元素之上时触发
	mouseup	鼠标指针在某元素上松开时触发
	mousemove	鼠标指针在某元素上移动时触发
	onmouseout	鼠标指针从某元素移开时触发
键盘	keydown	在某元素上按下某个键盘按键时触发
	keypress	在某元素上按下某个键盘按键并松开时触发
	keyup	在某元素上松开某个键盘按键时触发
拖放	dragend	在完成元素或首选文本的拖动时触发
	dragenter	当被鼠标拖动的对象进入其容器范围内时触发
	dragstart	开始拖动元素或选择的文本时触发
触屏	touchcancel	当系统停止跟踪触摸时触发
	touchend	当手指从屏幕上离开时触发
	touchmove	当手指在屏幕上滑动时连续地触发
	touchstart	当手指触摸屏幕时触发

续表

分类	事件	描述
文档加载	load	一幅图像或文档完成加载时触发
	DOMContentLoaded	当 HTML 文档下载并解析完成以后，会在 document 对象上触发
窗口	load	一个页面完成加载时触发
	resize	窗口或框架被重新调整大小时触发
	scroll	拖动滚动条时触发
	unload	退出页面时触发

4. JavaScript 事件应用示例

下面模拟一产品的界面，在网页加载时启动 onload、onmousemove、onresize 事件，进行页面初始化、鼠标移动时获得鼠标指针位置，以及浏览器大小发生变化时体现出尺寸。在表单提交时，判断是否输入产品名称；在产品数量输入时，捕获按下的键，要求必须在 0～9（keycode 为 48～57）。当鼠标指针移入产品图片时，图片显示背面图；移出时，图片显示正面图。

HTML 代码如下：

```html
<body onload="onLoad()" onmousemove="onMouse()">
  <form method="POST" action="" onsubmit="check()">
      产品名称: <input type="text" id="p_name"><br>
      数量: <input type="text" id="p_num" /> <br>
      产品图片: <img id="p_pic" src="pic/p1.jpg" width="200px" onmouseover="mouseOver()"
onmouseout="mouseOut()"><br>
      <input type="submit" value="提交">
      <input type="button" value="确定" id="qd" onclick="check()">
      <div id="xs"></div>
  </form>
</body>
```

JavaScript 代码如下：

```javascript
<script>
  function onLoad(){  //页面加载时运行
    p_name.value="初始值";  //初始化
    p_num.value=1;
    p_num.onkeydown = function (ev) { //产品数量的文本域中加 keydown 事件
      if(ev.keyCode<48||ev.keyCode>57){  //要求必须在 0～9
          alert("请输入数字! ");
          return false;
      }
    }
    window.onresize = function () {  //窗体尺寸发生变化的事件
        xs.innerHTML="窗体大小: 宽="+window.innerWidth+",高="+window.innerHeight;
    }
  }
  function onMouse(){  //鼠标指针在网页中移动时, 显示鼠标指针坐标
    xs.innerHTML="X="+window.event.x+",Y="+window.event.y;
  }
  function mouseOver()  //鼠标指针移入产品图片时, 显示另一张图片
```

```
{
    p_pic.src ="pic/p2.jpg";
}
function mouseOut()   //鼠标指针移出产品图片时，显示原图片
{
    p_pic.src ="pic/p1.jpg";
}
function check(){   //表单提交或单击"确定"按钮时检查是否输入产品名称
    if(p_name.value==""){
        alert("请输入产品名称!");
        return false;
    }
}
</script>
```

运行结果如图 4-26 所示。

网页加载后赋初值

鼠标移动时显示鼠标指针位置

鼠标指针移到图片上时更换图片

浏览器大小变换时提示

未输入产品名称时，单击"提交"或"确定"时提示

在产品数量中输入非数字时提示

图 4-26　JavaScript 事件处理的体现效果

4.5　练习题

1. 用循环语句计算从 1~100 的整数和，并用警告对话框显示结果。

2. 定义一个接收两个数字参数的函数，如果第一个参数的值大于第二个参数，则显示一个警告；如果第一个参数的值小于或等于第二个参数，则返回两参数的和。

3. 将 10、15、8、6、20、33、11 等数从小到大进行排序，并显示结果。

4. 创建一个表示商品的对象，包含名称、价格、库存等属性，并用此对象创建一个至少包含 5 个元素的数组，用随机数随机体现其中一个商品的信息。

第 5 章

Web 应用程序设计——
PHP+MySQL

PHP 原为 "Personal Home Page" 的缩写，现已正式更名为 "PHP：Hyper text Preprocesso"。PHP 语言作为当今热门的网站程序开发语言，具有成本低、速度快、可移植性好、内置丰富的函数库等优点，被越来越多的企业应用于网站开发中。

MySQL 是一种开放源代码的关系型数据库管理系统（RDBMS），使用最常用的数据库管理语言——结构化查询语言（SQL）进行数据库管理。

本章首先介绍 Web 应用程序开发的基础知识，然后介绍 PHP 语言的基础和表单操作，最后介绍 MySQL 数据库的管理及用 PHP 操作 MySQL 数据库的流程。

5.1　Web 应用程序开发基础

5.1.1　网络应用程序基础架构

网络应用程序开发通常采用 C/S 模式和 B/S 模式。C/S 模式是客户端/服务器结构，这类程序一般部署一个服务器端程序，同时还需要客户端安装一个与服务器交互的客户端软件。而 B/S 模式是浏览器/服务器结构，这类应用程序一般将浏览器软件作为客户端，服务器端的服务基于标准的 HTTP，最大的特点是客户端基本上是通用的。Web 应用程序就是 B/S 模式的应用程序，通常采用动态的程序设计语言编写，如 Java、PHP、Python 等。然而 Web 应用程序又有自己独特的地方，它是基于 HTTP 和 HTML 等 Web 技术的，而不是采用传统方法运行的。换句话说，它是典型的浏览器/服务器结构的产物。

1. C/S 体系结构

C/S（Client/Server）体系结构即客户端/服务器结构。在这种结构中，服务器通常采用高性能的 PC 或工作站，并采用大型数据库系统（如 Oracle 或 SQL Server），客户端则需要安装专用的客户端软件。这种结构可以充分利用两端硬件环境的优势，相关的计算任务被分配到客户端和服务器端处理，从而降低系统的通信成本。

2. B/S 体系结构

B/S（Browser/Server）体系结构即浏览器/服务器结构。在这种结构中，客户端不需要开发任何用户界面，统一采用 IE 和 Chrome 等浏览器，通过 Web 浏览器向 Web 服务器发送请求，由 Web 服务器进行处理，并将处理结果逐级传回客户端。

由于 Web 应用程序是一种通过 Web 访问的应用程序，只要能够访问互联网就能方便地使用 Web 应用提供的服务，用户只需要安装浏览器作为客户端，无须再安装其他软件。这种结构利用不断成熟和普及的浏览器技术实现原来需要复杂专用软件才能实现的强大功能，从而节约了开发成本。B/S 体系结构已经成为当今应用程序的首选体系架构。

3. 两种体系结构的比较

C/S 结构和 B/S 结构是当今世界网络程序开发体系结构的两大主流结构。目前，二者都有自己的市场份额和客户群，二者也有各自的优点和缺点。

（1）开发难度与成本。C/S 结构的开发难度和开发成本要高于 B/S 结构。

（2）升级和维护。B/S 应用程序由于使用标准的浏览器作为客户端，只需要升级服务器端程序即可实现升级。C/S 应用程序系统升级较为复杂，需要同时升级客户端和服务器程序，客户端程序的升级尤为复杂。

（3）安全性。B/S 应用程序基于 HTTP，其安全性稍低于 C/S 应用程序。C/S 应用程序一般使用私有协议，安全性较高。

5.1.2　Web 应用程序开发简介

Web 应用程序可以分为静态网站和动态网站两种类别。

静态网站使用 HTML 来编写，部署在 Web 服务器上，用户使用浏览器，浏览器通过 HTTP 请求服务器上的 Web 页面，服务器上的 Web 服务器（软件）将接收到的用户请求处理后，再发送给客户端浏览器，并由浏览器将信息渲染到屏幕上。

动态网站可以根据用户的请求动态生成页面的 HTML。通常使用 HTML 和动态脚本语言（如 JSP、ASP、PHP 等）编写，由 Web 服务器对动态脚本代码进行处理，转化为浏览器可以解析的 HTML 代码，再返回给客户端浏览器并显示。

进行 Web 应用程序开发通常需要应用客户端和服务器端两种编程技术。其中，客户端程序主要用于展现信息内容，服务器端程序主要用于处理业务逻辑以及数据库的交互等。

1. 客户端开发技术

Web 应用程序开发离不开客户端技术的支持。目前，比较常用的客户端技术包括 HTML、CSS 和客户端脚本技术等。

（1）HTML。HTML 是客户端技术的基础，主要用于显示网页信息。它不需要编译，由浏览器直接解释执行。用户可以在 HTML 文件中加入标记，使其可以显示各种各样的字体、图形及动画效果。HTML 还增加了结构和标记，如文字、列表、表格、表单、框架、图像和多媒体等，并且提供了 Internet 中其他文档的超链接。

（2）CSS。CSS 可以对页面的布局、背景、颜色、字体和其他效果进行设置。只要对相应的 CSS 代码进行修改，就可以改变引用对应 CSS 元素的渲染风格。CSS 大大提高了开发者对信息展现格式的控制能力。在网页中使用 CSS 不仅可以美化页面，还可以优化网页运行速度。CSS 文件只是简单的文本格式，不需要安装第三方插件；CSS 提供了很多滤镜效果，从而避免使用大量的图片，缩小了文件的体积，提高了下载速度。

（3）客户端脚本技术。客户端脚本主要是指嵌入 Web 页面中的使用 JavaScript 语言编写的程序代码，是一种解释性的语言，浏览器负责对其进行解释执行。通过 JavaScript 可以实现以编程的方式对页面元素进行控制，从而增加页面的灵活性。

2. 服务器端开发技术

在开发动态网站时，离不开服务器端技术。按技术发展的先后来排列，服务器端的技术主要有 CGI、PHP、ASP.NET、JSP。

（1）CGI。CGI（Common Gateway Interface，通用网关接口）是最早的一种动态网页开发技术，它可以使浏览器与服务器互动通信。可以使用不同的语言编写 CGI 程序，程序被部署在 Web 服务器上。当客户端给服务器发出请求时，服务器接受用户请求并建立新的进程，用于执行指定的 CGI 程序，将程序执行结果以网页的形式传回客户端浏览器进行显示。CGI 架构的程序编写比较困难，同时效率不高，因为每次页面被请求时，服务器都需要重新将 CGI 程序编译为可执行的代码。CGI 程序中常见的编程语言为 C/C++、Java 和 Perl。

（2）PHP。PHP 语法与 C 语言类似，并且混合了 Perl、C++和 Java 的一些特性。它是一种开放源代码的 Web 服务器脚本编程语言，与 ASP 一样，可以在 HTML 页面中加入动态脚本代码来生成动态的网页内容，一些复杂的操作还可以封装成函数和类。PHP 支持目前所有的主流操作系统，被广泛应用于 UNIX/Linux 平台。由于 PHP 的源代码对外开放，又经过众多软件工程师的检测，因此到目前为止，该技术具有公认的高安全性能。

（3）ASP.NET。ASP.NET 是一种动态 Web 应用程序构建技术，是微软.NET 框架的一部分，开发人员可使用任何.NET 兼容的语言来编写 ASP.NET 应用程序，如 Visual Basic.NET、C#以及 J#等，ASP.NET 页面（Web Forms）可以提供比脚本语言更出色的性能。

（4）JSP。JSP（Java Server Page）是以 Java 为基础的一种动态 Web 应用程序。JSP 页面中的 HTML 代码用来显示静态内容，页面中嵌入的 Java 代码与 JSP 标记通过 Serverlet 引擎生成动态的页面内容。JSP 允许程序员封装自己的标记库，以达到复用代码的目的。JSP 可以被预编译，这提高了程序的运行速度。JSP 开发的应用程序经过一次编译后可以应用到多个平台。

5.1.3　HTTP 基础

HTTP 是建立在 TCP/IP 上的一个应用层协议，定义了浏览器与 Web 服务器的数据交换规范。客户端连接 Web 服务器后，在请求中需遵守一定的数据交换格式，才能获得 Web 服务器中的某个资源。

1．HTTP 的基本特点

（1）基于请求和响应。

客户端向 HTTP 服务器发起一次请求，服务器对请求做出一次响应。

（2）无连接。

无连接是指在应用层无连接，限制每次连接只处理一次请求，由客户端发起请求，服务器对客户端的请求做出响应后即终止连接。采用这种设计的原因是 HTTP 是基于互联网的服务协议，服务器同时服务于数十万甚至百万的客户端，双方连接的保持将消耗大量的服务器端内存，会导致服务器性能下降。同时，由于请求具有瞬时性、突发性，网页浏览具有联想性等，客户端发起的两次请求之间的联系微弱，如果采用长时间的连接保持方式，大部分的网络资源就有可能空闲下来，造成浪费。所以将 HTTP 设计成发起请求时建立连接，响应时释放连接，以尽快将资源释放出来去服务其他客户端。

（3）无状态。

无状态是指 HTTP 没有记忆能力，当一次请求处理完毕后，不会将本次请求相关的数据进行保存。缺点是下次请求的数据与上次相关联时，还需要重新处理并传输数据。

（4）简单快速。

协议简单，发起一次请求，做出一次响应，以短连接的方式进行通信，这使得 HTTP 服务器的程序规模小，不需要去处理太复杂的逻辑，因而通信速度很快。

（5）灵活。

HTTP 允许传输任意类型的数据，类型由报文头部的 Content-Type 指出。

HTTP 简化了 HTTP 服务器的设计，使其可以接受大量高并发的请求。

HTTP 永远是客户端发送请求，服务器端响应 HTTP 请求。

2．HTTP 请求报文及响应报文

请求报文分为请求行、请求报头信息、空行和请求正文 4 个部分。

（1）HTTP 请求行。

HTTP 请求行由请求方法、URL 和协议版本 3 个字段组成，用空格分隔。

HTTP 请求方法。HTTP 的请求方法有 GET、POST、HEAD、PUT、DELETE、OPTIONS、TRACE、CONNECT。这里介绍最常用的 GET 方法和 POST 方法。

GET。当客户端要从服务器中读取文档时，使用 GET 方法。GET 方法要求服务器将 URL 定位的资源放在响应报文的数据部分，回传给客户端。使用 GET 方法时，请求参数和对应的值附加在 URL 后面，利用一个问号"?"代表 URL 的结尾与请求参数的开始，传递参数长度受限制。例如"/index.jsp?id=100&op=bind"。

POST。当客户端给服务器提供信息较多时，可以使用 POST 方法。POST 方法将数据发送给指定的目标服务器，并且没有数据长度限制。

URL。URL（Uniform Resource Locator）地址用于描述一个网络上的资源，基本格式如下。

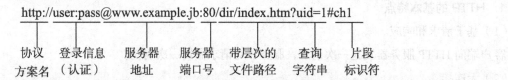

http://user:pass@www.example.jb:80/dir/index.htm?uid=1#ch1

| 协议
方案名 | 登录信息
（认证） | 服务器
地址 | 服务器
端口号 | 带层次的
文件路径 | 查询
字符串 | 片段
标识符 |

"/ ? :,"等字符已被 URL 赋予特殊意义，不能随意出现。如果某个参数中需要带有这些特殊字符，必须先对特殊字符进行转义。转义规则：将特殊字符转为十六进制，然后从右到左取 4 位（不足 4 位直接处理），每两位作为一位，前面加上%，编码成%XY 格式。

从上面的 URL 可以看出，一个完整的 URL 包括以下几个部分。

①协议部分。该 URL 的协议部分为"http:"，表示网页使用 HTTP。在 Internet 中可以使用多种协议，如 HTTP、HTTPS、FTP 等。"http:"后面的"//"为分隔符。

②登录信息（身份验证）。这块信息出现得比较少，是一个可选部分，一般的协议（HTTP、HTTPS）都会使用默认的匿名形式进行数据获取，该部分使用"@"作为结束符号。

③域名部分（服务器地址）。可以使用 IP 地址或域名，它是一个很关键的部分，关系到需要从哪个服务器上获取资源。

④端口。服务器设定的端口。URL 地址里一般无端口，因为服务器使用协议的默认端口，用户使用 URL 访问服务器时可以省略。

⑤路径。访问的资源在服务器上的相对路径，是服务器上的一个目录或者文件地址。

⑥参数部分。"?"和"#"之间的部分为参数部分，又称"搜索部分""查询部分"。本例中的参数部分为"uid=1"。可以有多个参数，参数之间用"&"作为分隔符。

⑦片段部分。该部分与上面的"?"后面的信息不同，该部分内容不会被传递到服务器端，一般用于页面的锚。如常见的网站右下方有一个回到顶部的按钮，通常使用它来实现。

⑧协议版本。HTTP 0.9 版本是 1991 年发布的原型版本，只支持纯文本内容，已过时。1996 年发布的 HTTP 1.0 版本增加了 HTTP 请求头，支持 Cache、MIME、method 等。1997 年发布的 HTTP 1.1 版本默认建立持久连接，能很好地配合代理服务器工作，是目前主流的协议版本。2015 年发布的 HTTP 2.0 版本在头部信息和数据体都用二进制，并引入头信息压缩机制，目前应用很少，是下一代的 HTTP。

（2）请求报头信息。

请求报头信息为请求报文添加了一些附加信息，由键值对组成，每行一对，键和值之间使用冒号分隔。常见请求报头信息如表 5-1 所示。

表 5-1　　　　　　　　　　　　　　　　　HTTP 的请求报头信息

请求头	说明
Host	接受请求的服务器地址，可以是 IP:端口号，也可以是域名
User-Agent	发送请求的应用程序名称
Connection	指定与连接相关的属性，如 Connection:Keep-Alive
Accept-Charset	通知服务器可以发送的字符集
Accept-Encoding	通知服务器可以发送的编码格式
Accept-Language	通知服务器可以发送的语言

请求报头信息的最后有一个空行，表示请求报头信息结束，接下来为请求正文，这一行必不可少。

（3）空行。

客户端发出的每个 HTTP 请求都有一个空行，用于区分请求报头信息和请求正文。

（4）请求正文。

请求正文在 HTTP 请求中是一个可选部分，例如 GET 方法就没有请求正文；若请求方法是 POST 方法，请求正文就是要提交的数据。当使用 POST 方法提交一个表单的时候，表单中的数据将会使用键值对的形式提交到服务器。例如，若表单中的 email 字段数据为"12345678@qq.com"，password 字段数据为 111111，那么这里的请求数据就是 email=12345678@qq.com&password=111111，其中符号 "&" 用于连接多个键值对。

（5）响应报文。

响应报文是服务器收到客户端请求之后，对客户端做出的回复，也称为"响应"。HTTP 响应报文由 3 部分组成，分别为响应行、响应头、响应体。响应报文示例如图 5-1 所示。

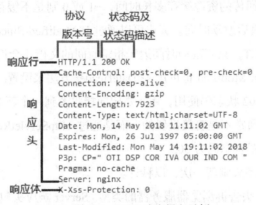

图 5-1 HTTP 响应报文示例

①响应行。响应行一般由协议版本号、状态码及其描述组成，如 "HTTP/1.1 200 OK"。

其中协议版本为 HTTP/1.1 或者 HTTP/1.0，200 为它的状态码，OK 为它的描述。

一般的常见状态码有以下几种。

100~199：表示成功接收请求，要求客户端继续提交下一次请求才能完成整个处理过程。

200~299：表示成功接收请求并已完成整个处理过程。常用 200。

300~399：为完成请求，客户端需进一步细化请求。例如请求的资源已移动至一个新地址，常用 302（表示你请求我，我让你去找别人）、307 和 304（我不给你这个资源，自己查看缓存信息）。

400~499：客户端的请求有错误，常用 404（表示你请求的资源在 Web 服务器中没有）、403（服务器拒绝访问，表示权限不够）。

500~599：服务器端出现错误，常用 500。

②响应头。响应头用于描述服务器的基本信息及数据，服务器通过这些数据的描述信息，可以通知客户端如何处理即将回送的数据。

常见的响应头部信息如下。

Allow：服务器支持哪些请求方法，如 GET、POST 等。

Content-Encoding：文档的编码（Encode）方法。只有在解码之后才可以得到 Content-Type 头指定的内容类型。利用 gzip 压缩文档能够显著地减少 HTML 文档的下载时间。

Content-Length：表示内容长度。用于浏览器使用持久 HTTP 连接。如想利用持久连接的优势，可以把输出文档写入 ByteArrayOutputStream，完成后查看其大小，然后把该值放入 Content-Length 头，最后通过 byteArrayStream.writeTo(response.getOutputStream())发送内容。

Content-Type：表示后面的文档属于什么 MIME 类型。Serverlet 默认为 text/plain，但通常需要显式地指定为 text/html。由于经常要设置 Content-Type，因此 HttpServletResponse 提供了一个专用的方法 setContentType。

Date：当前的 GMT 时间，例如 Date:Mon,31Dec200104:25:57GMT，Date 描述的时间表示世界标准时间，若要换算成本地时间，需要知道用户所在的时区。可以用 setDateHeader 来设置这个头，以避免转换时间格式的麻烦。

Expires：告诉浏览器把回传的资源缓存多长时间，−1 或 0 则是不缓存。

Last-Modified：文档的最后改动时间。客户可以通过 If-Modified-Since 请求头提供一个日期，该请求将被视为一个条件 GET，只有改动时间迟于指定时间的文档才会返回；否则返回一个 304（Not Modified）状态码。Last-Modified 也可用 setDateHeader 方法来设置。

Location：这个头配合 302 状态码使用，用于重定向接收者到一个新 URL 地址，表示客户到哪里去提取文档。Location 通常不是直接设置的，而是通过 HttpServletResponse 的 sendRedirect 方法来设置，该方法同时设置状态码为 302。

Refresh：告诉浏览器隔多久刷新一次，以秒计。

Server：服务器通过这个头告诉浏览器服务器的类型。Server 响应头包含处理请求的原始服务器的软件信息，包含多个产品标识和注释，产品标识一般按照重要性排序。

Set-Cookie：设置和页面关联的 Cookie。Serverlet 使用 HttpServletResponse 提供的专用方法 addCookie。

Transfer-Encoding：告诉浏览器数据的传送格式。

WWW-Authenticate：告诉客户应该在 Authorization 头中提供什么类型的授权信息，在包含 401（Unauthorized）状态行的应答中这个头是必需的。例如 response.setHeader("WWW-Authenticate", "BASIC realm=\"executives\"")。注意，Serverlet 一般不进行这方面的处理，而是让 Web 服务器的专门机制来控制受密码保护页面的访问。

③响应体。响应体就是响应的消息体，如果请求的是纯数据就返回纯数据；如果请求的是 HTML 页面，那么返回的就是 HTML 代码；如果请求的是 JS 就返回 JS 代码。

3. HTTP 流程

一次 HTTP 操作称为一个事务，其工作过程可分为以下 4 步。

（1）首先客户端与服务器需要建立连接。只要单击某个超链接，HTTP 的工作就开始。

（2）建立连接后，客户端发送一个请求给服务器，请求方式的格式为：统一资源标识符（URL）、协议版本号，后边是 MIME 信息，包括请求修饰符、客户端信息和可能的内容。

（3）服务器接到请求后，给予相应的响应信息，格式为一个状态行，包括信息的协议版本号、一个成功或错误的状态码，后边是 MIME 信息，包括服务器信息、实体信息和可能的内容。

（4）客户端接收服务器所返回的信息通过浏览器显示在用户的显示屏上，然后客户端与服务器断开连接。

如果上述过程中的某一步出现错误，那么产生错误的信息将返回到客户端。

5.1.4　PHP 概况

PHP 是一种简单的、面向对象的、解释型的、稳健的、安全的、高性能的、独立于架构的、可移植的、动态的服务器端脚本编程语言，主要适用于 Web 开发领域，支持几乎所有流行的数据库以及操作系统。它将程序嵌入 HTML 文档中去执行，编辑简单、实用，可以执行编译后代码，可达到加密和优化代码运行的目的，使代码运行速度更快。

1．主要特点

（1）开源性和免费性

PHP 运行环境的使用是免费的，同时因为 PHP 解释器的源代码是公开的，所以安全系数较高的网站可以自己更改 PHP 的解释程序。

（2）快捷性

PHP 是一种易于学习和使用的语言，语法类似于 C 语言，但又没有 C 语言复杂的地址操作，又加入了面向对象的概念，加上它简洁的语法规则，使得它操作编辑简单、实用性强。

（3）数据库连接的广泛性

PHP 可以与很多主流的数据库建立起连接，如 MySQL、ODBC、Oracle 等，PHP 是利用不同的函数与这些数据库建立起连接的，PHPLIB 就是常用的为一般事务提供的基库。

（4）面向过程和面向对象并用

在 PHP 语言的使用中，可以分别使用面向过程和面向对象，而且可以将面向过程和面向对象两者混用，这是其他很多编程语言做不到的。

2．PHP 执行原理

PHP 的所有应用程序都是通过 Web 服务器（如 IIS、Nginx 或 Apache）和 PHP 引擎程序解释执行完成的，工作过程如图 5-2 所示。

（1）用户在浏览器地址中输入要访问的 PHP 页面文件名，将触发一个 Web 请求，并将请求传送到 Web 服务器。

（2）Web 服务器接收该请求，并根据其后缀判断是否为一个 PHP 请求。若是一个 PHP 请求，则 Web 服务器从硬盘或内存中调出用户要访问的 PHP 应用程序，并将其发送给 PHP 引擎程序。

（3）PHP 引擎程序将对 Web 服务器传送过来的文件从头到尾进行扫描，然后根据命令从后台读取、处理数据，并动态地生成相应的 HTML 页面。

（4）PHP 引擎程序将生成的 HTML 页面返回给 Web 服务器。Web 服务器再将 HTML 页面返回给客户端浏览器。

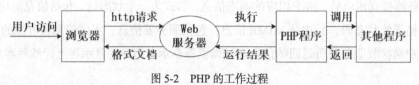

图 5-2　PHP 的工作过程

5.1.5　PHP Web 应用环境配置

PHP 程序需要运行于 PHP 引擎（一个 PHP 语言解释器）中，PHP 引擎不直接作为网络服务的监听者，而是接收前端 Web 服务器分派的程序来执行任务。此外，PHP 程序通常都会使用数据库，所以一个 PHP 程序的运行需要安装 Web 服务器、PHP 解释引擎、数据库程序等组件。一般情况下通过安装一个集成的环境包来解决这个问题，本书采用 phpStudy 集成环境。最后，需要一个编写 PHP 程序的 IDE，本书采用 Visual Studio Code，它是目前非常流行的轻量级程序设计集成开发环境。

1. phpStudy 安装

phpStudy 是一个 PHP 调试环境的程序集成包。该程序包集成了最新的 Apache、PHP、MySQL、phpMyAdmin、ZendOptimizer，一次性安装，无须配置即可使用，是非常方便、好用的 PHP 调试环境。该程序包包括 PHP 调试环境、开发工具、开发手册等。

（1）在浏览器中打开 phpStudy 官网，在页面中下载安装程序，如图 5-3 所示。

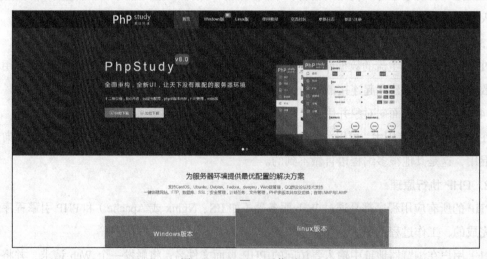

图 5-3　phpStudy 下载页面

（2）解压下载好的压缩包，使用管理员权限运行自动解压包到相应的目录，目录可自行选择。注意解压的目录不能包含中文，如图 5-4 所示。

（3）安装程序启动后，会弹出一个对话框，提示安装到哪个目录；默认的安装目录是"D:\phpStudy"，可以自己修改，如图 5-5 所示。

图 5-4　phpStudy 程序包解压

单击"确定"按钮，程序就会开始安装。安装完成后，会在浏览器中打开 phpStudy 的官网。安装后会在桌面生成两个快捷方式，分别是 phpStudy 启动程序和使用手册。在资源管理器中打开安装目录"D:\phpStudy"，可以看到已经安装的文件。WWW 是默认的网站根目录，phpStudy.exe 是启动程序，manual.chm 是官方使用手册。

（4）安装完成后，会自动启动 phpStudy，弹出一个对话框，提示我们进行初始化，单击"是"按钮，如图 5-6 所示。

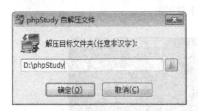

图 5-5　phpStudy 的安装目录

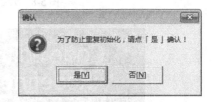

图 5-6　phpStudy 初始化

（5）弹出 phpStudy 的主界面。程序会自动启动 Apache 和 MySQL 服务。当看到 Apache 和 MySQL 文字后面红色的方块变成绿色圆点时，表示服务启动成功，如图 5-7 所示。

Apache 是 Apache 软件基金会的一个开放源码的网页服务器，可以在大多数计算机操作系统中运行，由于其多平台和安全性被广泛使用，是最流行的 Web 服务器端软件之一。它快速、可靠，并且可通过简单的 API 进行扩充，已将 Perl/Python 等解释器编译到服务器中。Apache 有多种产品，支持 SSL

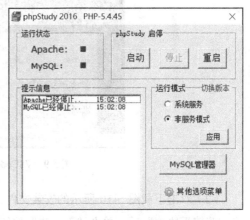

图 5-7　phpStudy 的主界面

技术，支持多个虚拟主机。Apache 是以进程为基础的结构，进程要比线程消耗更多的系统成本，不太适用于多处理器环境。因此，在一个 Apache Web 站点扩容时，通常是增加服务器或扩充群集节点，而不是增加处理器。

2. VSCode 安装

Visual Studio Code（简称 VSCode / VSC）是一款免费且开源的现代化轻量级代码编辑器，支持几乎所有主流开发语言的语法高亮、智能代码补全、自定义热键、括号匹配、代码片段、代码对比等功能，支持插件扩展，并针对网页开发和云端应用开发做了优化。软件跨平台支持 Windows、Mac 以及 Linux 操作系统。

（1）下载 VSCode。在浏览器中打开 Visual Studio 的官网，然后按照图 5-8 中箭头指示的步骤，并根据自己的操作系统进行下载，如图 5-8、图 5-9 所示。

图 5-8　VSCode 的下载网页

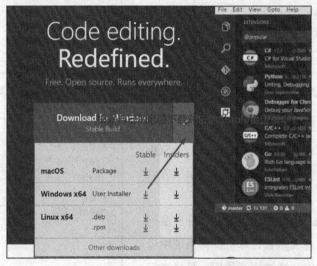

图 5-9　VSCode 的下载网页——选择版本

（2）双击下载图 5-10 所示的安装文件，进入 VSCode 的安装向导界面，如图 5-11 所示，选择"我接受协议"后，单击"下一步"按钮。

图 5-10　VSCode 的下载文件

图 5-11　VSCode 的安装向导——许可协议

（3）如图 5-12 所示，选择安装位置，并依次如图 5-13～图 5-15 所示，进行安装配置。

图 5-12　VSCode 的安装向导——选择目录位置

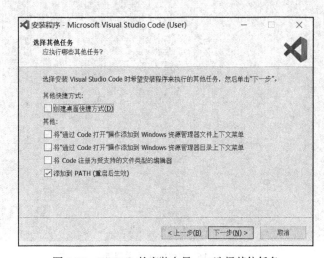

图 5-13　VSCode 的安装向导——选择其他任务

图 5-14　VSCode 的安装向导——安装准备就绪

图 5-15　VSCode 的安装向导——完成安装

（4）安装完成后，启动 VSCode，如图 5-16 所示。

图 5-16　VSCode 的主界面

（5）可以看到，刚刚安装的 VSCode 软件默认使用的是英文语言环境。下面改变 VSCode 的语言设置。可通过快捷键【Ctrl+Shift+P】调出命令搜索框，在弹出的搜索框中输入"configure language"，然后选择搜索出来的"Configure Display Language"，如图 5-17 所示。

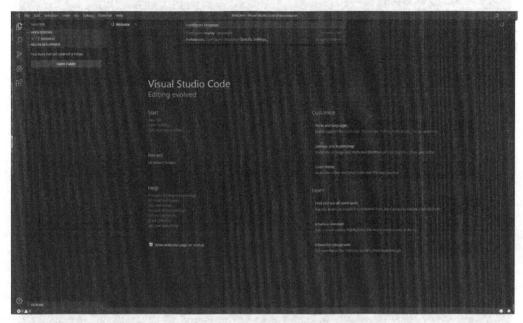

图 5-17　VSCode 的语言设置

（6）选择"install additional language"，如图 5-18 所示。

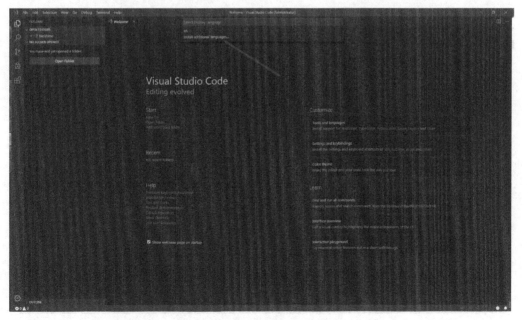

图 5-18　VSCode 的语言加载

（7）选择简体中文语言包，如图 5-19 所示。

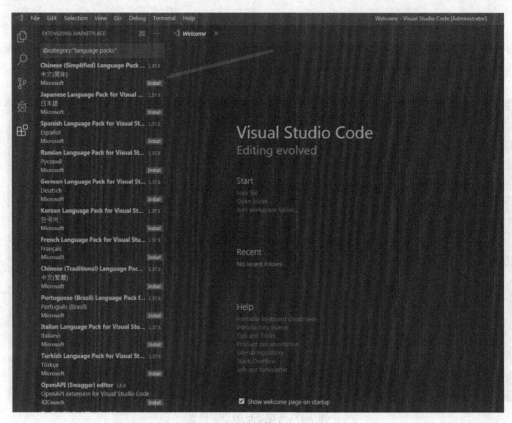

图 5-19　选择简体中文语言包

（8）安装完成后重启 VSCode，界面如图 5-20 所示。

图 5-20　VSCode 加载中文后的界面

（9）重启 VSCode 之后，可以看到切换到了中文环境，如图 5-21 所示。

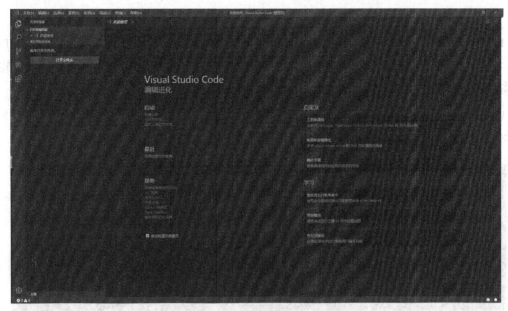

图 5-21　VSCode 中文版的主界面

5.2　PHP 语言基础

5.2.1　PHP 基础语法

创建一个 PHP 页面与创建 HTML 文档类似,因为 PHP 是一种类似于 HTML 的脚本语言,PHP 与浏览器、HTML 之间有着紧密的联系。Web 浏览器是可以解析和渲染 HTML 的客户端应用程序, PHP 是一种无法在客户端运行的服务器端技术。为弥补这一差距,在服务器上运行的 PHP 程序主要是用来生成在浏览器中运行的 HTML。

标准的 HTML 页面和 PHP 脚本之间存在 3 个重要的区别, 也是 PHP 的 3 个重要特性。

（1）PHP 脚本文件应该使用 ".php" 文件扩展名保存（ 如 index.php）。

（2）PHP 代码必须放在 "<?php" 开始标记和 "?>" 结束标记内, 通常嵌在 HTML 的上下文中, 如下所示。

```
...
<body> <h1>这是 HTML。</ h1>
<?php PHP 代码！ ?>
...
```

（3）PHP 脚本要通过服务器上的 PHP 处理器来运行, 从而生成页面。PHP 脚本必须在支持 PHP 的 Web 服务器上运行。这意味着用户必须始终通过 URL 请求并运行 PHP 脚本资源。如果在 Web 浏览器中直接查看 PHP 脚本, 而不通过 HTTP 进行请求, PHP 脚本将得不到解释器的执行, 从而不起任何作用。

下面通过一个实例来讲解 PHP 程序的编写和运行配置。

PHP 程序需要运行在一个 Web 应用环境下，通过 URL 进行访问。因此需要把要编写的 PHP 脚本放置于 Web 资源目录下，同时配置 Web 服务器和 PHP 解析引擎的工作关系。上面安装的 phpStudy 集成环境已经将这些配置工作基本完成了。

（1）启动 VSCode，单击"打开文件夹"超链接，选择打开自己建立的站点文件夹，如图 5-22 所示。

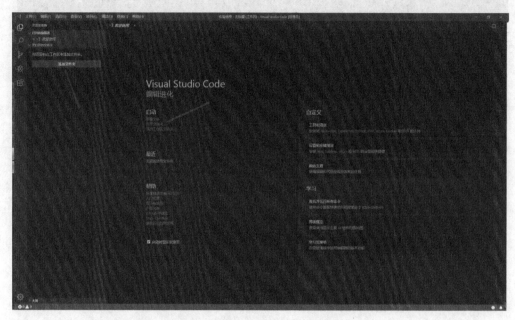

图 5-22　在 VSCode 中打开站点文件夹

（2）单击"新建文件夹"按钮，新建项目文件夹，如图 5-23 所示。

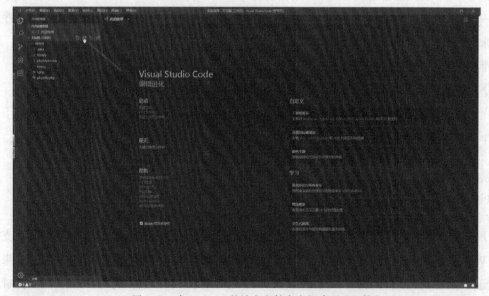

图 5-23　在 VSCode 的站点文件夹中新建项目文件夹

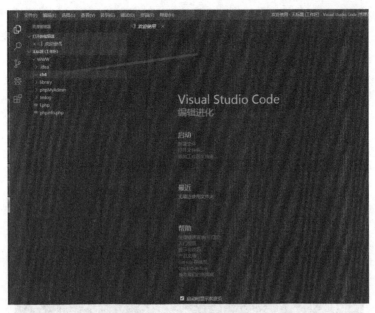

图 5-23　在 VSCode 的站点文件夹中新建项目文件夹（续）

（3）选中项目文件夹，单击"新建文件"按钮，新建 PHP 文件，如图 5-24 所示。

（4）在 PHP 文件中输入以下代码。

```php
<?php
    phpinfo();
?>
```

所有的 PHP 页面都以开始标记"<?php"作为首行，该标记告诉服务器以下代码是 PHP 代码，应该进行 PHP 解析处理。第二行"phpinfo();"代码是对一个名为 phpinfo() 的 PHP 内置函数的调用，函数名称后面使用开括号和闭括号，它们之间没有任何代码，表示该函数没有参数，最后是一个代表代码结束的分号。最后一行是一个 PHP 结束标记，告诉服务器脚本的 PHP 部分已经结束。

图 5-24　在 VSCode 的项目文件夹中新建 PHP 文件

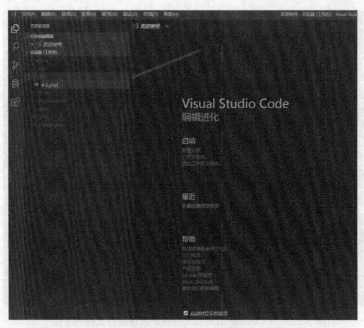

图 5-24　在 VSCode 的项目文件夹中新建 PHP 文件（续）

（5）保存文件，并在浏览器中输入"http://localhost:端口/文件夹/文件名.php"，即可运行程序，可以看到 phpinfo()函数打印出当前 PHP 环境的相关信息，如图 5-25 所示。

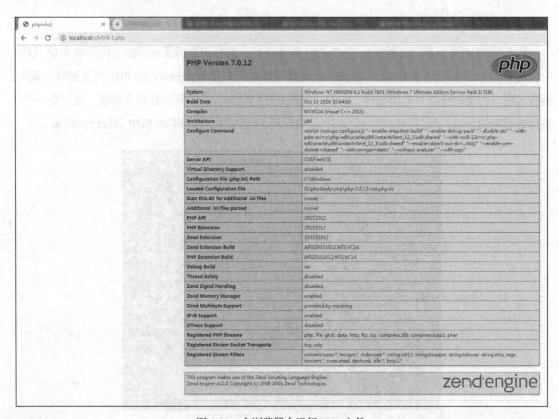

图 5-25　在浏览器中运行 PHP 文件

5.2.2　PHP 生成 HTML

浏览器的核心作用是解析 HTML 标记，HTML 的本质是通过向文本添加标记来工作，所以可以使用 PHP 的动态特性生成 HTML，并将 HTML 标记连同其他数据一起发送到浏览器。通常可使用 "print()" 或 "echo()" 函数来完成上述工作。

```php
<?php
    print "<b>Hello, world!</b>";
    echo "<b>Hello, world!</b>";
?>
```

当使用 "print()" 或 "echo()" 函数来进行 HTML 标记输出的时候，需要注意，当 HTML 标记需要双引号的时候，如<a href= "index.php">这是一个链接</a>，在 PHP 打印时会出现问题，因为 "print()" 或 "echo()" 函数也使用双引号来将需要输出的内容引起来。

```php
<?php
    print "<a href="index.php">这是一个链接</a>";
?>
```

此时我们发现程序出现错误，解决此问题的方法是使用转义字符 "\"。

```php
<?php
    print "<a href=\"index.php\">这是一个链接</a>";
?>
```

将 print 语句中的每个引号转义，可以告诉 PHP 打印转义的引号本身，而不是将引号作为要打印的字符串的开头或结尾。

5.2.3　变量的概念

变量本质上是数据的容器。一旦数据存储在一个变量中，或者说当一个变量被分配了一个值，就可以对数据进行修改、打印到浏览器、保存到数据库等操作。

PHP 中的变量是灵活的，可以将数据放入变量中，从变量中检索数据，将新数据存入其中，并根据需要多次重复此循环。但是 PHP 中的变量在很大程度上是临时的，大多数变量只有脚本在服务器上执行期间才分配内存，一旦脚本执行完成（即程序执行遇到最后一个 PHP 结束标记时），这些变量就销毁了，所以在不同 PHP 页面上同名变量是不同的。

变量有两种类型，一种是内置变量（详见 "5.2.4　内置变量"），另一种是自定义变量，即程序员通过正确的语法自己创建的变量。要创建合适的变量名，必须遵循以下规则。

（1）所有变量名前面必须有一个美元符号 "$"。

（2）在美元符号之后，变量名必须以大小写字母或下画线开头，数字不能紧跟美元符号，变量名的其余部分可以包含字母、下画线和数字的任何组合。

（3）不能在变量的名称中使用空格。

（4）每个变量必须有一个唯一的名称。

（5）变量名称是大小写敏感的。因此，$a 和 $A 是两个不同的变量。

下面的示例说明如何定义变量、给变量赋值并将变量的值打印到网页上。

（1）在图 5-23 所示的文件夹中单击"新建文件"按钮，新建 PHP 文件。

（2）在 PHP 文件中输入以下代码。

```html
<html>
    <head>
        <meta charset="utf-8">
        <title>变量定义</title>
    </head>
    <body>
    <?php
        $name = "李明";
        $age = 20;
        echo $name ;
        echo '</br>' ;
        echo $age ;
    ?>
    </body>
</html>
```

（3）保存文件并在浏览器中运行该程序，打印出相关变量的值，如图 5-26 所示。

图 5-26　在浏览器中运行 PHP 文件

5.2.4　内置变量

PHP 程序是运行在服务器端的，PHP 解释器运行的时候有很多的服务器端环境被预设为内置的变量。这些变量是 PHP 在脚本运行时自动创建的，如此处要讨论的$_SERVER 变量，该变量中存储了许多 PHP 运行的计算机环境相关信息。下面通过一个示例查看预定义变量$ _SERVER。

（1）在图 5-23 所示的文件夹中单击"新建文件"按钮，新建 PHP 文件。

（2）在 PHP 文件中输入以下代码。

```html
<html>
    <head>
        <meta charset="utf-8">
        <title>内置变量</title>
    </head>
    <body>
    <pre>
    <?php
        print_r($_SERVER);
    ?>
    </pre>
    </body>
</html>
```

（3）保存文件并在浏览器中运行该程序，打印出当前 PHP 环境相关信息，如图 5-27 所示。

图 5-27　在浏览器中运行 PHP 文件，查看当前 PHP 环境相关信息

PHP 代码只包含一个 "print_r()" 函数调用，该函数接收一个变量作为参数。在本例中，变量是$_SERVER，$_SERVER 存储关于服务器的各种数据，包括它的名称和操作系统、当前用户的名称、关于 Web 服务器应用程序的信息（Apache、Nginx、IIS），同时它还反映了正在执行的 PHP 脚本的名称、存储在服务器上的位置。

在页面主体中使用<pre>标记，该标记可定义预格式化的文本。被包围在 pre 元素中的文本会保留空格和换行符，文本也会呈现为等宽字体，使生成的 PHP 信息更加清晰。

5.2.5　字符串

字符串是包含在一对单引号 "'" 或双引号 """ 中的任意数量的字符。字符串可以包含任何字符组合：字母、数字、符号和空格。字符串也可以包含变量。创建字符串的方法非常简单，只需将 0 个或多个字符包含在引号内即可，单引号或者双引号就是 PHP 字符串内容的界限符号。下面是有效字符串的示例。

```
"Hello, world!"
'Hello, world! '
"Hello, $fname"
"192.168.0.16"
"2019"
"
```

如果我们的字符串中需要表达单引号或者双引号怎么办呢？这就需要运用转义字符了。将转义字符放置于单引号或者双引号前面，如"\'"或者"\"", 此时这个单引号或者双引号就不是 PHP 中的字符串界限符号了, 而是字符串本身的内容。

下面的示例代码用转义字符输出特殊字符。

（1）在图 5-23 所示的文件夹中单击"新建文件"按钮, 新建 PHP 文件。

（2）在 PHP 文件中输入以下代码。

```
<html>
    <head>
        <meta charset="utf-8">
        <title>字符串</title>
    </head>
    <body>
    <?php
        $hello = "你好, PHP! ";
        $helloSingleQuote = '\'你好, PHP! \'';
        $helloDoubleQuote = "\"你好, PHP! \"";
        echo $hello ;
        echo '</br>' ;
        echo $helloSingleQuote ;
        echo '</br>' ;
        echo $helloDoubleQuote ;
        echo '</br>' ;
    ?>
    </body>
</html>
```

（3）保存文件并在浏览器中运行该程序, 打印出特殊字符, 如图 5-28 所示。

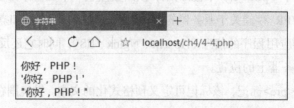

图 5-28　在浏览器中运行 PHP 文件, 体现特殊字符

5.2.6　数组

数组是多个值的集合。数组名必须是一个合法的标识符, 通常由大小写字母、数字和特殊字符构成。数组与普通变量的不同之处在于它们包含多个元素, 每个元素由一个索引或键组成。数

组可以使用数字或字符串作为键，也可两者都使用。对数组的引用与对普通变量的引用类似，只是数组中存有多个元素，需要明确告诉 PHP 引擎要使用数组中的哪个元素，一般使用数组元素的键引用与该键对应的值，语法上使用"[ ]"进行引用。

数组的创建有多种方法，比较正式的方法是使用 array() 函数。

```
$list = array('北京', '伦敦', '巴黎');
```

数组元素可作为参数传递给 array() 函数。上述代码创建了一个 3 个元素的数组，数组创建的时候只给出元素的值，没有给出元素的键，所以系统给数组各个元素分配了默认的以 0 为起始的自然数作为键。数组各个元素的索引分别是 0、1、2，于是 Array[1] 的值将是"伦敦"。当然，在创建数组的时候也可以显示指定数组的键。

```
$list = array(
    1 => '北京',
    2 => '伦敦',
    3 => '巴黎'
);
```

使用 array() 函数创建数组的语法比较烦琐，从 PHP 5.4 版本开始，可以使用方括号语法简化创建数组的语法。例如：

```
$list = [
    1 => '北京',
    2 => '伦敦',
    3 => '巴黎'
];
```

这里需要注意的是，数组元素的键不一定要用数字，PHP 允许使用任何类型的数据作为数组元素的键。

数组创建好之后，我们可以使用赋值运算符"="为数组添加元素，方法类似于为字符串或数字赋值。为数组添加元素时，可以指定添加元素的键，也可以不指定，但是在这两种情况下，都必须使用方括号来引用数组元素。下述代码将为 $list 数组添加两个新的元素。

```
$list = [
    1 => '北京',
    2 => '伦敦',
    3 => '巴黎'
];
$list[] = '罗马';
$list[] = '莫斯科';
```

如果希望向数组特定位置添加元素，可以在引用数组元素的时候显式指定对应的键。下述代码将把数组第三个元素的值改为"莫斯科"，而不是将"莫斯科"作为新元素添加到数组中。

```
$list = [
    1 => '北京',
    2 => '伦敦',
    3 => '巴黎'
```

```
];
$list[] = '罗马';
$list[2] = '莫斯科';
```

下面的示例说明数组的定义、赋值与使用，并输出到网页上。

（1）在图 5-23 所示的文件夹中单击"新建文件"按钮，新建 PHP 文件。

（2）在 PHP 文件中输入以下代码。

```
<html>
    <head>
        <meta charset="utf-8">
        <title>数组</title>
    </head>
    <body>
    <?php
        $list = [
            1 => '北京',
            2 => '伦敦',
            3 => '巴黎'
        ];
        // 添加一个新元素到数组中
        $list[] = '罗马';
        // 为数组键为 2 的元素赋值
        $list[2] = '莫斯科';
        // 计算数组的元素个数
        $num = count($list);
        // 输出数组元素个数
        echo("数组元素一共 $num 个");
        echo("</br>");
        // 输出第三个数组元素
        echo("数组的第三个元素是：$list[2] ");
        echo("</br>");
        // 输出整个数组
        print_r($list);
    ?>
    </body>
</html>
```

（3）保存文件并在浏览器中运行该程序，在网页中输出数组相关内容如图 5-29 所示。

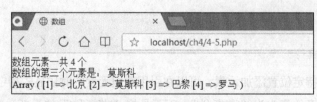

图 5-29　在浏览器中运行 PHP 文件，输出数组内容

5.2.7　流程控制语句

控制结构、条件和循环是编程语言的主要内容。if 语句是基础的条件判断语句，用于选择某

些程序是否执行。具体的语法格式如下：

```
if (条件判断)
{
    需要执行的若干条语句
}
```

条件判断必须放在括号内，要执行的语句放在大括号内，这些语句构成一个需要执行的任务，例如输出字符串或将两个数字相加。if 语句的执行逻辑是：当条件判断的值是真值时，则执行大括号内的语句；如果条件判断是假值，则不做任何操作。需要注意的是，每个单独的语句必须有自己的分号，分号表示行尾；而 if 是语句块，不用加分号结束。

if 语句有 3 种句式，分别是 if、if…else 以及 if…else if…else。

下面的示例说明 if 语句的使用。

（1）在图 5-23 所示的文件夹中单击"新建文件"按钮，新建 PHP 文件。

（2）在 PHP 文件中输入以下代码。

```html
<html>
    <head>
        <meta charset="utf-8">
        <title>if 语句</title>
    </head>
    <body>
<?php
    $canPrint = true;
    if ($canPrint) {
        print '<p>此处内容是否打印取决于 $canPrint 变量的值是否是真值。</p>';
    }
?>
    </body>
</html>
```

（3）保存文件并在浏览器中运行该程序，在网页中输出 if 语句的效果如图 5-30 所示。

图 5-30　在浏览器中运行 PHP 文件，体现 if 语句的效果

if 语句的第二种句式是 if…else：

```
if (条件判断)
{
    需要执行的第一组若干条语句
}
else
{
    需要执行的第二组若干条语句
}
```

这是一种二选一的选择结构，如果条件判断是真值，则执行第一组语句；如果条件判断是假值，则执行第二组语句。其中每一组语句都代表一个待执行的任务，而这两个任务只有一个会被执行，取决于条件判断的值是否为真值。

下面的示例说明 if…else 语句的使用。

（1）在图 5-23 所示的文件夹中单击"新建文件"按钮，新建 PHP 文件。

（2）在 PHP 文件中输入以下代码。

```html
<html>
    <head>
        <meta charset="utf-8">
        <title>if...else 语句</title>
    </head>
    <body>
    <?php
        $canPrint = false;
        if ($canPrint)
        {
            print '<p>此处内容是否打印取决于 $canPrint 变量的值是否是"真"值。</p>';
        }
        else
        {
            print '<p>此处内容是否打印取决于 $canPrint 变量的值是否是"假"值。</p>';
        }
    ?>
    </body>
</html>
```

（3）保存文件并在浏览器中运行该程序，在网页中输出 if…else 语句的效果如图 5-31 所示。

图 5-31　在浏览器中运行 PHP 文件，体现 if...else 语句的效果

if 语句的第三种句式是 if…else if…else 语句：

```
if (条件判断 1)
{
    需要执行的第一组若干条语句
}
else if(条件判断 2)
{
    需要执行的第二组若干条语句
}
else
{
    需要执行的第三组若干条语句
}
```

这是一种多选一的选择结构，如果"条件判断 1"是真值，则执行第一组语句。如果"条件判断 1"是假值，则进行"条件判断 2"的真假判别。如果"条件判断 2"是真值，则执行第二组语句；如果"条件判断 2"是假值，则最终执行第三组语句。其中每一组语句都代表一个待执行的任务，而这 3 个任务只有一个会被执行，取决于条件判断的值是否为真值。

该语句结构有两个需要注意的地方，第一个是该句式可以有多个 else…if 结构，第二个是 else 结构可以有也可以没有。

下面的示例说明 if…else if…else 语句的使用。

（1）在图 5-23 所示的文件夹中单击"新建文件"按钮，新建 PHP 文件。

（2）在 PHP 文件中输入以下代码。

```html
<html>
    <head>
        <meta charset="utf-8">
        <title>if..else if..else 语句</title>
    </head>
    <body>
    <?php
        $var = 0;
        if ($var>0) {
            print '<p>$var 的值大于零</p>';
        }
        else if  ($var<0)
        {
            print '<p>$var 的值小于零</p>';
        }
        else
        {
            print '<p>$var 的值等于零</p>';
        }
    ?>
    </body>
</html>
```

（3）保存文件并在浏览器中运行该程序，在网页中输出 if…else if…else 语句的效果如图 5-32 所示。

图 5-32　在浏览器中运行 PHP 文件，输出 if…else if…else 语句的效果

以上是 if 语句的 3 种句式。进行多分支选择结构的程序设计还可以使用 switch…case 语句，与 if 结构类似，switch…case 的语法结构如下：

```
switch(表达式 1) {
case 值 1：
    需要执行的第一组语句；
    break;
case 值 2：
    需要执行的第二组语句；
```

```
        break;
    case 值 3:
        需要执行的第三组语句；
        break;
    default:
        默认执行的一组语句；
        break;
}
```

switch…case 语句的执行流程是先执行表达式 1，得到一个值，并将表达式 1 的值往下逐个与每个 case 语句中的值进行比较，并执行第一个值匹配的 case 语句中的语句组，如果语句组后面有 break 语句，则结束整个 switch…case 语句的执行；如果第一个匹配的 case 语句中没有 break 语句，则执行完第一个值匹配的 case 语句中的语句组后，无条件地执行下一个 case 语句中的语句组，直到遇到 break 语句为止。如果所有 case 语句中的值与表达式 1 的值均不匹配，则执行 default 语句中的语句组。

下面的示例说明 switch…case 语句的使用。

（1）在图 5-23 所示的文件夹中单击"新建文件"按钮，新建 PHP 文件。

（2）在 PHP 文件中输入以下代码。

```html
<html>
    <head>
        <meta charset="utf-8">
        <title>switch…case语句</title>
    </head>
    <body>
    <?php
        $score = 85;
        $score = intval($score/10) ;
        switch($score) {
            case 9:
                echo '<p>优秀</p>';
                break;
            case 8:
                echo '<p>良好</p>';
                break;
            case 7:
                echo '<p>中等</p>';
                break;
            case 6:
                echo '<p>及格</p>';
                break;
            default:
                echo '<p>不及格</p>';
                break;
            }
    ?>
    </body>
</html>
```

（3）保存文件并在浏览器中运行该程序，在网页中输出 switch…case 的效果如图 5-33 所示。

图 5-33　在浏览器中运行 PHP 文件，体现 switch…case 语句的效果

上述示例根据一个分数值计算成绩的等级，由于 switch…case 语句只能对值进行相等比较，所以用 intval()函数将小数转换为整数。

循环语句用于重复执行一段代码。例如希望将某个值打印若干次，或希望对数组中的每个值都执行某些操作，对于这些情况，都应该使用循环语句。

循环语句中比较常用的是 for 语句，其语法结构如下：

```
for (表达式 1; 表达式 2; 表达式 3)
{
        需要执行的语句组；
}
```

for 语句的执行流程是：首先执行表达式 1；然后判断表达式 2，如果表达式 2 的值为真，则执行循环体内容的语句组；最后执行表达式 3，完成第一轮循环。从第二轮循环开始，不再执行表达式 1，而是直接判断表达式 2 是否为真值，继而执行语句组和表达式 3，如此往复。在多轮循环执行过程中，无论何时遇到表达式 2 的值为假值，都退出整个循环语句的执行。

下面的示例用 for 语句计算 1～100 的整数和，并输出到网页。

（1）在图 5-23 所示的文件夹中单击"新建文件"按钮，新建 PHP 文件。

（2）在 PHP 文件中输入以下代码。

```
<html>
    <head>
        <meta charset="utf-8">
        <title>for 语句</title>
    </head>
    <body>
    <?php
        $sum = 0;
        for($i=1; $i<=100;$i++ )
        {
                $sum = $sum + $i ;
        }
        echo "1+2+3+…+99+100 的和值是：".$sum ;
    ?>
    </body>
</html>
```

（3）保存文件并在浏览器中运行该程序，在网页中输出 1～100 的整数和，如图 5-34 所示。

图 5-34　在浏览器中运行 PHP 文件，输出 1～100 的整数和

5.3 Web 应用数据采集与表单操作

5.3.1 表单的概念

表单是一种 HTML 元素，其最重要的表现是在客户端接收用户的信息，然后将数据提交到服务器端程序来处理这些数据。表单通过<form>标记来创建，其中放置各种表单的对象，如表单域、按钮和其他标记。表单中放置的输入对象，在表单提交的时候其键值对都会通过 HTTP 发送到服务器端进行处理。

表单标记指示表单开始和结束的位置。表单的每个元素都必须在这两个标记之间输入。开始表单标记还应该包含一个 action 属性，该属性指示表单数据应该提交到哪个服务器端 PHP 页面，在创建表单时，这个值往往是最重要的考虑因素之一。表单还应该有一个类型为"submit"的按钮，单击该按钮将触发表单的提交操作。

下面的示例是设计一个可以提交用户名和密码的 HTML 表单。

（1）在图 5-23 所示的文件夹中单击"新建文件"按钮，新建 PHP 文件。

（2）在 PHP 文件中输入以下代码。

```html
<html>
    <head>
        <meta charset="utf-8">
        <title>表单</title>
    </head>
    <body>
        <form action="PHP 文件名.php">
            <p>用户名: <input name="name" size="20" required></p>
            <p>密码: <input type="password" name="pwd" size="20" required></p>
            <input type="submit" name="submit" value="登录">
        </form>
    </body>
</html>
```

（3）保存文件并在浏览器中运行该程序，在网页中输出用户登录的效果如图 5-35 所示。

从代码可以看出，页面上有一个表单，表单里有两个输入控件，分别用于采集用户名和密码，还有一个类型为"submit"的按钮，用于提交表单。表单的 action 属性值为指定的 PHP 文件，表示一旦单击"登录"按钮，浏览器就发起一个前往本站点本文件同一

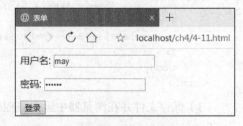

图 5-35　在浏览器中运行 PHP 文件，
输出用户登录的效果

目录中"PHP 文件名"的请求，把用户名和密码通过该请求发送到服务器端的"PHP 文件名.php"页面进行处理，发送的形式为键值对的形式。在上述示例中，用户名输入控件的"name"属性值

为 name，所以提交的信息格式为 name=may；密码输入控件的"name"属性值为 pwd，所以提交的信息格式为 pwd=123456。

5.3.2　$_GET 和$_POST 方法

GET 和 POST 是<form>标记中 method 属性的值，method 属性可设置或返回用于表单提交的 HTTP 方法，默认情况下 HTTP 使用 GET 方法发出请求。

GET 将表单中的数据按照"variable=value"的形式添加到 action 所指向的 URL 后面，并且两者使用"?"连接，而各个变量之间使用"&"连接；POST 是将表单中的数据放在<form>的数据体中，按照变量和值相对应的方式，传递到 action 所指向的 URL。

用 POST 方法提交的数据放置在 HTTP 包的包体中。用 GET 方法提交的数据会在地址栏中显示出来；而用 POST 方法提交，浏览器地址栏的内容不会改变。

两种方法的主要区别如下。

（1）由于 URL 的长度有限制，所以 GET 能传送的数据量很小；而 POST 没有这个限制，传送的数据量较大。

（2）由于 GET 在 URL 中可以看到提交到表单中的数据，因此其安全性很差；而 POST 的传送是不可见的，安全性相对高。

（3）GET 限制 form 表单收集的数据的值必须为 ASCII，而 POST 支持整个 ISO10646 字符集。

（4）用 GET 方法提交，请求的数据会附在 URL 之后（就是把数据放置在 HTTP 报头中），以"?"分隔 URL 和传输数据，多个参数用&连接。如果数据是英文字母或数字，原样发送；如果是空格，转换为+；如果是中文或其他字符，则直接把字符串用 BASE64 加密。如%E4%BD%A0%E5%A5%BD，其中%XX 中的 XX 为该符号以十六进制表示的 ASCII。

上述示例中的<form>标记并未指定所使用的请求方法，这种情况默认使用 GET 方法。当单击"登录"按钮之后，表单数据将随着 URL 地址一起发送到服务器端。

```
<html>
    <head>
        <meta charset="utf-8">
        <title>表单</title>
    </head>
    <body>
        <form action="PHP 文件名.php" method="GET">
            <p>用户名: <input name="name" size="20" required></p>
            <p>密码: <input type="password" name="pwd" size="20" required></p>
            <input type="submit" name="submit" value="登录">
        </form>
    </body>
</html>
```

表单数据在 URL 后面以明文的方式显示，同时中文字符进行了 URL 编码，如图 5-36 所示。

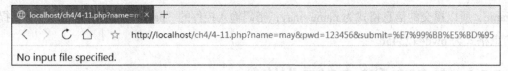

图 5-36　用 GET 方法提交表单时浏览器地址栏的效果

提交表单的另一种方式是使用 POST 方法，代码如下。

```html
<html>
    <head>
        <meta charset="utf-8">
        <title>表单</title>
    </head>
    <body>
        <form action="PHP 文件名.php" method="POST">
            <p>用户名: <input name="name" size="20" required></p>
            <p>密码: <input type="password" name="pwd" size="20" required></p>
            <input type="submit" name="submit" value="登录">
        </form>
    </body>
</html>
```

使用这种方法提交表单时，表单数据放置于 HTTP 包体中，而不放置在 URL 中。我们通过 Chrome 浏览器的 "开发者工具" 可以看到 HTTP 请求的相关解析，如图 5-37 所示。

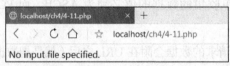

图 5-37　用 POST 方法提交表单时浏览器的开发工具中传递数据的效果

5.3.3　表单数据处理

上一小节所述的示例中，无论使用 GET 还是 POST 方法发出 HTTP 请求，服务器都是返回"No input file specified."，原因是上述案例的表单中明确要求"PHP 文件名.php"进行数据处理，但是此时服务器上并不存在这个 PHP 文件，所以发生了错误。需要创建这个 PHP 文件以接收 GET 或 POST 提交的数据，并对这些数据进行处理。

当请求中带有表单数据的时候，我们可以在 PHP 中使用$_GET 或$_POST 数组获取响应的表单数据。使用 GET 提交的表单数据可以使用$_GET 数组获取，使用 POST 提交的表单数据可以使用$_POST 数组获取。表单中上传的数据都是以键值对的方式提交的，所以 PHP 引擎把这些键值对都存入数组中供 PHP 程序使用。

下面的示例是设计一个可以提交用户名和密码的 HTML 表单。

（1）在图 5-23 所示的文件夹中单击"新建文件"按钮，新建两个 PHP 文件。

（2）在 PHP 文件中分别输入以下代码。

```php
<?php
    $name=$_POST["name"];
    $pwd=$_POST["pwd"];
    echo "用户名: ".$name."<br>";
    echo "密码: ".$pwd;
?>
```
POST 方法

```php
<?php
    $name=$_GET["name"];
    $pwd=$_GET["pwd"];
    echo "用户名: ".$name."<br>";
    echo "密码: ".$pwd;
?>
```
GET 方法

（3）保存文件并在浏览器中运行程序，输入用户名和密码，单击"登录"按钮，将分别体现输入的信息，但不同的是，用 GET 方式打开的网页会在浏览器地址栏中带有输入的信息，如图 5-38 所示。

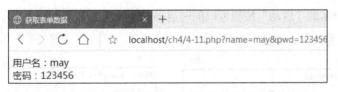

图 5-38　用 GET 方法提交表单后获取数据的效果

5.4　PHP 数据库操作

5.4.1　PHP 数据库操作概述

数据库是存储信息的表的集合（由行和列组成）。大多数数据库是使用 SQL（即结构化查询语言）进行创建、更新和读取操作的。SQL 的核心命令并不多，非常类似于英语，这使得它对用户较为友好。表 5-2 列出了几个最重要的命令。

表 5-2   SQL 数据库操作的重要命令

命令	作用
CREATE	创建数据表
ALTER	修改数据表
DELETE	删除数据表
DROP	删除数据库或者数据表
SELECT	查询数据表
INSERT	向数据表中插入数据
UPDATE	更新数据表

PHP 操作数据库的流程也较为简单：PHP 将操作数据库的 SQL 语句发送给数据库应用程序，数据库应用程序执行这些操作语句，然后将执行的结果（创建表、插入记录、检索某些记录，甚至错误）返回给 PHP 程序。

5.4.2   MySQL 数据库管理

MySQL 是开放源代码的，任何人都可以在 General Public License 的许可下进行下载，并根据个性化的需要对其进行修改。MySQL 使用的 SQL 语言是用于访问数据库的最常用标准化语言。由于其体积小、速度快、成本低，尤其是具有开放源代码这一特点，一般中小型网站的开发都选择 MySQL 作为网站数据库。在不需要事务化处理时，MySQL 是很好的选择。

数据库服务器的管理过程如下。

（1）phpStudy 集成环境可以很好地对 MySQL 服务器进行管理。我们可以通过 phpStudy 的控制面板启动或者停止 MySQL 服务器，如图 5-39 所示。

单击图 5-39 所示的"启动"按钮可以同时启动 Nginx Web 服务器以及 MySQL 服务器，启动后方形指示按钮变为圆形，如图 5-40 所示。

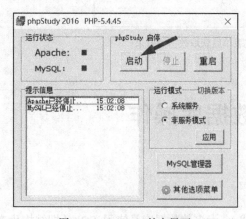

图 5-39   phpStudy 的主界面

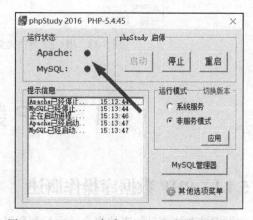

图 5-40   phpStudy 启动 MySQL 服务器后的界面

此时可以通过"停止"或"重启"按钮对数据库服务器进行操控。

（2）数据库服务器启动之后，可以通过 MySQL 管理器对数据库以及数据表进行管理，单击 PHPStudy 控制面板上的 "MySQL 管理器" 按钮可以打开 PHPStudy 内置的数据库管理工具 "MySQL-Front"，如图 5-41 所示。

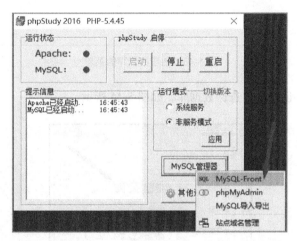

图 5-41　phpStudy 的 MySQL 管理器

（3）数据库管理工具 MySQL-Front 打开之后会停留在一个数据库登录选择界面，提示要登录到某个正在运行的数据库服务器上。目前的 MySQL 数据库服务器运行在本机上，只需要选择名称为 "localhost" 的数据库服务器即可，如图 5-42 所示，单击 "打开" 按钮登录。

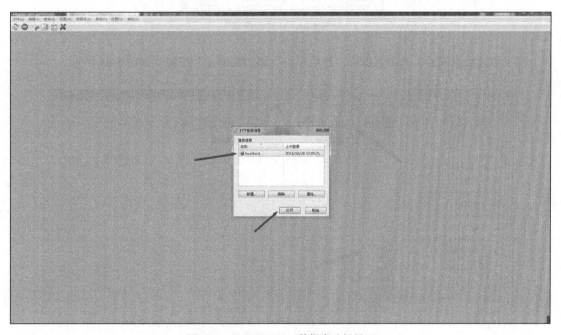

图 5-42　MySQL-Front 数据库选择界面

（4）登录后，通过以下操作创建数据库，如图 5-43 所示。

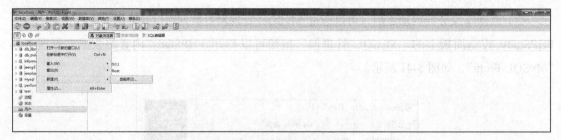

图 5-43　创建数据库的菜单

输入数据库名称，创建学生选课数据库，如图 5-44 所示。

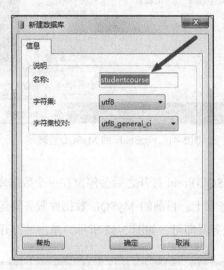

图 5-44　新建数据库

（5）创建数据库后，选中数据库，然后单击"添加数据表"按钮，如图 5-45 所示。

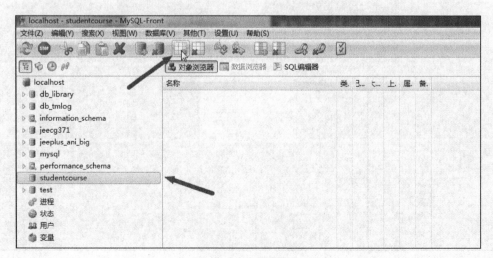

图 5-45　新建数据表

输入数据表的名称，单击"确定"按钮创建数据表，如图 5-46 所示。

（6）右击选择数据表"tbstudent"，选择新建字段，并在图 5-47 所示的"添加字段"对话框中填写字段名称、类型等信息，单击"确定"按钮创建字段。

图 5-46　添加数据表名等信息

图 5-47　添加数据表的字段

按上述步骤（6），将所需要的字段逐个添加到数据表中即可。

创建数据表的另一种方法是直接执行 SQL 语句，具体步骤如下所示。

（1）打开 SQL 编辑器，如图 5-48 所示。

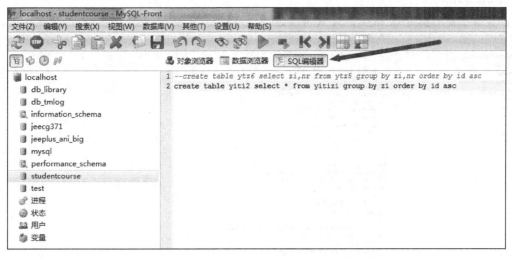

图 5-48　SQL 编辑器

（2）输入以下 SQL 代码。

```
--创建学生表
create table tbstudent
```

```
(
stuid integer not null,
stuname varchar (20) not null,
stusex bit default 1,
stubirth datetime not null,
stutel char (11),
stuaddr varchar(255),
stuphoto longblob,
primary key (stuid)
);
--创建课程表
create table tbcourse
(
cosid integer not null,
cosname varchar(50) not null,
coscredit tinyint not null,
cosintro varchar(255)
);
--创建学生选课信息表
create table tbsc
(
scid integer primary key auto_increment,
sid integer not null,
cid integer,
scdate datetime not null,
score float
);
```

（3）执行以上 SQL 代码，如图 5-49 所示。

图 5-49　在 SQL 编辑器中执行 SQL 代码

（4）执行成功后，可以在对象浏览器里查看到 3 个已经创建的数据表，如图 5-50 所示。

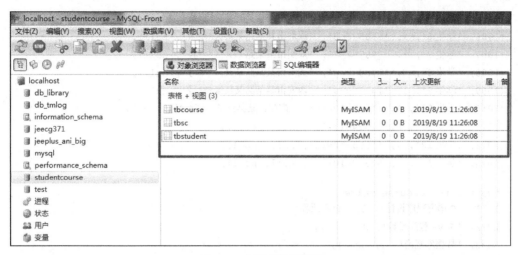

图 5-50　创建好的数据表

5.4.3　表记录更新

添加或者更新数据表记录的方法有两种。第一种是通过数据浏览器的可视化界面，直接添加和修改数据，如图 5-51 所示。

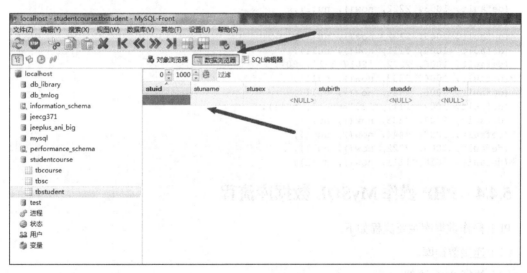

图 5-51　表记录的更新

第二种方式是执行 SQL 语句添加数据。如打开 SQL 编辑器，输入并执行以下代码。

```
insert into tbstudent values (1001, '学生 1', default, '1978-1-1', '成都市某某路某某区
***号', null);
    insert into tbstudent (stuid, stuname, stubirth) values (1002, '学生 2', '1980-2-2');
    insert into tbstudent (stuid, stuname, stusex, stubirth, stuaddr) values (1003, '学
生 3', 0, '1982-3-3', '某某路某某区***号');
    insert into tbstudent values (1004, '学生 4', 1, '1990-4-4', null, null);
    insert into tbstudent values
```

```
(1005, '学生5', 1, '1983-5-5', '北京市某某路某某区***号', null),
(1006, '学生6', 1, '1985-6-6', '深圳市某某路某某区***号', null),
(1007, '学生7', 1, '1987-7-7', '郑州市某某路某某区***号', null),
(1008, '学生8', 0, '1989-8-8', '武汉市某某路某某区***号', null),
(1009, '学生9', 1, '1992-9-9', '西安市某某路某某区***号', null),
(1010, '学生10', 1, '1993-10-10', '广州市某某路某某区***号', null),
(1011, '学生11', 0, '1994-11-11', null, null),
(1012, '学生12', 1, '1995-12-12', null, null),
(1013, '学生13', 1, '1977-10-25', null, null);

insert into tbcourse values
(1111, 'C语言程序设计', 3, '核心课程'),
(2222, 'Java程序设计', 3, null),
(3333, '数据库概论', 2, null),
(4444, '操作系统原理', 4, null);

insert into tbsc values
(default, 1001, 1111, '2016-9-1', 95),
(default, 1002, 1111, '2016-9-1', 94),
(default, 1001, 2222, now(), null),
(default, 1001, 3333, '2017-3-1', 85),
(default, 1001, 4444, now(), null),
(default, 1002, 4444, now(), null),
(default, 1003, 2222, now(), null),
(default, 1003, 3333, now(), null),
(default, 1005, 2222, now(), null),
(default, 1006, 1111, now(), null),
(default, 1006, 2222, '2017-3-1', 80),
(default, 1006, 3333, now(), null),
(default, 1006, 4444, now(), null),
(default, 1007, 1111, '2016-9-1', null),
(default, 1007, 3333, now(), null),
(default, 1007, 4444, now(), null),
(default, 1008, 2222, now(), null),
(default, 1010, 1111, now(), null);
```

5.4.4 PHP 操作 MySQL 数据库流程

PHP 操作数据库主要流程如下。

（1）连接数据库。

（2）执行 SQL 语句。

（3）关闭数据库。

所有数据库操作首先必须建立到数据库服务器的连接，然后将此连接用作未来任何命令的接入点。连接到数据库需要调用 "mysqli_connect" 函数，语法格式如下：

```
$con = mysqli_connect(hostname, uname, password,databasename);
```

上述代码中，mysqli_connect 的 4 个参数分别是服务器名称、用户名、密码以及数据库名称。上述程序将建立与数据库的连接，如果连接建立成功，程序将返回一个代表数据库连接的对象，赋值给$con 变量。

连接数据库成功后可执行 SQL 语句（将在 5.4.5 小节讲解如何执行相关数据库查询语句），执行 SQL 语句之后，必须关闭数据库连接。关闭数据库连接需要调用"mysqli_close"函数，语法格式如下：

```
mysqli_close($con );
```

其中的参数是连接数据库成功之后返回的数据库连接对象。

下面的示例是进行数据库的连接并判断连接成功与否。

（1）在图 5-23 所示的文件夹中单击"新建文件"按钮，新建 PHP 文件。

（2）在 PHP 文件中输入以下代码。

```
<html>
    <head>
        <meta charset="utf-8">
        <title>连接数据库</title>
    </head>
    <body>
    <?php
        $con = mysqli_connect('localhost', 'root', 'root', 'studentcourse');
        if ($con) {
            print '<p style="color: blue;">连接数据库成功!</p>';
            mysqli_close($con);
        } else {
            print '<p style="color: red;">连接数据库失败。</p>';
        }
    ?>
    </body>
</html>
```

（3）保存文件并在浏览器中运行该程序，检查数据库是否连接成功，如图 5-52 所示。

图 5-52　用 PHP 连接 MySQL 数据库成功的效果

如果数据库连接失败，如用户名或者密码错误等，则显示以下界面，如图 5-53 所示。

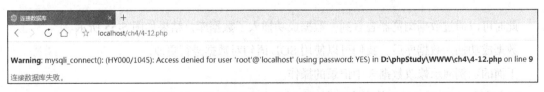

图 5-53　用 PHP 连接 MySQL 数据库失败的效果

5.4.5　MySQL 数据库操作

通常情况下我们可以对数据库进行插入、修改、删除以及查询 4 种操作。无论是进行哪种操作，都需要把 SQL 语句转换成一个 PHP 字符串的形式，在连接数据库成功之后通过 "mysqli_query()" 函数发送到数据表进行执行，然后关闭数据库。"mysqli_query()" 函数接收两个参数，第一个参数是数据库连接对象，第二个参数是代表 SQL 语句的一个字符串。

下面的示例演示向数据表中添加记录的操作。

（1）在图 5-23 所示的文件夹中单击"新建文件"按钮，新建 PHP 文件。

（2）在 PHP 文件中输入以下代码。

```html
<html>
    <head>
        <meta charset="utf-8">
        <title>连接数据库</title>
    </head>
    <body>
    <?php
        $con = mysqli_connect('localhost', 'root', 'root', 'studentcourse');
        if ($con) {
            $sql = "insert into TbStudent values (1016, '学生16', default, '1996-1-1',
'海南省海口市某某大道**号', null);";
            if (mysqli_query($con, $sql)) {
                print '<p>数据添加成功!</p>';
            } else {
                print '<p style="color: red;">数据添加失败:<br>' . mysqli_error($dbc) ;
            }
            mysqli_close($con);
        } else {
            print '<p style="color: red;">连接数据库失败。</p>';
        }
    ?>
    </body>
</html>
```

（3）保存文件并在浏览器中运行该程序，向数据表中增加记录，如图 5-54 所示。

图 5-54　向数据表中添加记录的效果

此时可以通过数据浏览器查看到，数据成功插入了数据库，结果如图 5-55 所示。

数据成功插入数据库后，我们可以使用 SQL 语句对数据进行更改。

下面的示例演示修改数据表中记录的操作。

（1）在图 5-23 所示的文件夹中单击"新建文件"按钮，新建 PHP 文件。

（2）在 PHP 文件中输入以下代码。

```html
<html>
    <head>
        <meta charset="utf-8">
        <title>数据更新</title>
```

```
    </head>
    <body>
    <?php
        $con = mysqli_connect('localhost', 'root', 'root', 'studentcourse');
        if ($con) {
            $sql = "UPDATE tbstudent SET stusex= 0 WHERE stuid='1016';";
            if (mysqli_query($con, $sql)) {
                print '<p>数据更新成功!</p>';
            } else {
                print '<p style="color: red;">数据更新失败:<br>' . mysqli_error($dbc) ;
            }
            mysqli_close($con);
        } else {
            print '<p style="color: red;">连接数据库失败。</p>';
        }
    ?>
    </body>
</html>
```

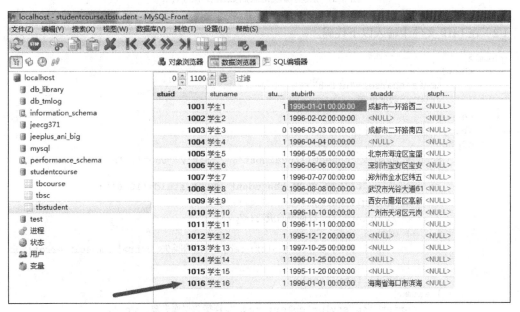

图 5-55　成功增加记录后数据表中的结果

（3）保存文件并在浏览器中运行该程序，修改数据表中指定的记录，如图 5-56 所示。

图 5-56　修改数据表中记录的效果

此时可以通过数据浏览器查看到数据已经更新，如图 5-57 所示。

以下操作演示将学号为"1016"的学生信息删除。

（1）在图 5-23 所示的文件夹中单击"新建文件"按钮，新建 PHP 文件。

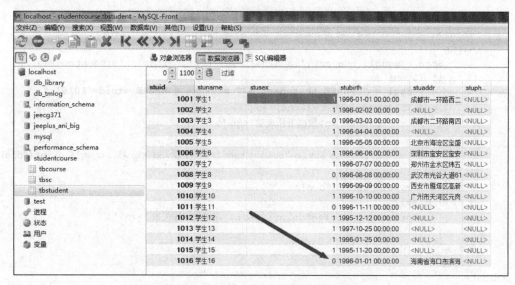

图 5-57　成功修改记录后数据表中的结果

（2）在 PHP 文件中输入以下代码。

```php
<html>
    <head>
        <meta charset="utf-8">
        <title>数据更新</title>
    </head>
    <body>
    <?php
        $con = mysqli_connect('localhost', 'root', 'root', 'studentcourse');
        if ($con) {
            $sql = "DELETE FROM tbstudent WHERE stuid='1016'";
            if (mysqli_query($con, $sql)) {
                print '<p>数据删除成功!</p>';
            } else {
                print '<p style="color: red;">数据删除失败:<br>' . mysqli_error($dbc) ;
            }
            mysqli_close($con);
        } else {
            print '<p style="color: red;">连接数据库失败。</p>';
        }
    ?>
    </body>
</html>
```

（3）保存文件并在浏览器中运行该程序，删除数据表中指定的记录，如图 5-58 所示。

此时可以通过数据浏览器查看到，数据已经删除。

图 5-58　删除数据表中记录的效果

数据库的插入、修改、删除操作的程序设计的模式基本上是类似的，只是 SQL 语句不同。但是数据的查询操作与上述 3 种操作不太一样，原因是执行查询操作的时候数据库会返回查询的结果。一般来说，数据库查询将会返回数据库里面的若干行数据，且每行数据都有若干个字段。这些数据被保存到一个结果集中,执行查询语句成功后,可以通过一个循环语句,利用"mysqli_fetch_array()"函数每次从结果集中取出一行数据,并把这行数据的每个字段值放置到一个数组中,这样就可以使用数据库的字段名称作为键,取到这些数据对应的值。下述示例从数据库中查询所有性别为"1"的学生信息,并逐行显示出其学号和姓名。

（1）在图 5-23 所示的文件夹中单击"新建文件"按钮,新建 PHP 文件。

（2）在 PHP 文件中输入以下代码。

```html
<html>
    <head>
        <meta charset="utf-8">
        <title>数据查询</title>
    </head>
    <body>
    <?php
        $con = mysqli_connect('localhost', 'root', 'root', 'studentcourse');
        if ($con) {
            $sql = "SELECT * FROM tbstudent WHERE stusex=1";
            if ($result = mysqli_query($con, $sql)) {
                while ($row = mysqli_fetch_array($result)) {
                    echo "<p> ".$row['stuid'].": ".$row['stuname']." </p>";
                }
            } else {
                echo '<p style="color: red;">数据查询失败:<br>' . mysqli_error($dbc) ;
            }
            mysqli_close($con);
        } else {
            echo '<p style="color: red;">连接数据库失败。</p>';
        }
    ?>
    </body>
</html>
```

（3）保存文件并在浏览器中运行该程序,依次呈现出数据表中性别为"1"的所有记录,如图 5-59 所示。

图 5-59　成功查询数据表中记录的效果

5.5 练习题

1. 数字 1、2、3、4 能组成多少个互不相同的 3 位数？分别为哪些数字？用 PHP 编程实现。

2. Web 开发中数据提交方式有几种？有什么区别？

3. PHP 如何实现页面跳转？

4. 用一条 SQL 语句查询出下表中每门课都大于 80 分的学生姓名。

name	course	grade
张三	计算机应用基础	82
张三	C 语言程序设计	76
张三	大学英语	85
李四	计算机应用基础	82
李四	体育	85
李四	大学英语	81
王五	中国近现代史	90
王五	大学英语	78

5. PHP 访问数据库有哪几步？

第 6 章
Web 应用程序桥梁——基于 REST 风格的 Web API

RESTful Web API 是一种新兴的基于 HTTP 的 Web Service 架构风格，简称"REST"或"REST Service"。

本章首先介绍 Web API 的基础知识，然后介绍 JSON 数据格式和 REST 服务编程，最后对 Ajax 技术和 XMLHttpRequest 对象进行介绍和示例说明。

6.1 Web API 基础

6.1.1 RESTful Web API 简介

为了更好地学习 RESTful 风格的 Web 服务接口技术，先了解一下 Web Service 技术的发展历程。Web Service 是一个平台独立、松耦合、自包含、基于可编程的 Web 应用程序，可使用开放的 XML 标准来描述、发布、发现、协调和配置这些应用程序，用于开发分布式的互操作的应用程序。Web Service 具备 3 个特点：平台独立，松耦合、自包含，分布式互操作。首先，Web Service 应用程序具备平台独立性，在 Windows、Linux、UNIX 等平台都可以使用。其次，Web Service 应用程序是松耦合和自包含的。松耦合指模块之间的依赖性和制约比较小，自包含指在组件重用时不需要包含其他的可重用组件。最后，Web Service 应用程序具有清晰的 API 访问规范。

1. Web Service

早期，软件界定义的 Web Service 标准主要由 SOAP、WSDL、UDDI 3 部分构成。

SOAP 即简单对象访问协议（Simple Object Access Protocol），是用于交换 XML 编码信息的轻量级协议。它有 3 个主要方面：XML-envelope 为描述信息内容和如何处理内容定义了框架；将程序对象编码成为 XML 对象的规则；执行远程过程调用（RPC）的约定。SOAP 可以运行在任何其他传输协议上，如 HTTP、SMTP、消息队列等。

WSDL 即 Web Service 描述语言（Web Services Description Language），是用机器能阅读的方式提供的一个正式描述文档。它是基于 XML 的语言，用于描述 Web Service 及其函数、参数和返回值。因为是基于 XML 的，所以 WSDL 既是机器可阅读的，又是人可阅读的。

UDDI 的目的是为电子商务建立标准。UDDI 是一套基于 Web、分布式、为 Web Service 提供信息注册中心的实现标准规范，同时也包含一组使企业能将自身提供的 Web Service 注册，以使别的企业能够发现的访问协议的实现标准。

随着互联网技术的兴起，XML 越来越令人诟病，XML 的数据包越来越重，SOAP 的方便性和灵活性都有欠缺。尤其是 Web 2.0 兴起后，由 Yahoo、Google 和 Facebook 等大型互联网公司倡导，REST（Representational State Transfer，表述性状态转移）在 Web 领域已经被广泛应用，它是基于 SOAP 和 WSDL 的 Web 服务的更为简单的替代方法。如 Google 放弃了基于 SOAP 和 WSDL 的接口，而采用了更易于使用、面向资源的模型来公开其服务。

2. REST 服务

（1）REST 产生背景

Web 服务虽然使用了 HTTP，但协议的核心建立在 SOAP 上，并没有直接建立在 HTTP 上。HTTP 仅作为一种底层的传输协议，带着 SOAP 的封包穿越防火墙，而 SOAP 本身也具有复杂性。HTTP 本身并不是被设计为一种传输协议，其本身带有状态和信息转移的语义。在 HTTP 中，消息通过在那些资源的表述上的转移和操作，来对资源执行一定的动作，从而实现 Web 架构的语义，因此使用这些简单的接口来实现广泛的功能是完全有可能的。

（2）REST 基础概念

表述化状态转移（Representational State Transfer，REST）是罗伊·托马斯·菲尔丁（Roy Thomas Fielding）博士 2000 年在他的论文中提出的一种软件架构风格。REST 软件架构风格迅速成为当今世界上最成功的互联网超媒体分布式系统，它让人们真正理解网络协议 HTTP 本来的面貌，成为网络服务的主流技术。

REST 描述了一个架构样式的互联系统（如 Web 应用程序）。REST 约束条件作为一个整体应用时，将生成一个简单、可扩展、有效、安全、可靠的架构。由于它简便、轻量级以及通过 HTTP 直接传输数据的特性，RESTful Web 服务成为基于 SOAP 服务的一个最有效的替代方案。RESTful Web 用于 Web 服务和动态 Web 应用程序的多层架构，可以实现可重用性、简单性、可扩展性和组件可响应性的清晰分离。Ajax 和 RESTful Web 服务本质上是互为补充的，开发人员可以轻松使用 Ajax 和 RESTful Web 服务一起创建现代的 Web 应用程序。

Web 应用程序最重要的 REST 原则是，客户端和服务器之间的交互在请求之间是无状态的。从客户端到服务器的每个请求都必须包含理解请求所必需的信息。如果服务器在请求之间的任何时间点重启，客户端不会得到通知。因此，无状态请求可以由任何可用服务器进行应答，这十分适合现代互联网和云计算之类的分布式应用环境。由于轻量级以及通过 HTTP 直接传输数据的特性，Web 服务的 RESTful 方法已成为最常见的替代方法，其服务后端可以使用 Java、Ruby、Python、PHP 等各种程序设计语言编写。

（3）REST 核心概念

资源（Resource）。将信息抽象为资源，任何能够命名的信息（包括数据和功能）都能作为一个资源，如一张图片、一个其他资源的集合等。在 REST 中，资源又叫作状态，因为它会跟随时间变化。

表述（Representation）。REST 通过 URI 来获得资源的表述并对资源执行动作，并在组件间传递该表述。

表述化状态转移。在 REST 中，资源就是状态。互联网就是一个巨大的状态机，每个网页都可以看成一个状态，URL 是状态的表述，REST 应用通过单击超链接，从一个状态迁移到下一个状态的过程，叫作转移。

（4）REST 架构风格基本特征

无状态。从客户端到服务器的每个请求都必须包含理解该请求所必需的所有信息，不能利用任何存储在服务器上的上下文。

统一接口。组件之间要有统一的接口，这是 REST 风格架构区别其他风格架构的核心特征。REST 由 4 个接口约束定义：资源的识别、通过表述对资源执行的动作、自描述的信息、作为应用状态引擎的超媒体。表述中包含对该资源的操作信息，如增、删、改、查，分别映射到 HTTP 的 POST、DELETE、PUT、GET 方法。

（5）REST 设计原则

使用 HTTP 的方法进行资源访问。使用 POST 方法创建资源，使用 GET 方法读取资源，使用 PUT 方法更新资源，使用 DELETE 方法删除资源。

使用无状态或无会话的服务设计。很长时间以来，人们采用有状态的服务设计，从而在客户端与服务器的多次交互中维护一定的上下文。

用目录结构风格的 URL 设计来表示资源。用清晰的 URL 路径表示资源可以使客户端更容易理解和操作资源。URL 可以被看作一种自我解释的接口，不需要太多解释就可以让人明白该 URL 指向的是什么资源，以及如何获得相关的资源。

使用 XML 或 JSON 来传输数据。服务和请求的消息数据中包含了对于资源属性的描述，服务应该采取结构良好并且易于阅读的方式来描述资源。XML、JSON 都是结构良好的语言，适于阅读，但 JSON 比 XML 更加简洁。

（6）REST 与 Web Service 的区别

REST 具备 Web Service 的所有特点：平台独立、松耦合、互操作性，且 REST 更轻量级、更简单。也可以这样说，REST 是 Web Service 的一种实现。并不是说 REST 是 Web Service 的一种替代。基于 SOAP 的 Web Service 实现技术和相关代码虽然较为成熟，且安全性较高，但是使用门槛较高，而且在大并发情况下可能会有性能问题。目前在 3 种主流的 Web 服务实现方案中，因为 REST 模式与复杂的 SOAP 和 XML-RPC 相比更加简洁，所以越来越多的 Web 服务开始采用 REST 风格设计和实现。

6.1.2 JSON 简介

JSON（JavaScript Object Notation，JS 对象简谱）是 JavaScript 对象的一种表示法，也是一种轻量级的数据交换格式，它是 ECMAScript 的一个子集。JSON 表现形式上完全独立于语言的文本格式，易于阅读和编写，同时也易于计算机解析和生成，因此是理想的数据交换语言。

JSON 文本格式在语法上与创建 JavaScript 对象的代码相同，在 JavaScript 环境下运行无须解析器。与此同时，JavaScript 程序还可以使用内置的 eval() 函数，将 JSON 数据反序列化成原生的 JavaScript 对象。JSON 作为存储和交换文本信息的语法，比 XML 更精简、更快、更易解析。JSON 具有较好的自我描述性，语法简洁且易于理解。

在 JavaScript 语言中，任何支持的类型都可以通过 JSON 来表示，如字符串、数字、对象、数组等。我们通常将 JavaScript 对象表示为键值对。对象中的每个属性及其值形成一个键值对，由逗号分隔开，对象整体用花括号封装，而数组则用方括号封装，并用逗号分隔数组中的每个元素。

JSON 键值对的语法格式与对象的写法大同小异，键值对中的键名写在前面并用双引号 """ 括起来，使用冒号 ":" 分隔，然后紧接着是值：{"email": "james@邮箱服务器.com"}。

通常把 JSON 想象成为 JavaScript 对象的字符串表示法，它使用文本表示一个 JavaScript 对象的信息，本质是一个字符串。如下所示。

```
var obj = {name: James,email:"james@邮箱服务器.com"}; //JavaScript 对象
var json = '{"name": "James","email":"james@邮箱服务器.com"}'; //JSON 格式的字符串
```

JSON 字符串和 JavaScript 对象之间的转换也非常简单，只需要使用 JSON.parse() 方法，将 JSON 字符串作为参数，即可转换为相应的 JavaScript 对象。

```
var obj = JSON.parse( '{"name": "James","email":"james@邮箱服务器.com"}');
```

将 JavaScript 对象转换为 JSON 字符串，则使用 JSON.stringify() 方法。

```
var json = JSON.stringify({name: James,email:"james@邮箱服务器.com"});
```

在 JSON 中我们使用 "[]" 表示数组，数组中可以包含多个 JSON 对象，一个简单的 JSON 数组可以表示为如下格式。

```
[
{ "name": "Mary"},
{ "name": "James"}
]
```

6.1.3 REST 服务编程

REST 服务可以使用各种编程语言进行编写，本小节将采用 PHP 语言编写一个返回相关城市当天天气的 API。需要返回的数据格式如下。

```
{
        "city":"北京",
        "week":"星期五",
```

```
        "wea":"晴转多云",
        "temh":"27",
        "teml":"12",
        "win":"北风 4-5 级"
}
```

下面的示例是设计一个 REST 服务，该服务从 HTTP 请求表单中获取需要查询的城市名称，根据城市的名称返回其对应的天气数据。

（1）在图 5-23 所示的文件夹中单击"新建文件"按钮，新建 PHP 文件。

（2）在 PHP 文件中输入以下代码。

```php
<?php
    header("Content-Type:application/json");
    if(!empty($_GET['city']))
    {
    $city=$_GET['city'];
    $weather = getWeather($city);
    if(empty($weather))
    {
        response(200,"未找到对应城市相关天气数据",NULL);
    }
    else
        {
            response(200,"找到对应城市相关天气数据",$weather);
        }
    }
    else
    {
        response(400,"无效请求",NULL);
    }
    function response($status,$status_message,$data)
    {
        header("HTTP/1.1 ".$status);

        $response['status']=$status;
        $response['status_message']=$status_message;
        $response['data']=$data;

        $json_response = json_encode($response,JSON_UNESCAPED_UNICODE);
        echo $json_response;
    }
    function getWeather($city)
    {
        $weatherData =
        [
          [
            "city"=>"北京",
            "week"=>"星期五",
            "wea"=>"晴转多云",
            "temh"=>"27",
            "teml"=>"12",
            "win"=>"北风 4-5 级"
          ],
          [
```

```
            "city"=>"上海",
            "week"=>"星期五",
            "wea"=>"多云",
            "temh"=>"17",
            "teml"=>"10",
            "win"=>"北风 3-4 级转微风"
        ],
        [
            "city"=>"深圳",
            "week"=>"星期五",
            "wea"=>"多云转小雨",
            "temh"=>"23",
            "teml"=>"12",
            "win"=>"微风"
        ],
        [
            "city"=>"广州",
            "week"=>"星期五",
            "wea"=>"小雨",
            "temh"=>"20",
            "teml"=>"14",
            "win"=>"微风"
        ],
        [
            "city"=>"杭州",
            "week"=>"星期五",
            "wea"=>"阴转多云",
            "temh"=>"21",
            "teml"=>"13",
            "win"=>"微风"
        ],
        [
            "city"=>"青岛",
            "week"=>"星期二",
            "wea"=>"多云",
            "temh"=>"25",
            "teml"=>"16",
            "win"=>"微风"
        ],
        [
            "city"=>"长沙",
            "week"=>"星期五",
            "wea"=>"多云转中雨",
            "temh"=>"27",
            "teml"=>"18",
            "win"=>"南风 3-4 级转微风"
        ],
        [
            "city"=>"成都",
            "week"=>"星期五",
            "wea"=>"多云转雨",
            "temh"=>"30",
```

```
            "teml"=>"16",
            "win"=>"西南风 3-4 级转微风"
        ],
        [
            "city"=>"武汉",
            "week"=>"星期五",
            "wea"=>"晴转多云",
            "temh"=>"26",
            "teml"=>"14",
            "win"=>"东北风 4-5 级转微风"
        ],
        [
            "city"=>"开封",
            "week"=>"星期五",
            "wea"=>"多云转阴",
            "temh"=>"27",
            "teml"=>"15",
            "win"=>"东风 3-4 级转微风"
        ],
        [
            "city"=>"西安",
            "week"=>"星期五",
            "wea"=>"阴转雨",
            "temh"=>"25",
            "teml"=>"14",
            "win"=>"东风 3-4 级转微风"
        ],
        [
            "city"=>"贵阳",
            "week"=>"星期五",
            "wea"=>"雨转阴",
            "temh"=>"21",
            "teml"=>"13",
            "win"=>"微风"
        ],
        [
            "city"=>"石家庄",
            "week"=>"星期二",
            "wea"=>"阴",
            "temh"=>"22",
            "teml"=>"13",
            "win"=>"微风"
        ],
        [
            "city"=>"大连",
            "week"=>"星期五",
            "wea"=>"阴",
            "temh"=>"20",
            "teml"=>"12",
            "win"=>"东北风 4-5 级转微风"
        ],
        [
```

```
                "city"=>"海口",
                "week"=>"星期五",
                "wea"=>"雨",
                "temh"=>"24",
                "teml"=>"14",
                "win"=>"微风"
            ]
        ];
        foreach($weatherData as $cityWeather)
        {
            if($cityWeather['city']==$city)
            {
                return $cityWeather;
                break;
            }
        }
    }
    ?>
```

（3）保存文件并在浏览器中运行该程序，体现 REST 服务返回的结果，如图 6-1 所示。

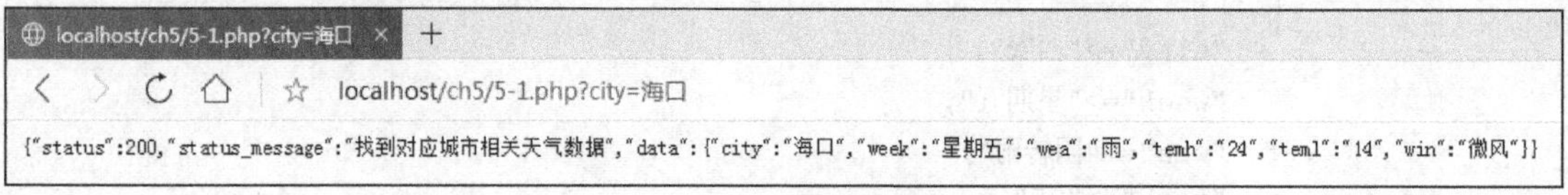

{"status":200,"status_message":"找到对应城市相关天气数据","data":{"city":"海口","week":"星期五","wea":"雨","temh":"24","teml":"14","win":"微风"}}

图 6-1　REST 服务的效果

6.2　基于 Ajax 的 API 的请求

6.2.1　Ajax 与 XMLHttpRequest 对象

1. Ajax 简介

Ajax（Asynchronous JavaScript and XML，异步 JavaScript 和 XML）由 HTML、JavaScript 技术、DHTML 和 DOM 组成。Ajax 是一种在无须重新加载整个网页的情况下能够更新部分网页的技术，可以把 Ajax 理解成为一种异步通信技术。

1999 年，微软公司发布 IE 浏览器 5.0 版，第一次引入新功能：允许 JavaScript 脚本向服务器发起 HTTP 请求。这个功能当时并没有引起注意，直到 2004 年 Gmail 发布和 2005 年 Google Map 发布，才引起广泛重视。2005 年 2 月，Ajax 这个词第一次正式提出，指的是通过 JavaScript 的异步通信，在服务器获取的 XML 文档中提取数据，再更新当前网页的对应部分，而不用刷新整个网页。后来，Ajax 这个词就成为 JavaScript 脚本发起 HTTP 通信的代名词，也就是说，只要用脚本发起通信，就可以叫作 Ajax 通信。W3C 在 2006 年发布了它的国际标准。

Ajax 技术最大的优点是可以减轻服务器的负担。Ajax 的原则是"按需取数据"，可以最大限度地减少冗余请求和响应对服务器造成的负担。使用 Ajax 获取局部数据，无须刷新整个页面，能减少用户心理和实际的等待时间，尤其是当要读取大量数据的时候，重新刷新整个页面将会出现白屏等待的情况。Ajax 使用 XMLHttpRequest 对象发送请求并得到服务器响应，在不重新载入整个页面的情况下用 JavaScript 操作 DOM，最终更新页面。在读取数据的过程中，用户所面对的不是白屏，而是原来的页面内容，只有当数据接收完毕之后才更新相应部分的内容。这种更新是瞬间的，用户几乎感觉不到，带来了更好的用户体验。

2. XMLHttpRequest 对象

Ajax 技术的核心是 XMLHttpRequest 对象，由微软公司首先引入，其他的浏览器提供商后来提供了相同的实现。使用该对象可以在 JavaScript 代码中向服务器发起异步 HTTP 请求。

浏览器与服务器之间采用 HTTP 通信。用户在浏览器地址栏输入一个网址，或者通过网页表单向服务器提交内容，这时浏览器就会向服务器发出 HTTP 请求。

具体来说，基于 XMLHttpRequest 对象的 HTTP 请求包括以下几个步骤。

（1）创建 XMLHttpRequest 实例。

（2）发出 HTTP 请求。

（3）接收服务器传回的数据。

（4）更新网页数据。

XMLHttpRequest 本身是一个构造函数，可以使用 new 命令生成实例，没有任何参数。

```
var xhr = new XMLHttpRequest();
```

一旦新建实例，就可以使用 open()方法设定 HTTP 连接的相关参数，包括请求方法、连接地址以及是否进行异步请求。如下面的代码指定使用 GET 方法，跟指定的服务器网址建立连接，第三个参数 true 表示请求是异步的。

```
xhr.open('GET', 'http://localhost/ch5/5-1.php?city=海口', true);
```

然后指定回调函数，监听通信状态（readyState 属性）的变化，以接收服务器传回的数据。

```
xhr.onreadystatechange = function(){
// 该函数将在通信状态改变的时候调用
};
```

最后通过 XMLHttpRequest 对象的 send()函数发起 HTTP 请求。

```
xhr.send(null);
```

下面通过一个示例说明如何使用 XMLHttpRequest 对象异步请求上例的 API。

（1）在图 5-23 所示的文件夹中单击"新建文件"按钮，新建 HTML 文件。

（2）在 HTML 文件中输入以下代码。

```
<html>
<head>
    <meta charset="utf-8">
    <title>AJAX 异步请求</title>
</head>
<script type="text/JavaScript">
  function AjaxRequest()
  {
```

```
        var xhr = new XMLHttpRequest();
      var outputObj = document.getElementById("output");
      xhr.onreadystatechange = function(){
      if (xhr.readyState === 4){           // 通信成功时, 状态值为 4
         if (xhr.status === 200){
                  outputObj.innerHTML= xhr.responseText;
           } else {
                  outputObj.innerHTML= xhr.statusText;
           }
      }
      };
      xhr.onerror = function (e) {
           outputObj.innerHTML= xhr.statusText;
      };
      xhr.open('GET', 'http://localhost/ch5/5-1.php?city=海口', true);
      xhr.send(null);
     }
    window.onload=AjaxRequest;
</script>
<body>
    <p id="output"></p>
</body>
</html>
```

（3）保存文件并在浏览器中运行该程序, 体现 API 的信息, 如图 6-2 所示。

图 6-2　使用 Ajax 调用 API 的效果

6.2.2　异步通信超时控制

当使用 XMLHttpRequest 执行请求的时候, 在服务器没有返回响应之前, 客户端都一直处在等待状态。但是这种等待不能无限延续, 对于这类问题的处理, 往往都是在客户端设置一个等待时间限制, 一旦等待时间超过这个时间限制, 即可认为网络或者服务器发生了某种不可预计的异常, 这种情况将视为请求超时。XMLHttpRequest 提供了很好的超时控制和处理程序, 只需设置好超时等待时间（以毫秒为单位）和超时的响应函数即可。

```
xhr.timeout = 3*1000;
xhr.ontimeout = function () {
  outputObj.innerHTML= '请求超时! ';
};
```

下面的示例是用异步通信调用 API。

（1）在图 5-23 所示的文件夹中单击"新建文件"按钮, 新建 HTML 文件。

（2）在 HTML 文件中输入以下代码。

```
<html>
<head>
    <meta charset="utf-8">
```

```
    <title>AJAX 异步请求</title>
</head>
<script type="text/JavaScript">
  function AjaxRequest()
  {
    var xhr = new XMLHttpRequest();
    var outputObj = document.getElementById("output");
    xhr.onreadystatechange = function(){
    if (xhr.readyState === 4){      // 通信成功时，状态值为 4
        if (xhr.status === 200){
            outputObj.innerHTML= xhr.responseText;
        } else {
            outputObj.innerHTML= xhr.statusText;
        }
    }
    };
    xhr.timeout = 5*1000;
    xhr.ontimeout = function () {
        outputObj.innerHTML= '请求超时！ ';
    };
    xhr.onerror = function (e) {
        outputObj.innerHTML= xhr.statusText;
    };
    xhr.open('GET', 'http://localhost/ch5/5-3.php?city=海口', true);
    xhr.send(null);
  }
  window.onload=AjaxRequest;
</script>
<body>
    <p id="output"></p>
</body>
</html>
```

（3）选中同一文件夹，单击"新建文件"按钮，新建 PHP 文件。

（4）在新建的 PHP 文件中输入以下代码。

```
<?php
sleep(10);
header("Content-Type:application/json");
if(!empty($_GET['city']))
{
    $city=$_GET['city'];
    $weather = getWeather($city);

    if(empty($weather))
    {
        response(200,"未找到对应城市相关天气数据",NULL);
    }
    else
    {
        response(200,"找到对应城市相关天气数据",$weather);
    }
}
else
{
    response(400,"无效请求",NULL);
```

```php
}
function response($status,$status_message,$data)
{
    header("HTTP/1.1 ".$status);
    $response['status']=$status;
    $response['status_message']=$status_message;
    $response['data']=$data;
    $json_response = json_encode($response,JSON_UNESCAPED_UNICODE);
    echo $json_response;
}
function getWeather($city)
{
    $weatherData =
    [
        [
            "city"=>"北京",
            "week"=>"星期五",
            "wea"=>"晴转多云",
            "temh"=>"27",
            "teml"=>"12",
            "win"=>"北风 4-5 级"
        ],
        [
            "city"=>"上海",
            "week"=>"星期五",
            "wea"=>"多云",
            "temh"=>"17",
            "teml"=>"10",
            "win"=>"北风 3-4 级转微风"
        ],
        [
            "city"=>"深圳",
            "week"=>"星期五",
            "wea"=>"多云转小雨",
            "temh"=>"23",
            "teml"=>"12",
            "win"=>"微风"
        ],
        [
            "city"=>"广州",
            "week"=>"星期五",
            "wea"=>"小雨",
            "temh"=>"20",
            "teml"=>"14",
            "win"=>"微风"
        ],
        [
            "city"=>"杭州",
            "week"=>"星期五",
            "wea"=>"阴转多云",
            "temh"=>"21",
            "teml"=>"13",
            "win"=>"微风"
```

```
    ],
    [
        "city"=>"青岛",
        "week"=>"星期二",
        "wea"=>"多云",
        "temh"=>"25",
        "teml"=>"16",
        "win"=>"微风"
    ],
    [
        "city"=>"长沙",
        "week"=>"星期五",
        "wea"=>"多云转中雨",
        "temh"=>"27",
        "teml"=>"18",
        "win"=>"南风 3-4 级转微风"
    ],
    [
        "city"=>"成都",
        "week"=>"星期五",
        "wea"=>"多云转雨",
        "temh"=>"30",
        "teml"=>"16",
        "win"=>"西南风 3-4 级转微风"
    ],
    [
        "city"=>"武汉",
        "week"=>"星期五",
        "wea"=>"晴转多云",
        "temh"=>"26",
        "teml"=>"14",
        "win"=>"东北风 4-5 级转微风"
    ],
    [
        "city"=>"开封",
        "week"=>"星期五",
        "wea"=>"多云转阴",
        "temh"=>"27",
        "teml"=>"15",
        "win"=>"东风 3-4 级转微风"
    ],
    [
        "city"=>"西安",
        "week"=>"星期五",
        "wea"=>"阴转雨",
        "temh"=>"25",
        "teml"=>"14",
        "win"=>"东风 3-4 级转微风"
    ],
    [
        "city"=>"贵阳",
        "week"=>"星期五",
```

```
                "wea"=>"雨转阴",
                "temh"=>"21",
                "teml"=>"13",
                "win"=>"微风"
            ],
            [
                "city"=>"石家庄",
                "week"=>"星期二",
                "wea"=>"阴",
                "temh"=>"22",
                "teml"=>"13",
                "win"=>"微风"
            ],
            [
                "city"=>"大连",
                "week"=>"星期五",
                "wea"=>"阴",
                "temh"=>"20",
                "teml"=>"12",
                "win"=>"东北风 4-5 级转微风"
            ],
            [
                "city"=>"海口",
                "week"=>"星期五",
                "wea"=>"雨",
                "temh"=>"24",
                "teml"=>"14",
                "win"=>"微风"
            ]
        ];
        foreach($weatherData as $cityWeather)
        {
            if($cityWeather['city']==$city)
            {
                return $cityWeather;
                break;
            }
        }
    }
    ?>
```

（5）保存 HTML 文件和 PHP 文件，并在浏览器中运行 HTML 文件，调用 API 的效果如图 6-3 所示。

图 6-3　用异步通信调用 API 的效果

上述示例请求超时的原因是，PHP 程序在第一行代码处调用一个 sleep()函数，传参为 10，表示 PHP 程序暂停 10 秒，10 秒之后继续执行，而 JavaScript 请求对象设置的请求超时时间为 5 秒。

所以，在 PHP 程序还未能返回结果的时候，XMLHttpRequest 对象已经判定请求超时。

6.3　练习题

1. 请简述 REST 和 Web Service 的区别。
2. 请简述 Ajax 和 JavaScript 的区别。
3. 下列 JSON 表示的对象定义正确的是（　　　）。

    A.　var str1={'name':'ls','addr':{'city':'bj','street':'ca'} };

    B.　var str1={'name':'ls','addr':{'city':bj,'street':'ca'} };

    C.　var str = {'study':'english','computer':20};

    D.　var str = {'study':english,'computer':20};

4. 使用 Ajax 可带来的便捷有（　　　）。

    A.　减轻服务器的负担

    B.　无须刷新整个页面

    C.　可以调用外部数据

    D.　可以不使用 JavaScript 脚本

第7章

移动 Web 应用程序开发——
HTML5+jQuery Mobile

移动互联网把互联网的技术、平台、商业模式和应用与移动通信技术结合为一体，用户可方便地接入无线网络，获取和享受应用服务，并通过手势、语音、摄像头等进行信息收集和处理。应用在用户许可的前提下，可获取用户位置、历史记录、使用习惯、交易信息等，并进行处理和分析，将符合其潜在需求的个性化内容呈现给用户，提高用户体验。

本章先介绍目前流行的移动应用程序开发模式，再介绍 HTML5 网页存储 Storage、本地数据库 IndexedDB 和 Web SQL Database 的应用程序，最后详细介绍 jQuery 的基本知识及 jQuery Mobile 的页面、UI 组件、事件及插件。

7.1 移动应用程序开发模式

7.1.1 移动应用程序开发的 3 种模式

目前智能设备应用较多的操作系统有谷歌公司的 Android 和苹果公司的 iOS，移动应用程序目前主要实现方式有原生应用程序（Native App）、Web 应用程序（Web App）和混合应用程序（Hybrid App）3 种模式。

Native App 根据特定操作系统采用相应的语言、框架和开发套件进行开发，充分利用设备特性，性能优越。Native App 通常由"云服务器数据+App 应用端"构成，App 所有的 UI 元素、数据内容、逻辑框架均安装在移动终端上，利用设备资源完成优质的交互操作。

Web App 通常由"HTML5 云端网站+App 应用端"构成。由于移动 Web 支持各种标准的协议，使用 HTML5、CSS3、JavaScript 技术可将各种移动应用与桌面任务有效地连接起来，跨平台优势显著。App 应用端只需安装应用的框架部分，数据则是在运行 App 时通过云端服务呈现给用户。

Hybrid App 是整合上述两种模式优势的混合模式应用，同时使用网页语言与程序语言编写，包含 Native 视图和 Web 视图两种方式，分为多视图混合型、单视图混合型、Web 主体型 3 种类型。多视图混合型的基本信息用 Native 视图呈现，复杂的数据呈现直接用 Web 视图，即以 Native

App 为主、Web 技术为辅。单视图混合型同时包括 Native 视图和 Web 视图，且视图间相互覆盖，常用于 Native 视图中部分数据接口不方便实现的页面。Web 主体型是在 Native 外壳内嵌入 HTML 网页，与用手机浏览器操作接近，使用较少。

7.1.2　Native App 与 Web App 比较

1. Native App 与 Web App 的特点

Native App 可调用 UI 控件及 UI 方法，可直接使用摄像头、位置信息、蓝牙、传感器等硬件设备，调用语音、短信、视频、通信录等资源。安装包中有 UI、框架及数据，安装包较大，升级需根据版本下载更新，当用户无法上网时可访问 App 中以前下载的数据。

Web App 打开时要通过 App 框架向云端网站索取 UI 及实时的云端数据，访问速度受移动终端上网条件的限制，每次使用均会消耗流量；安装包只包含框架文件，数据内容则放在云端，无须频繁升级 App，与云端实现的是实时数据交互。

2. Native App 与 Web App 的应用场景

Native App 常用在游戏、电子杂志、管理应用、物联网等无须经常更新程序框架的 App 开发中。由于游戏要使用许多设备 API 或平台 API，占用较多的资源，用户对其的视觉和操作效果要求高，常采用 Native App 开发。使用摄像头时，Native App 开发可简化拍摄的过程，先在手机上对照片做预处理，当需要时再通过 HTTP 将照片上传给服务器。另外要使用传感器，如屏幕的旋转、检测移动、温度、压力等，或要访问手机的文件系统，启用或保存如联系人、音频、视频、图片、文件等本地数据的情况下，可采用 Native App 开发。

Web App 常用在电子商务、金融、新闻资讯、企业集团等需要经常更新内容的 App 开发中。目前 Web App 提供了丰富的功能接口，使其拥有与 Native App 一样的功能，还能跨平台使用。但要考虑到适配不同平台的网页应用设计，平衡平台间软硬件差异带来的交互特性和系统习惯的差别，及不同设备的分辨率。

7.1.3　智能手机浏览器

Android 系统和 iOS 系统的手机分别内置有 Android Browser 和 Mobile Safari 的 Web 浏览器，两者的核心均是基于 Webkit 引擎，Webkit 对 JavaScript 的支持力度和运行速度都有所提高。随着 HTML5 的发展及云服务普及，采用 HTML5 进行 Web App 开发逐渐成为一种趋势。在开发 Web App 时，使用 HTML5 和 CSS3 技术做 UI 布局，要避免使用 HTML4 和 CSS2 技术，因为很多效果如"自适应网页设计"在 HTML4 中是无法实现的。自适应网页设计即应用程序能根据手机屏幕宽度、分辨率自动加载相应的 CSS 文件、选择不同的 CSS 规则，且布局、文本、图片均能实现自动缩放，使页面在不同设备上均能正常地显示。

1. Webkit 引擎和 WebView 组件

Webkit 是一个开源浏览器引擎，几乎所有的网站和手机都支持。Android 提供的 WebView 组件就是基于 Webkit 来加载显示网页的，其使用便捷，非常适合将一些定制的网站或触摸屏版网站应用程序集成到 App 中。

WebView 通过 WebSettings 类进行属性、状态等的设置，WebViewClient 类用于辅助 WebView 进行各种通知、请求等事件的处理，WebChormeClient 类用来帮助 WebView 处理 JavaScript 的对话框、网站图标、加载进度等。

2. HTML5 与 CSS3

HTML5 提供了地理位置感知 API、运动感应事件 API、通用感应器 API、触控交互事件 API、WebSocket API、Messaging API 等支持 Web 应用扩展的 API。其离线应用使 Web App 在无网络连接时仍可以完成数据存储及交换业务，通过 Navigator 的属性值和 Online/Offline 事件两种方式进行在线检测，用 Cache Manifest 确定 Web App 离线时所需的资源，提供了 Web Storage（用键值对的形式）和本地数据库两种本地数据存储方式。

7.1.4 基于 Web 的 App 开发

由于 Web 的 App 开发具有开发效率高，成本低，跨平台应用，界面灵活，风格统一，调试、发布、升级方便等优点，加上 Webkit 和 HTML5 的支持，基于移动平台的 Web App 框架的应用领域越来越广。

目前基于 HTML5 的移动应用程序开发有基于传统 Web 的开发和基于组件的 Web 开发。前者是在传统 Web 网站上，通过使用 CSS3 和其他一些模块在实现一个站点时，软件能自适应平板、智能手机等设备，使应用程序能按设备的特点体现界面和功能，其中最常用的是 jQuery Mobile 的 Web 框架。后者是一种类似于富客户端的开发模式，将几乎所有组件或视图都封装在 JavaScript 内，然后通过调用这些组件体现 Web 应用程序，国外的 Sencha Touch，国内的 AppCan、HBuilder 等均采用这种模式。

7.2 网页存储 Web Storage

Web Storage 是在客户端存储少量数据的技术，可实现数据在多个页面中共享与同步，容量通常为 1MB～5MB。与传统的 Cookie 不同的是，Web Storage 纯粹运行于客户端，不会与服务器发生交互行为；与 Cookie 相同的是，两者均以一组键值对来保存数据。

7.2.1 Web Storage 的分类

Web Storage 包括会话存储（sessionStorage）和本地存储（localStorage）两类，两者均继承于 Storage API，编程接口是一样的，主要差异是生命周期和页面范围（见表 7-1）。

表 7-1　　　　　　　　　　sessionStorage 和 localStorage 的差异

Web Storage 类型	生命周期	页面范围
sessionStorage	浏览器窗口或标记页关闭时消失	当前浏览器窗口或标记页有效
localStorage	执行"删除"命令时消失，比浏览器或窗口的生命周期长	同一网站的每个窗口或标记页共享

7.2.2　检测浏览器是否支持 Web Storage

虽然目前所有主流浏览器都在一定程度上支持 Web Storage，但还是建议在使用前检测浏览器是否支持 Web Storage。在 JavaScript 中可用 if(typeof(Storage)=="undefined")或 if(!window.Storage)进行判断，结果对 sessionStorage、localStorage 是相同的。

7.2.3　使用 sessionStorage

sessionStorage 和 localStorage 作为 window 的属性，完全继承于 Storage API，它们提供的操作数据的方法类似。Storage 根据键（key）和值（value）的配对关系，可用 setItem()和 getItem()方法来设置和获取值，也可直接在对象上根据键来设置和获取值。

1．设置 sessionStorage

sessionStorage 的设置方法如表 7-2 所示。

表 7-2　　　　　　　　　　　　　sessionStorage 的设置方法

方法	完整的代码	省略前面的 window
用 setItem()方法	window.sessionStorage.setItem(key,value);	sessionStorage.setItem(key,value);
用数组索引	window.sessionStorage[key]=value;	sessionStorage[key]=value;
直接用属性	window.sessionStorage.key=value;	sessionStorage.key=value;

2．读取 sessionStorage

sessionStorage 的读取方法如表 7-3 所示。

表 7-3　　　　　　　　　　　　　sessionStorage 的读取方法

方法	完整的代码	省略前面的 window
用 getItem()方法	value=window.sessionStorage.getItem(key);	value=sessionStorage.getItem(key);
用数组索引	value=window.sessionStorage[key];	value=sessionStorage[key];
直接用属性	value=window.sessionStorage.key;	value=sessionStorage.key;

3．清除 sessionStorage

sessionStorage 在关闭浏览器窗口或标记后数据自动消失，也可用代码清除 sessionStorage，如表 7-4 所示。

表 7-4　　　　　　　　　　　　　sessionStorage 的清除方法

方法	说明
sessionStorage.clear();	清除本同源网站的所有 sessionStorage
sessionStorage.removeItem[key];	清除特定 key 的 sessionStorage
delete sessionStorage[key]; delete sessionStorage.key;	
sessionStorage[key]=null; sessionStorage.key=null;	

7.2.4 使用 localStorage

1. 设置 localStorage

localStorage 的设置方法如表 7-5 所示。

表 7-5 localStorage 的设置方法

方法	完整的代码	省略前面的 window
用 setItem() 方法	window.localStorage.setItem(key,value);	localStorage.setItem(key,value);
用数组索引	window.localStorage[key]=value;	localStorage[key]=value;
直接用属性	window.localStorage.key=value;	localStorage.key=value;

2. 读取 localStorage

localStorage 的读取方法如表 7-6 所示。

表 7-6 localStorage 的读取方法

方法	完整的代码	省略前面的 window
用 getItem() 方法	value=window.localStorage.getItem(key);	value=localStorage.getItem(key);
用数组索引	value=window.localStorage[key];	value=localStorage[key];
直接用属性	value=window.localStorage.key;	value=localStorage.key;

3. 清除 localStorage

localStorage 在关闭浏览器后不会消失，要通过代码主动清除数据（见表 7-7），否则 localStorage 数据会一直存在。

表 7-7 localStorage 的清除方法

方法	说明
localStorage.clear();	清除 localStorage 全部数据

localStorage.removeItem[key];
delete localStorage[key];
delete localStorage.key;
localStorage[key]=null;
localStorage.key=null;
	清除特定 key 的 localStorage

7.2.5 Web Storage 应用

Web Storage 在应用程序中通常用来保存会员登录信息，下面的示例就是用 sessionStorage 模拟会员登录、状态判断、退出等功能。

1. 登录文件 login.html

首先在登录界面中加入用户名和密码的文本框及确定按钮，并在 <body> 标记中加入要触发的事件函数。

```
<body onload="onLoad()">
  会员登录<br>
  用户名: <input type="text" id="uname"><br>
  密  码: <input type="password" id="mm"><br>
```

```
<input type="button" id="qd" value="确定">
</body>
```

然后接着编写 JavaScript 代码，判断会员是否登录。编写"确定"按钮的单击事件，获得输入的用户名和密码，并赋值给 sessionStorage，完成后重定向到会员中心 center.html。

```
<script type="text/JavaScript">
  function onLoad(){
    if(sessionStorage.uname)
      location.href="center.html";
    document.getElementById("qd").onclick=function(){
    //省略判断用户名和密码是否正确
    sessionStorage.uname=uname.value;
    sessionStorage.mm=mm.value;
    location.href="center.html";
    } }
</script>
```

2. 会员中心文件 center.html

首先在会员中心界面中加入用于显示数据的 div 及注销用户信息的按钮，并在<body>标记中加入触发的事件。

```
<body onload="onLoad()">
    会员中心<br>
    <div id="xs"></div>
    <input type="button" id="zx" value="注销"/>
</body>
```

然后接着编写 JavaScript 代码，判断会员是否登录。若登录，获得 sessionStorage 的用户名和密码数据，并用 div 体现。编写"注销"按钮的单击事件，清除 sessionStorage 后重定向到登录文件 login.html。

```
<script type="text/JavaScript">
  function onLoad(){
    if(!sessionStorage.uname)
      location.href="login.html";
    xs.innerHTML="欢迎"+sessionStorage.uname+"登录，密码是"+sessionStorage.mm;
    document.getElementById("zx").onclick=function(){
      sessionStorage.clear();
      location.href="login.html";
}
}
</script>
```

3. 运行结果

WebStorage 示例运行结果如图 7-1 所示。

会员登录　　　　　　　　　　　　　　会员中心

图 7-1　WebStorage 示例运行结果

7.3　HTML5 本地数据库

HTML5 提供的本地存储除了 Web Storage 外还有本地数据库，由 Indexed Database 和 Web SQL Database 两种构成。Indexed Database 简称 "IndexedDB"，是索引数据库，通过数据键 key 进行访问和处理。Web SQL Database 是关系型数据库系统，使用的是 SQLite 数据库，可以通过一个异步的 JavaScript 接口访问。

7.3.1　IndexedDB 的使用

IndexedDB 利用数据键 key 操作数据，创建索引即可进行数据搜索与排序，适用于大量的结构化数据处理的应用开发。IndexedDB 将数据库的增、删、改、查等操作包装成一个任务，任务可包含多个步骤，只有所有步骤都执行成功，交易才成功；否则整个交易都将取消，交易所做的更改都会被恢复。

1. IndexedDB 的基本操作

操作 IndexedDB 数据库通常按以下步骤进行：打开数据库和交易（transaction）→创建存储对象（objectStore）→对存储对象发出操作请求（request）→监听 DOM 事件并等待操作完成→从 request 对象上获取结果并进行其他工作。

2. 打开 IndexedDB 数据库

操作 IndexedDB 数据库时，先用 open(数据库名,版本号)方法打开数据库，第一个参数是数据库名，若指定的数据库不存在，就创建；若存在，则打开。第二个参数是数据库版本编号，可省略，表示第一版。当数据库结构发生更改时，就要更新版本编号，进而触发版本更新的 onupgradeneeded 事件，操作成功触发 onsuccess 事件，操作失败触发 onerror 事件。当成功打开数据库后，用 request 的 result 属性取得 IndexedDB 的 IDBDatabase 对象。例如：

```
var request=window.indexedDB.open(dbName,dbVersion);
request.onupgradeneeded=function(event){};
request.onsuccess=function(event){var db=request.result;};
request.onerror=function(event){};
```

3. 创建存储对象（objectStore）

在版本更新触发的 onupgradeneeded 事件中用 createObjectStore(存储对象名,参数对象)方法创建一个存储对象，该存储对象类似数据库中的一个数据表。参数对象有 keyPath 和 autoIncrement 两个属性，用逗号隔开，形式为{keyPath:"key",autoIncrement:true/false}。其中，数字键 keyPath 在存储对象中必须唯一；autoIncrement 表示是否自动编号，为 true 时表示此数据由整数 1 开始自动累加。

再用 createObjectStore 的 createIndex(索引名称,索引查找目标,{unique:true/false})方法来创建索引，unique 设置为 true 表示是唯一值，设置为 false 表示非唯一值。例如：

```
var os=e.target.result.createObjectStore("yhb",{keyPath:"uname",autoIncrement:false});
os.createIndex("mm","mm",{unique:false});
```

4. 新增数据

可以通过 objectStore 的 add(value,key)或 put(value,key)方法增加数据。add 方法仅在数据键 key 不存在时才有用；put 方法在 key 不存在时新增，存在时则更新。

IndexedDB 在进行数据新增、读取或删除操作时，都要先进行交易（transaction）。交易中指定 objectStore 名称和操作权限，操作权限有只读（readonly）、读写（readwrite）、版本升级（versionchange）3 种模式，默认为只读模式：db.transaction(objectStoreName,操作权限);。再打开交易以获取 objectStore：transaction.objectStore(objectStoreName);。接着进行新增操作，操作成功触发 onsuccess 事件、出错触发 onerror 事件。整个交易完成时也会分别触发完成 oncomplete、中断 onabort、出错 onerror 等事件。

```
var transaction =db.transaction("yhb","readwrite");
transaction.oncomplete=function(e){alert("交易成功！");};
transaction.onerror=function(e){alert("交易失败！");};
var store=transaction.objectStore("yhb");
var request=store.add({uname:uname.value,mm:mm.value});//或 put 代替 add
request.onerror=function(e){alert(uname.value+"用户名重复！");};
request.onsuccess=function(e){alert("记录增加成功！");};
```

5. 修改数据

可以通过 objectStore 的 put(value,key)方法修改数据。当未使用 id 为 keyPath 时，直接使用 put()方法即可完成操作。

```
var ts=db.transaction("yhb","readwrite");
var store=ts.objectStore("yhb");
var req=store.put({uname:uname,mm:mm,xb:xb,yx:yx});
req.onsuccess=function(e){alert("修改成功");};
```

当使用 id 为 keyPath 时，如果 id 为自动增加，则不能用于更新。可基于索引进行读取，如先用 index()创建用户名索引，再设置此项记录的数据，并更新。

```
var ts=db.transaction("yhb","readwrite");
var store=ts.objectStore("yhb");
var index=store.index("uname");
var req=index.get(uname);
req.onsuccess=function(e){
    var d=e.target.result;
    d.mm=mm;
    d.xb=xb;
    d.yx=yx;
    var req1=store.put(d);
    req1.onsuccess=function(e){alert("修改成功");};
    req1.onerror=function(e){alert("修改失败");}; };
```

6. 删除数据

IndexedDB 的删除可分别删除单条记录、全部记录或整个 objectStore，如表 7-8 所示。

表 7-8 IndexedDB 删除数据的方法

删除方法	代码
通过 keyPath 的值删除一条记录	var request=store.delete(value);
清空 objectStore 的数据	var request=store.clear();
删除 objectStore	var request=window.indexedDB.deleteDatabase(dbName);

删除成功触发 onsuccess 事件，出错触发 onerror 事件。

当未使用 id 为 keyPath 时，直接用 delete(key)即可。

```
var ts=db.transaction("yhb","readwrite");
var store=ts.objectStore("yhb");
var req=store.delete($("#uname").val());
req.onsuccess=function(e){alert("删除成功！"); };
req.onerror=function(e){alert("删除失败！"); };
```

当使用 id 为 keyPath 时，可先创建某项的索引，再根据其值进行删除。

```
var ts=db.transaction("yhb","readwrite");
var store=ts.objectStore("yhb");
var index=store.index("uname");
var req=index.get($("#uname").val());
req.onsuccess=function(e){
    var d=e.target.result;
    var req1=store.delete(d.id);
    req1.onsuccess=function(e){alert("删除成功！");};
    req1.onerror=function(e){ alert("删除失败");}; };
```

7. 读取数据

IndexedDB 提供了 get(value)方法来读取数据，默认情况下通过 keyPath 数据键的值来读取数据。返回数据的 result 中包含所有键值对，操作成功触发 onsuccess 事件，出错触发 onerror 事件。通常在 onsuccess 事件中读取数据。

```
var transaction =db.transaction("yhb","readwrite");
var store=transaction.objectStore("yhb");
var request=store.get(uname.value);
request.onerror=function(e){alert("读数据出错！");};
request.onsuccess=function(e){
  if(request.result!=null)
    alert("用户名="+request.result.uname+"\n密码="+request.result.mm);
  else
    alert("没有该数据！"); };
```

如果不想通过 keyPath 数据键来读取，则可以为想读取的"键"创建一个索引，再基于该索引来获取数据。如有多条数据符合要搜索的值，则获取数据键最小的数据。

```
var transaction =db.transaction("yhb","readwrite");
var store=transaction.objectStore("yhb");
var index=store.index("mm");
var request=index.get(mm.value);
request.onerror=function(e){alert("读数据出错！"); };
request.onsuccess=function(e){
  if(request.result!=null)
```

```
alert("用户名="+request.result.uname+"\n 密码="+request.result.mm);
else
    alert("没有该数据! "); };
```

8. 使用指针对象

get 方法只能用 key 或 index 来读取数据，并且只返回一条记录。要想查询一范围内的内容，可使用指针对象（cursor），调用 openCursor(IDBKeyRange,IDBCursor)方法来取得数据。成功时，指针对象存放于 result 属性中。指针对象有数据键 key 和数据值 value 两个属性，每次返回一条记录，通过 continue()方法获取下一条；无数据时 cursor 返回 undefined。

openCursor()方法的 IDBKeyRange 参数表示查询的范围，有 4 个方法可选，如表 7-9 所示。

表 7-9　　　　　　　　　　　　　　　　　IDBKeyRange 的方法及应用

方法名	作用	示例语法	范围
lowerBound	查询范围下限	IDBKeyRange.lowerBound(a); IDBKeyRange.lowerBound(a,true);	value>=a value>a
upperBound	查询范围上限	IDBKeyRange.upperBound(a); IDBKeyRange.upperBound(a,true);	value<=a value<a
bound	查询范围上下限	IDBKeyRange.bound(a,b); IDBKeyRange.bound(a,b,true,true); IDBKeyRange.bound(a,b,true,false);	value>=a&&value<=b value>a&&value<b value>a&&value<=b
only	查询固定值	IDBKeyRange.only(a);	value=a

表 7-9 中的参数 true 或 false 分别表示不包含或包含查询值，默认为 false，即包含查询值。

openCursor()方法的 IDBCursor 参数用来设置数据的浏览方向，有 4 个参数可选，如表 7-10 所示。

表 7-10　　　　　　　　　　　　　　　　　IDBCursor 的参数

参数	说明
next	从小到大
nextunique	从小到大，有多条相同数据时，仅返回数据键 key 最小的数据
prev	从大到小
prevunique	从大到小，有多条相同数据时，仅返回数据键 key 最大的数据

查询邮箱的代码如下。

```
var transaction =db.transaction("yhb","readwrite");
var store=transaction.objectStore("yhb");
var index=store.index("yx");
var request=index.openCursor(IDBKeyRange.lowerBound(yx.value),IDBCursor.Next);
request.onerror=function(e){
    alert("读数据出错! ");};
request.onsuccess=function(e){
    var cursor=e.target.result;
    if(cursor){
        alert("用户名="+cursor.value.uname+"\n 邮箱="+cursor.value.yx);
```

```
            cursor.continue();
        }else
            alert("没有数据了！"); };
```

9. 示例运行结果

最后在 HTML5 网页的 `<body>` 标记中加入 onLoad() 方法，并加入用户名、密码、邮箱的输入框，再依次加入相应的按钮标记。

```
<body onload="onLoad()">
  <div>
    用户名：<input type="text" id="uname"><br>
    密　码：<input type="password" id="mm"><br>
    邮　箱：<input type="text" id="yx"><br>
    <input type="button" id="qd" value="确定">
    <input type="button" id="sc" value="删除">
    <input type="button" id="qk" value="清空">
    <input type="button" id="xz" value="卸载"><br>
    <input type="button" id="dq" value="读取">
    <input type="button" id="mmdq" value="密码读取">
    <input type="button" id="syzz" value="使用指针">
  </div>
</body>
```

IndexedDB 示例运行结果如图 7-2 所示。

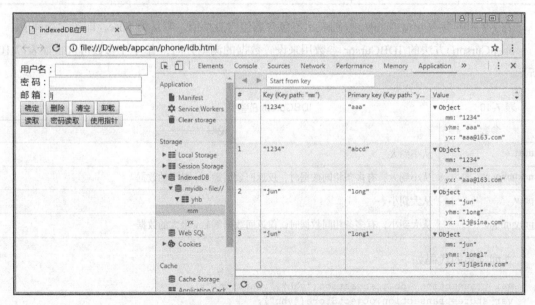

图 7-2　IndexedDB 示例运行结果

7.3.2　Web SQL Database 的使用

Web SQL Database 并未包含在 HTML5 规范中，使用的是 SQLite 数据库，各大浏览器均支持，原生应用也适用。SQLite 是一款轻量级的数据库，是遵守 ACID 的关系型数据库管理系统。其设计目标是嵌入式数据库，占用资源低，只需几百 KB 的内存，支持 Windows、Linux、UNIX 等操作系统，能与 C#、PHP、Java、JavaScript 等程序语言结合，包含 ODBC 接口，处理速度快。

1. Web SQL Database 基本操作

Web SQL Database 主要完成数据库的创建、打开，并进行增加、删除、更新、读取等操作，按创建数据库→创建交易→执行 SQL 语句→取得 SQL 执行结果 4 步来完成。

2. 创建数据库

Web SQL Database 通过定义数据库的名称、版本、描述及大小创建数据库。HTML5 的 Web SQL Database 大小因设备而异，Android 平台的小于 15MB，iOS 平台的小于 10MB，可根据实际情况调整。实际应用中通常用 1024×1024 表示 1MB，以更加清楚地表示数据库大小。使用时，用 openDatabase 创建、打开数据库，数据库存在则打开，不存在则创建，语法格式如下：

```
db=openDatabase(dbName,dbVersion,dbDescription,dbSize,creationCallback);
```

参数依次为：dbName 为数据库名；dbVersion 是数据库版本，如版本不符，则无法打开，建议用空白字符串""表示不限定版本；dbDescription 是数据库描述，可空；dbSize 是数据库大小；creationCallback 为创建的回调函数，为可选项。

3. 创建交易

使用 database.transaction(querysql,errorCallback,successCallback)语句创建交易，querysql 是实际执行函数，通常定义为匿名函数，执行 SQL 的语句一般也在该函数中。

```
var db;
var db_size=2*1024*1024;
db=openDatabase("mydb","","",db_size);
db.transaction(function(tx){//此函数中通常执行 SQL 语句
    tx.executeSql(mysql);
},function(e){//此函数完成交易失败
    alert("操作失败! ");
},function(e){//此函数完成交易成功
    alert("操作成功! "); });
```

4. 执行 SQL 语句及取得 SQL 执行结果

transaction 中可用 executeSql()函数执行 SQL 语句，进行数据库的各类操作，包括创建数据表和新增、修改、删除、查询数据等，语法格式如下：

```
executeSql(sqlStatement, arguments, callback, errorCallback);
```

参数依次为：sqlStatement 是要执行的 SQL 语句；当在 SQL 语句中采用变量的方式时，用问号"？"来取代变量，在 arguments 中按照问号顺序排列一串值的组合；callback 为成功时获取计算结果的语句；errorCallback 为出错时执行的语句。

（1）创建数据表。SQLite 不强调指定数据类型，数据保存时会以最适合的类型进行保存；创建数据表时，虽然允许忽略数据类型，但为提高维护性和可读性，建议指定数据类型。SQLite 的数据类型如表 7-11 所示。

表 7-11   SQLite 的数据类型

数据类型	说明
text	当声明数据类型为 char、varchar、nvarchar、text、clob 等字符串类型时均归为 text
numeric	当声明数据类型为 numeric、decimal、boolean、date、datetime 等时均归为 numeric
integer	当声明数据类型为 int、integer、tinyint、smallint、mediumint 等整数类型时均归为 integer
real	当声明数据类型为 real、double、float 等浮点数类型时均归为 real
none	不做任何数据类型转换

创建数据表的语法格式如下：

create table if not exists table_name(id integer primary key autoincrement,column1 datatype,...);

其中：table_name 是数据表的名称；column 是字段的名字；datatype 是数据类型；primary key 是主键，表示字段中的数据必须是唯一值，不能重复；autoincrement 表示自动增加，要求数据类型为 integer 或 numeric。

```
create table if not exists yhb(id integer primary key autoincrement,uname varchar(30),mm
varchar(20),yx varchar(30));
```

若在创建表时没有指定主键及自动增加，系统会自动生成一个自动增加的主键 rowid 字段。

（2）新增数据。insert into 语句向表中增加记录。注意在 SQL 语句中，如果数据表中某字段的数据类型为字符型，则该字段的值前后要用单引号引起，表示该值是字符串，语法格式如下：

```
insert into table_name(column1,column2,…) values(value1,value2,...);
```

其中：table_name 是数据表的名称；column 是字段的名字；value 是值，要求 column 和 value 的数量、数据类型必须前后一致。操作时可采用直接赋值或参数赋值的方式来实现，具体见下面的示例。

SQL 语句直接赋值增加数据的代码示例如下。

```
db.transaction(function(tx){
  tx.executeSql("insert into yhb(uname,mm,yx) values
('"+uname.value+"','"+mm.value+"','"+yx.value+"')",[]
    ,function(e){
      alert("数据增加失败！");
    },function(e){
      alert("数据增加成功！"); });});
```

SQL 语句采用参数赋值增加数据的代码示例如下。

```
db.transaction(function(tx){
  tx.executeSql("INSERT INTO yhb(uname,mm,yx) values(?,?,?)"
    ,[uname.value,mm.value,yx.value],
function(tx,result){
alert("数据增加成功！");
},function(tx,result){
alert("数据增加失败！");}); });
```

（3）修改数据。update 语句修改符合条件的所有记录，语法格式如下：

```
update table_name set column1=value1,column2=value2,… where condition;
```

其中：condition 指的是要修改的条件；若省略 where 子句，将修改全部记录。

```
db.transaction(function(tx){
tx.executeSql("update yhb set mm='"+mm.value+"',yx='"+yx.value+"' where uname='"+
uname.value+"'");
},function(e){
alert(uname.value+"数据修改失败! ");
},function(e){
alert(uname.value+"数据修改成功! ");});
```

（4）删除数据。delete from 语句删除符合条件的所有记录，语法格式如下：

```
delete from table_name where condition;
```

其中：condition 指的是要删除的条件；若省略 where 子句，将删除表里的全部记录。

```
db.transaction(function(tx){
tx.executeSql("delete from yhb where uname='"+uname.value+"'");
},function(e){
alert(uname.value+"数据删除失败! ");
},function(e){
alert(uname.value+"数据删除成功! "); });
```

（5）读取数据。select from 语句查询符合条件的所有记录，语法格式如下：

```
select column1,column2,… from table_name where condition;
```

如果想查询所有字段，可用 "*" 代替 column，找到数据后，结果行以 result.rows 表示。用 result.rows.length 计算记录的数量，可用 result.rows.item(index)获取指定的记录，index 指的是行的索引，从 0 开始。取得单行数据后通过字段名取得所需数据。

读一条记录的代码示例如下。

```
db.transaction(function(tx){
  tx.executeSql("select * from yhb where uname='"+uname.value+"'",null,
  function(tx,result){
   if(result.rows.length>0){
      item=result.rows.item(0);
      var s="id="+item["id"]+"用户名="+item["uname"];
      s+="密码="+item["mm"]+"邮箱="+item["yx"];
      alert(s);
 }else
      alert("没有此用户数据! ");
  },function(tx,result){alert("读取数据出错! ");});});
```

读多条记录的代码示例如下。

```
db.transaction(function(tx){
  tx.executeSql("select * from yhb where uname like '%"+uname.value+"%'",null,
    function(tx,result){
     if(result.rows.length>0){
      var s="";
      for(var i=0;i<result.rows.length;i++){
       item=result.rows.item(i);
       s+="id="+item["id"]+"用户名="+item["uname"];
       s+="密码="+item["mm"]+"邮箱="+item["yx"]+"<br>";}
      xs.innerHTML=s;
     }else
      alert("没有此用户数据! ");
    },function(tx,result){alert("读取数据出错! ");});});
```

5. 示例运行结果

最后，在 HTML5 网页的<body>标记中加入 onLoad()方法，并加入用户名、密码、邮箱的输入框，再依次加入相应的按钮标记。

```
<body onload="onLoad()">
  <div>
      用户名：<input type="text" id="uname"><br>
      密  码：<input type="password" id="mm"><br>
      邮  箱：<input type="email" id="yx"><br>
      <input type="button" id="qd" value="确定">
      <input type="button" id="sc" value="删除">
      <input type="button" id="xg" value="修改">
      <input type="button" id="ytjl" value="一条记录"><br>
      <input type="button" id="dtjl" value="多条记录">
      <input type="button" id="mmdq" value="密码读取">
      <input type="button" id="syzz" value="使用指针">
  </div>
  <div id="xs"></div>
</body>
```

Web SQL Database 示例运行结果如图 7-3 所示。

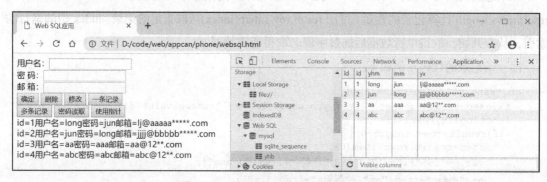

图 7-3　Web SQL Database 示例运行结果

7.4　jQuery 和 jQuery Mobile

jQuery 是一个快速、简单、开放的 JavaScript 库，它简化了 HTML 文档的节点查找、事件处理、动画处理、Ajax 互动等功能实现的步骤，兼容 CSS3、各种浏览器，文档说明齐全，各种应用说明详细，在互联网中有众多开放、成熟的插件可供选择。

7.4.1　jQuery

1. jQuery 的主要功能

（1）获得文档节点：jQuery 通过丰富的"选择器"机制可获取需要的文档节点。

（2）改变文档的内容：jQuery 通过少量代码就可以改变文本、排序表格、插入图像、重写文档。

（3）修改页面外观：jQuery 提供了跨浏览器标准来改变文档中某个或某类节点的样式属性。

（4）响应用户的交互操作：jQuery 提供了获取各种页面事件的方式。

（5）为页面添加动态效果：jQuery 可以创建隐藏、显示、切换、滑动以及自定义动画等效果。

（6）对 Ajax 的支持：在 Web 应用编程技术中，Ajax 很流行，jQuery 对其提供了支持。

（7）简化 JavaScript 操作：jQuery 提供了操作数组、对象、字符串等的工具函数，方便和简化了 JavaScript 基本数据结构的操作。

2. 使用 jQuery

jQuery 不需要安装，只需直接下载.js 文件，然后通过<script>标记在 Web 页面中引入，语法格式如下：

```
<script type="text/JavaScript" src="路径/jQuery 的.js 文件" ></script>
```

下载的库文件有两种格式，一种是完整的开发版；另一种是 min 压缩版，文件较小。

也可使用 CDN 加载 jQuery。CDN 是内容分发服务网络，即将要加载的内容通过该网络系统进行分发。只要将网址及相应的.js 文件加入网页中即可。

3. jQuery 的基本架构

jQuery 要等到浏览器加载 HTML 的 DOM 对象后才执行，可调用.ready()方法来确认 DOM 是否已经全部加载，语法格式如下：

```
jQuery(document).ready(function(){});
```

jQuery 程序代码由 "jQuery" 开始，通常用 "$" 代替，函数括号内的参数表示要选用的对象。ready()方法的括号内是事件处理的函数程序代码，可以把事件处理函数定义为匿名函数，从而有更简洁的写法，语法格式如下：

```
$(function(){});
```

jQuery 的使用简单，只要指定其作用的 DOM 组件及执行的操作即可，语法格式如下：

```
$(选择器).操作();
```

4. jQuery 选择器

jQuery 选择器用来选择 HTML 元素，可通过 HTML 标记名称、id 属性、class 属性来选择网页中的元素。

（1）标记名称选择器。直接使用 HTML 标记来选择对象，如要选择所有的<div>标记，写法为$("div")。

（2）id 选择器（#）。通过元素的 id 属性来选择对象，在 id 属性前加上 "#"。如要选择 HTML 网页中 id 属性为 xs 的对象，写法为$("#xs")。注意：在一个 HTML 网页中元素的 id 属性名称不能重复。

（3）class 选择器（.）。通过元素的 class 属性来选择对象，只要在 class 属性前加上 "." 即可。如要选择 HTML 网页中 class 为 p1 的对象，写法为$(".p1")。

在应用中可以将上述 3 种选择器进行组合，如选择所有<h1>标记的 class 属性为 p1 的组件，写法为$("h1.p1")。jQuery 选择器如表 7-12 所示。

表 7-12　　　　　　　　　　　　　　　　jQuery 选择器

选择符	形式	说明
id 选择符	#id	根据 id 匹配一个节点
类选择符	.class	根据给定的样式类名匹配节点
节点匹配符	element	根据节点名匹配节点
通配选择符	*	匹配所有节点
并集	selector1,selector2	选择器之间用逗号分隔，返回与每一个选择器匹配的节点
匹配后代节点	ancestor descendant	根据祖先节点匹配所有后代节点，返回的是匹配到的后代节点，用空格分开
匹配子节点	parent>child	根据父节点匹配所有子节点，返回所有的子节点，用大于号 ">" 隔开
匹配下一兄弟节点	prev+next	匹配与接在 prev 节点后的节点相邻的下一节点，用加号 "+" 隔开
匹配所有兄弟节点	prev～siblings	匹配 prev 后所有兄弟节点，用波浪线 "～" 隔开

5. 使用 jQuery 设置 CSS 属性

jQuery 可以用 css()方法改变网页的 CSS。元素的开始标记中通常包含多个属性（attribute），jQuery 根据各种属性对由基本选择器查询到的元素进行过滤。jQuery 属性选择器如表 7-13 所示。

表 7-13　　　　　　　　　　　　　　　　jQuery 属性选择器

选择符	说明	代码
[attribute]	匹配含有给定属性的节点	$("div[p20]").css("font-size","20px");
[attribute=value]	匹配含有属性=value 的节点	$("div[class=p20]").css("font-size","20px");
[attribute!=value]	匹配含有属性且!=value 的节点	$("div[class!=p20]").css("color","blue");
[attribute^=value]	匹配属性值以 value 开始的节点	$("a[href^=mailto:]").css("color","blue");
[attribute$=value]	匹配属性值以 value 结束的节点	$("a[href$=163.com]").css("color","blue");
[attribute*=value]	匹配属性值包含某值的节点，以 value 开始或结束或包含的属性值都匹配	$("div[class*=p20]").css("font-size","20px");
[selector][selector]	匹配属性选择器的交集	$("div[class][title=t1]").css("font-size","20px");

6. jQuery 筛选函数

jQuery 提供了过滤、串联、查找操作，可在已获取节点集合的基础上进一步筛选。jQuery 筛选函数如表 7-14 所示。

表 7-14　　　　　　　　　　　　　　　　jQuery 筛选函数

函数名	说明	代码
eq(index)	选取指定索引值的节点	$("div").eq(2).css("font-size","20px");
filter(expr)	选取带有匹配表达式的节点子集合，filter 中的参数可以是一个函数	$("p").filter(function(){return $(this).hasClass("aa");}).css("color","blue");

续表

函数名	说明	代码
not(expr)	用来删除匹配的节点	$("p").not("a1");
slice(start,[end])	用来截取范围内的节点	$("p").slice(2,5).css("color","blue");
add(expr)	把与表达式匹配的节点添加到原集合中	$("#id").add(".cs");
children([expr])	得到所有匹配子节点的集合	$("p").children(".selected").css("color","blue");
find(expr)	搜索所有与指定表达式匹配的节点	$("p").find("span");
contents()	查找匹配节点内部所有的子节点	$("p").contents().find("span").append("查找");
next(expr)、nextAll(expr)	搜索后面一个或所有的同辈节点	$("#p1").next("p").css("color","blue");
prev(expr)、prevAll(expr)	搜索前面一个或所有的同辈节点	$("#p1").prev("p").css("color","blue");
siblings([expr])	获得所有兄弟节点	$("#p1").siblings("p").css("color","blue");
parent([expr])	取得所有节点都包含的父节点	$("#p1").parent("p").css("color","blue");
addSelf()	将先前所选的节点加入当前节点中	$("#p1").next().andSelf().css("color","blue");
end()	将所选的节点返回上一结果	$("#p1").next().end().css("color","blue");

7.4.2　jQuery Mobile

jQuery Mobile 是一套以 jQuery 和 jQuery UI 为基础，为移动设备提供跨平台的用户界面函数库。它基于 HTML5，拥有响应式网站特性，兼容所有主流移动设备平台的统一 UI 接口系统与前端开发框架。

1．jQuery Mobile 的基本操作

jQuery Mobile 的操作流程与编写 HTML 页面相似，按以下步骤进行：新建 HTML 文件、声明 HTML5Document→载入 jQuery Mobile CSS、jQuery 与 jQuery Mobile 链接库→使用 jQuery Mobile 定义的 HTML 标准编写网页架构及内容。

若要编写 jQuery Mobile 页面，则必须引用 jQuery Mobile 函数库（.js）、CSS（.css）和相应的 jQuery 函数库文件（.js）。与 jQuery 相同，可用 URL 方式加载文件，也可通过 CND 服务器请求方式进行加载。其语法格式如下：

```
<link rel="stylesheet" href="css/jquery.mobile-1.4.5.css"/>
<script type="text/JavaScript" src="js/jquery-1.11.1.min.js"></script>
<script type="text/JavaScript" src="js/jquery.mobile-1.4.5.min.js"></script>
```

2．创建 jQuery Mobile 页面

新建 jQuery Mobile 页面时，要在 jQuery Mobile 页面中通过<div>标记组织页面结构，在标记中通过设置 data-role 属性来设置该标记的作用。每一个设置了 data-role 属性的<div>标记就是一个容器，可以从该容器中转到其他的页面元素。

jQuery Mobile 网页以页（page）为单位，一个 HTML 文件可以存放一个页面，也可以存放多个页面，但多页的 id 不能重复。需要注意的是，浏览器每次只会显示一页，每页可以由 header、content、footer 3 个区域组成，如图 7-4 所示。

```
<body>
  <div data-role = "page" data-title="第一页">
    <div data-role="header">标题</div>
       <div data-role="content">内容</div>
    <div data-role="footer">页脚</div>
  </div>
</body>
```

HTML5 代码　　　　　　　　　　　　　　　　　　　页面效果

图 7-4　jQuery Mobile 的 HTML 代码及标准页面

3. jQuery Mobile 页面链接

（1）内链接：在 jQuery Mobile 页面中，可以从一个网页跳转到其他页（page），它们间的跳转是通过超链接<a>来实现的：在<a>标记中设置 href 属性值为"#对应页面的 id 名称"即可。这种方式称为内链接，如<a href="#page1">第一页</a>。

（2）外链接：在 jQuery Mobile 页面中，单击页面中某个链接跳转到另一个页面，只需要在<a>标记中添加 rel 属性并设置为 external 即可，这种方式称为外链接，如<a href="b.html" rel="external">b 页</a>。

（3）页面跳转过渡效果：在 jQuery Mobile 页面中，内链接和外链接都支持页面跳转过渡的动画效果，只需要在<a>标记中添加 data-transition 属性即可，格式为<a href="链接地址" rel="external" data-transition="slide|pop|slideup|slidedown|fade|flip">跳转</a>。data-transition 各属性值说明如表 7-15 所示。

表 7-15　　　　　　　　　　　　　　　data-transition 属性值

属性值	说明
slide	该属性值为默认值，表示从右至左的滑动动画效果
pop	表示以弹出的动画效果打开链接页面
slideup	表示向上滑动的动画效果
slidedown	表示向下滑动的动画效果
fade	表示渐变褪色的动画效果
flip	表示当前页面飞出、链接页面飞入的动画效果

4. jQuery Mobile 页面

（1）页面后退。在 jQuery Mobile 页面中有两种方法实现后退功能，一种是在容器的标记中设置 data-add-back-btn 属性值为 true，如<div data-role="header" data-add-back-btn="true">；另一种是在超链接中添加 data-rel 属性，并设为 back，将忽视 href 属性的 URL 值，单击返回浏览器历史的上一页面，如<a href="" data-rel="back">返回</a>。

（2）对话框。将 data-rel 设置为 dialog，打开的页面将以对话框的形式展示在浏览器中，对话框左上角自带一个"×"关闭按钮，单击该按钮可以关闭对话框。data-rel 的属性值及说明如表 7-16 所示。

表 7-16　　　　　　　　　　　　　　　data-rel 的属性值

属性值	说明
back	在历史记录中向后移动一步
dialog	将页面作为对话框打开，不在历史中记录

续表

属性值	说明
external	链接到另一网页
popup	打开弹出窗口

（3）页面加载。在开发移动应用程序时，为加快移动终端访问页面的速度，可将一个链接的页面设置成预加载方式。在当前页面加载完成后，目标页面也被自动加载到当前文档中，用户单击就马上打开，这样加快了页面访问速度。实现页面的预加载有以下两种方法。

①在需要预加载的元素超链接中添加 data-prefetch 属性，不设置或设置为 true。添加后 jQuery Mobile 将在加载完当前页面后，自动加载 href 属性所链接的页面，如<a href="login.html" rel="external" data-prefetch="true">登录</a>。

②调用 JavaScript 代码中的全局性方法$.mobile.loadPage()来预加载目标 HTML 页面。

（4）页面缓存。在 jQuery Mobile 中，还可以通过页面缓存的方式将访问过的历史内容存入页面文档中。当用户重新访问时，不需要重新加载，只要从缓存中读取就可以了。有以下两种方法。

①在需要被缓存的元素属性中添加 data-dom-cache 属性，不设置或设置为 true，该属性的功能是将对应的元素内容写入缓存中，如<div data-role="page" data-dom-cache="true">…</div>。

②通过 JavaScript 代码设置 jQuery Mobile 全局性属性，可将当前文档写入缓存中，如$.mobile.page.prototype.options.domCache=true。

5．jQuery Mobile UI 组件

jQuery Mobile 提供了许多常用的可视化 UI 组件，语法与 HTML5 标记类似。

（1）文本框（text input）：输入文本，如<input type="text" name="" id="" value=""/>。

（2）范围滑块（range slider）：选择或输入范围内的一个整数，min 是最小值，max 是最大值，value 是选定的值，data-highlight 为 true 则设置选中的范围高亮显示，如

```
<input type="range" name="" id="" value="" min="" max="" data-highlight="true"/>
```

（3）单选按钮（radio button）：只能选择单选按钮组中的一项。将多个单选按钮设置相同的 name，则可将多个单选按钮加入同一组。属性 checked="checked"表示选中，可用<fieldset>标记创建一个组合，组内各个组件仍然保持自己的功能，且样式统一；在<fieldset>标记中添加 data-role="controlgroup"属性，则外观上更像一个整体，效果如图 7-5 所示。

```
<fieldset data-role="controlgroup">
  <legend>单选按钮示例</legend>
  <input type="radio" name="sl" id="sl1" value="示例1" checked/>
  <label for="sl1">示例1</label>
  <input type="radio" name="sl" id="sl2" value="示例2"/>
  <label for="sl2">示例2</label>
  <input type="radio" name="sl" id="sl3" value="示例3"/>
  <label for="sl3">示例3</label>
</fieldset>
```

HTML5 代码　　　　　　　　　　　　　　　　　页面效果

图 7-5　radio button 的 HTML 代码及页面效果

（4）复选框（check box）：可选择一项、多项或一项都不选，如图 7-6 所示。

```
<input type="checkbox" name="dx0" id="dx0" value="多选 0"
checked="checked"/>
<label for="dx0">多选按钮 0</label>
<input type="checkbox" name="dx1" id="dx1" value="多选1"/>
<label for="dx1">多选按钮 1</label>
<input type="checkbox" name="dx2" id="dx2" value="多选 2"/>
<label for="dx2">多选按钮 2</label>
```

HTML5 代码　　　　　　　　　　　　　　　　　　　页面效果

图 7-6　check box 的 HTML 代码及页面效果

（5）按钮（button）。jQuery Mobile 可用来制作链接按钮（link button）和表单按钮（form button）。在超链接<a>标记中设置属性 data-role="button"，可将超链接转为按钮的体现形式，即链接按钮。设置属性 data-mini="true"可将按钮及字体以小一号来显示。按钮默认占满一行，通过属性 data-inline="true"可让按钮依照文字内容的宽度在行内显示，这称为"内联按钮"。语法格式如下：

```
<a href="#" data-role="button" data-mini="true" data-inline="true">链接按钮</a>
```

表单按钮是表单使用的按钮，分为普通按钮、提交按钮和取消按钮。普通按钮通过设置属性 data-type="button"实现。可用 data-icon 属性添加小图标，data-iconpos="top|bottom|left|right"属性设置图标的位置。若想把按钮排在一起，可先用 data-role="controlgroup"属性定义组，再将按钮加入<div>，生成按钮组。表单按钮默认为垂直排列，效果如图 7-7 所示，用 data-type="horizontal"属性可设置为水平排列。

```
<div data-role="controlgroup" data-type="vertical">
  <input type="button" id="an" value="按钮" data-icon="gear"
data-mini="true" data-iconpos="top" data-inline="true"/>
  <input type="submit" id="tj" value="提交" data-icon="delete"
data-mini="true" data-iconpos="right" data-inline="true"/>
  <input type="reset" id="cz" value="重置" data-icon="refresh"
data-mini="true" data-iconpos="bottom" data-inline="true"/>
</div>
```

HTML5 代码　　　　　　　　　　　　　　　　　　页面效果

图 7-7　button 的 HTML 代码及页面效果

（6）选择菜单（select）。使用<select>标记形成的选择菜单是原生菜单；在<select>标记中添加 data-native-menu 属性并设置为 false，则转换为自定义菜单；通过设置属性 multiple="true"可将菜单转换为多选菜单。也可将多个选择菜单用<fieldset>标记包含，并在<fieldset>标记中添加 data-role="controlgroup"属性来定义组。选择菜单的页面效果如图 7-8 所示。

（7）列表（list view）。可以以列表的方式显示数据，用编号列表<ol>标记加上<li>标记，或用项目列表<ul>标记加上<li>标记，并在<ul>或<ol>标记中加上 data-role="listview"属性即可。列表的页面效果如图 7-9 所示。

```
<fieldset data-role="controlgroup" data-type="vertical">
   <select name="nian" id="nian" data-native-menu="false">
      <option>2019 年</option>
      <option>2018 年</option>
      <option>2017 年</option>
   </select>
   <select name="yue" id="yue" data-native-menu="false">
      <option>1 月</option>
      <option>2 月</option>
      <option>3 月</option>
   </select>
</fieldset>
```

　　　　　　　　　HTML5 代码　　　　　　　　　　　　　　　　　页面效果

图 7-8　select 的 HTML 代码及页面效果

```
<ol data-role="listview">
   <li>北京市</li>
   <li>上海市</li>
   <li>天津市</li>
   <li>重庆市</li>
</ol>
```

　　　　　　　　　HTML5 代码　　　　　　　　　　　　　　　　　页面效果

图 7-9　列表的 HTML 代码及页面效果

（8）切换开关（slider）。在<select>标记中设置 data-role 属性值为"slider"，可将下拉列表元素中的两个<option>选项转变为一个切换开关。slider 的页面效果如图 7-10 所示。

```
<select id="kg" data-role="slider">
   <option value="1">开</option>
   <option value="0">关</option>
</select>
```

　　　　　　　　　HTML5 代码　　　　　　　　　　　　　　　　　页面效果

图 7-10　slider 的 HTML 代码及页面效果

（9）jQuery Data 属性（见表 7-17）。

表 7-17　　　　　　　　　　　　　　　　jQuery Data 属性

Data 属性	值	描述
data-ajax	true | false	是否通过 Ajax 来加载页面
data-close-btn-text	sometext	仅用于对话框的关闭按钮的文本
data-collapsed	true | false	内容是否应该关闭或展开
data-collapsed-icon	Icons Reference	可折叠按钮的图标。默认是加号

续表

Data 属性	值	描述
data-content-theme	letter (a-z)	主题颜色
data-corners	true | false	是否有圆角
data-disable-page-zoom	true | false	用户是否有能力缩放页面
data-dom-cache	true | false	是否为个别页面清除 jQuery DOM 缓存
data-enhance	true | false	框架是否设置页面的样式
data-expanded-icon	Icons Reference	可折叠按钮展开时的图标。默认是减号
data-fullscreen	true | false	页面是否始终位于顶部并覆盖页面内容
data-highlight	true | false	是否突出显示滑块轨道
data-icon	Icons Reference	图标。默认没有图标
data-iconpos	left|right|top|bottom|notext	图标的位置
data-iconshadow	true | false	图标是否有阴影
data-inline	true | false	按钮是否是行内的
data-inset	true | false	是否拥有圆角和外边距的样式
data-mini	true | false	是小型的还是常规尺寸的
data-native-menu	true | false	使用 jQuery 的自定义选择菜单
data-overlay-theme	letter (a-z)	对话页的叠加（背景）色
data-placeholder	true | false	在非原生 select 的 \<option> 元素上设置
data-position	inline | fixed	页脚与页面内容是行内关系还是保留在底部
data-position-to	origin|jQuery selector|window	origin 位于打开它的链接上。jQuery selector 位于指定元素上。window 位于窗口屏幕中
data-shadow	true | false	是否有阴影
data-tap-toggle	true | false	是否可以通过点击或敲击来切换工具栏的可见性
data-theme	letter (a-z)	主题颜色
data-title	sometext	对话页的标题
data-transition	fade|flip|flow|pop|slide|slide-down|slidefade|slideup|turn|none	如何从一页过渡到另一页
data-update-page-padding	true | false	resize、transition、updatelayout 及 pageshow 事件发生时更新页面上下内边距
data-visible-on-page-show	true | false	在显示父页面时工具栏的可见性

（10）jQuery Mobile UI 的图标参数及外观样式说明（见表 7-18）。

表 7-18　　　　　　　　　　　　图标参数及外观样式说明

图标参数	说明	图标参数	说明	图标参数	说明
action	动作	alert	警告	audio	视频/音频/扬声器
arrow-d-l	左下角	arrow-d-r	右下角	arrow-u-l	左上角

续表

图标参数	说明	图标参数	说明	图标参数	说明
arrow-u-r	右上角	arrow-l	左箭头	arrow-r	右箭头
arrow-u	上箭头	arrow-d	下箭头	back	返回
bars	栏目	bullets	栅栏	calendar	日历
camera	照相机	carat-d	向下	carat-l	向左
carat-r	向右	carat-u	向上	check	验证
clock	时钟	cloud	云	comment	评论
delete	删除	edit	编辑/铅笔	eye	眼睛
forbidden	禁止	forward	前进	gear	齿轮
grid	网格	heart	爱心	home	家/主页
info	信息	location	定位/GPS	lock	锁/挂锁
mail	邮件/信封	minus	减号	navigation	导航
phone	电话	power	开关	plus	加号
recycle	回收	refresh	刷新	search	搜索
shop	商店	star	星号	tag	标签
user	用户	video	摄像机		

6．网页导航与布局主题

（1）导航栏（navbar）。jQuery Mobile 为导航栏提供了专门的 navbar 组件。在<div>标记中添加 data-role="navbar"属性，通过<ul>标记可设置导航栏的各子类导航按钮。每一行最多可放置 5 个按钮，超出数量的按钮自动显示在下一行。导航栏的按钮可以引用系统图标或自定义图标。导航栏通常放置在页面的头部和尾部。在容器中如需设置某个子类导航按钮为选中状态，需在按钮的元素中添加 ui-btn-active 类别属性。在导航栏的内部容器中，每个子类导航栏按钮的宽度是一致的，每增加一个子类按钮，都会将原先按钮的宽度按照等比例的方式进行均分。

在导航栏中，各子类导航链接是通过<a>元素来实现的。在<a>元素中添加 data-icon 属性即可显示图标，具体图标如表 7-18 所示。导航栏中的图标默认放置在按钮文字的上方，也可添加 data-iconpos 属性并设置为 top（默认值）|left|right|bottom，分别表示图标在文字的上方、左边、右边和下方。导航栏的页面效果如图 7-11 所示。

```
<div data-role="navbar" data-iconpos="left">
  <ul>
    <li><a href="" class="ui-btn-active" data-icon=
"home">首页</a></li>
    <li><a href="" data-icon="info">财经</a></li>
    <li><a href="" data-icon="cloud">体育</a></li>
    <li><a href="" data-icon="audio">音乐</a></li>
    <li><a href="" data-icon="grid">教育</a></li>
  </ul>
</div>
```

HTML5 代码　　　　　　　　　　　　　　　　　页面效果

图 7-11　navbar 的 HTML 代码及页面效果

（2）结构化 jQuery Mobile 页面内容。jQuery Mobile 提供了多列的表格布局、折叠的面板控制等工具对页面正文区域进行格式化处理。

在 jQuery Mobile 中，组件和页面布局的主题定义是通过一套完整的 CSS 实现的。该主题一是用于控制元素在屏幕中显示的位置、填充效果、内外边距等结构；二是用于控制元素的颜色、渐变、字体、圆角、阴影等视觉效果，并包括了多套色板，每套色板均定义了列表项、按钮、表单、工具栏、内容块、页面的效果。只需将 data-theme 属性值设置成主题对应的样式字母 a、b、c 等即可。data-theme 的页面效果如图 7-12 所示。

data-theme="a"　　　　　　　　　　data-theme="b"　　　　　　　　　　data-theme="c"

图 7-12　data-theme 的页面效果

在 jQuery Mobile 中可以自定义主题类，可以定义到字母 z，如表 7-19 所示。

表 7-19　　　　　　　　　　　　　　　jQuery Mobile 中的主题类

类样式名称	说明
ui-page-theme-(a-z)	用于设置页面整体
ui-bar-(a-z)	用于设置页面头部栏、尾部栏以及其他栏目
ui-btn-(a-z)	用于设置按钮
ui-group-theme-(a-z)	用于设置控制组的演示 listviews 和 collapsible 集合
ui-overlay-(a-z)	用于设置页面背景颜色，包括对话框、弹出窗口和其他出现在最顶层的页面容器

jQuery Mobile 提供的名称为 ui-grid 的 CSS 样式，用来实现页面内容的网格布局。该 CSS 样式有 ui-grid-a、ui-grid-b、ui-grid-c、ui-grid-d 4 种预设的布局设置，分别为 2 列、3 列、4 列、5 列。在网格布局中通过 ui-block-a、ui-block-b、ui-block-c 等添加列子容器，在子容器中设置用于控制各子容器间距的 ui-bar 来设置子容器主题样式的 ui-bar-a、ui-bar-b、ui-bar-c 等。ui-grid 的页面效果如图 7-13 所示。

可折叠区块：将<div>容器的 data-role 属性值设置为 collapsible，就创建了一个可折叠区块；添加<h1>至<h6>标记，该标记将以按钮的方式体现，按钮的左侧有一个 "+" 号，表示可展开；

单击后"+"号变成"-"号，内容出现。默认为折叠状态，将可折叠容器的 data-collapsed 属性值设置为"false"，可折叠区块将展开体现内容。

```html
<div class="ui-grid-c">
  <div class="ui-block-a">
    <div class="ui-bar ui-bar-a">布局网格第一列</div>
  </div>
  <div class="ui-block-b">
    <div class="ui-bar ui-bar-b">布局网格第二列</div>
  </div>
  <div class="ui-block-c">
    <div class="ui-bar ui-bar-c">布局网格第三列</div>
  </div>
</div>
```

HTML5 代码　　　　　　　　　　　　　　　　　　　　页面效果

图 7-13　ui-grid 的 HTML 代码及页面效果

可折叠区块允许嵌套，可将多个可折叠区块放置于一个 <div> 容器中，并添加 data-role="collapsible-set" 属性来形成可折叠区块组。可折叠区块的页面效果如图 7-14 所示。

```html
<div data-role="collapsible" data-collapsed="false">
  <h2>折叠标题</h2>
  <h4>仅为标题</h4>
  <p>内容</p>
</div>
```

HTML5 代码　　　　　　　　　　　　　　　　　　　　页面效果

图 7-14　collapsible 的 HTML 代码及页面效果

7.5　jQuery Mobile 事件

事件指用户执行某种操作时所触发的过程。jQuery Mobile 为开发者提供了可扩展的 API 接口，可以在页面触摸、滚动、加载、显示与隐藏的事件中编写代码，实现事件触发时要完成的功能。

7.5.1　页面事件

jQuery Mobile 针对各页面生命周期的事件有以下几类：在页面初始化前、页面创建时及页面初始化后触发的初始化事件（page initialization）；外部页面加载时触发的外部页面加载事件（page load）；页面切换时触发的页面切换事件（page transition）。

jQuery Mobile 操作事件时用 on() 方法指定要触发的事件并设定事件处理函数，语法格式如下：

```
$(document).on(事件名称, 选择器, 事件处理函数);
```

其中"选择器"可以省略。绑定事件时可以用 on()方法，也可以用 one()方法，但 one()方法只能执行一次，绑定的事件会自动移除，而 on()方法可反复执行。

也可用下面的语法：

```
$(document).事件名称(事件处理函数);
```

1. 初始化事件

（1）jQuery Mobile 执行时，会先触发 mobileinit 事件。通常在此事件中更改 jQuery Mobile 默认的设置值。此事件放在引入.js 文件之前，语法格式如下：

```
$().on("mobileinit",function(){
  //程序语句，如下
  $.mobile.ajaxEnabled=false;//不使用 Ajax
});
```

（2）接着执行页面 DOM 加载后、正在初始化时触发的 pagebeforecreate 事件，页面的 DOM 加载完成、初始化也完成时触发的 pagecreate 事件，页面初始化后触发的 pageinit 等 3 个事件，语法格式如下：

```
$(document).on("pagebeforecreate",function(){
  alert("pagebeforecreate 事件! ");
});
$(document).on("pagecreate",function(){
  alert("pagecreate 事件! ");
});
$(document).on("pageinit",function(){
  alert("pageinit 事件! ");
});
```

2. 外部页面加载事件

jQuery Mobile 用 load()方法加载外部页面时会触发 pagebeforeload 事件，当页面载入成功时触发 pageload 事件，载入失败时触发 pageloadfailed 事件。

（1）load()方法可以在一个页面中加载一个外部文件，轻松实现将服务器端页面嵌入到 jQuery Mobile 页面中，如图 7-15 所示。

```
<div data-role = "content">
    <div id="jz"></div>
</div>
```

HTML5 代码

```
$(function(){
    $("#jz").load("网址");//如百度的网址
}
```

JavaScript 代码

页面效果

图 7-15　用 load()方法在页面中加载外部文件的 JavaScript 代码及页面效果

（2）pagebeforeload 事件是页面加载之前触发的事件，语法格式如下：

```
$(document).on("pagebeforeload",function(event,data){
    alert("pagebeforeload事件, URL="+data.url);
});
```

pagebeforeload 事件的处理函数有两个参数，其中 event 是事件属性，如 event.target、event.type 等；data 参数中经常用到的是表示页面地址的 url 属性。

（3）pageload 事件的语法格式如下：

```
$(document).on("pageload",function(event,data){
    alert("pageload事件, URL="+data.url);
});
```

pageload 事件的处理函数有两个参数，其中 event 是 jQuery 的任何事件属性，如 event.target、event.type、event.pageX 等；data 包含以下属性：

① url——字符串（string）类型，页面的 URL 地址。

② absUrl——字符串（string）类型，绝对路径。

③ dataUrl——字符串（string）类型，地址栏的 URL。

④ options（object）——对象（object）类型，$.mobile.loadPage()指定的选项。

⑤ xhr——对象（object）类型，XMLHttpRequest 对象。

⑥ textStatus——对象（object）状态或空值（null），返回状态。

（4）页面加载失败时触发 pageloadfailed 事件，默认会出现"Error LoadingPage"字样，语法格式如下：

```
$(document).on("pageloadfailed",function(event,data){
    alert("pageloadfailed事件, 页面加载失败! ");
});
```

3．页面切换事件

jQuery Mobile 页面之间相互切换时会显示相应的动画过渡效果，语法格式如下：

```
$(":mobile-pagecontainer").pagecontainer("change",to[,options]);
```

其中，to 属性用于设置要切换的目标页面，其值必须是字符串或者 DOM 对象，内部页面可直接指定 DOM 对象 id 名称，如要切换到 id 名称为 about 的页面，可写为"#about"。 要链接外部页面，应以字符串的形式表示，如要切换到 about.html 页面，可写为"about.html"。

options 属性可以省略不写，属性如表 7-20 所示。

表 7-20　　　　　　　　　　　　　　　页面切换事件的属性

属性	说明
allowSamePageTransition	是否切换到当前页面，默认值为 false
changeHash	是否更新浏览记录。默认为 true，更新。False 表示清除当前页面浏览记录
dataUrl	更新地址栏的 URL
loadMsgDelay	加载画面延迟秒数，单位毫秒（ms），默认 50。若在指定时间内完成加载，则不显示加载画面

续表

属性	说明
reload	当页面已在 DOM 中，是否要重新加载画面，默认为 false
reverse	页面切换效果是否要反向，默认为 false；若设置为 true，则模拟返回上页的效果
showLoadMsg	是否要显示加载中的信息画面，默认为 true
transition	切换页面时使用的转场动画效果，属性值参见"表 7-15 data-transition 属性值"
type	当 to 属性的目标页是 URL 时，指定 HTTP Method 使用 GET 或 POST，默认为 GET

示例代码如下。

```
$(document).on("pagecreate",function(){
  $("#login").on("click",function(){
    $(":mobile-pagecontainer").pagecontainer("change","login.html",{transition:
"slideup"});
  }); });
```

7.5.2　触摸事件

触摸（touch）事件会在用户触摸页面时发生，点击、长按及滑动等动作都会触发 touch 事件。

1．点击事件

触碰页面时触发点击（tap）事件，点击后长按不放，几秒后触发长按（taphold）事件。

（1）触碰到相应的标记将触发点击事件，代码及页面效果如图 7-16 所示。

```
$("#nr").on("tap",function(){
  alert("触摸 tap! ");
});
```

JavaScript 代码　　　　　　　　　　　　　页面效果

图 7-16　点击事件的 JavaScript 代码及页面效果

（2）单击相应的标记且长按不放时将触发 taphold 事件，默认是按住不放 750 毫秒（ms）后触发，可通过在 mobileinit 中设置 $.event.special.tap.tapholdThreshold 改变触发的时间，代码及页面效果如图 7-17 所示。

```
$(document).on("mobileinit",function(){
  $.event.special.tap.tapholdThreshold=2000;
});
$(function(){
  $("#nr").on("taphold",function(){
    alert("长按触发 taphold! ");
});});
```

JavaScript 代码　　　　　　　　　　　　　页面效果

图 7-17　taphold 事件的 JavaScript 代码及页面效果

2. 滑动事件

滑动（swipe）事件是指在屏幕上滑动时触发的事件，起点必须在对象内，1 秒内发生左右移动且距离大于 30px 或垂直移动超过 20px 时触发。向左和向右移动时分别触发 swipeleft、swiperight 事件。

```javascript
$("#hd").on("swipe",function
(){
  hd.innerHTML="正在滑动";
});
```

```javascript
$("#hd").on("swipeleft",function
(){
  hd.innerHTML="正在左滑动";
});
```

```javascript
$("#hd").on("swiperight",function
(){
  hd.innerHTML="正在右滑动";
});
```

3. 滚动事件

当在屏幕上滚动时会触发滚动开始的 scrollstart 事件和滚动停止的 scrollstop 事件。

```javascript
$("#bj").on("scrollstart",function(){
  alert("滚动开始! "); });
```

```javascript
$("#bj").on("scrollstop",function(){
  alert("滚动结束! "); });
```

4. 屏幕方向改变事件

当移动设备屏幕方向发生改变时，触发 orientationchange 事件，通常将其绑定到 window 组件上，从而有效捕捉方向。orientationchange 事件返回设备是水平还是垂直的，类型为字符串，在处理函数中加上 event 对象以接收 orientation 属性值，landscape 为横向，portrait 为纵向。

```javascript
$(document).on("pageinit",function(event){
  $(window).on("orientationchange",function(event){
    if(event.orientation=="landscape")
      alert("水平模式! ");
    else
      alert("垂直模式! ");
  });});
```

7.6　jQuery Mobile 插件

jQuery Mobile 移动应用拥有众多优秀的插件，这些插件主要基于 jQuery 和 jQuery Mobile 的主库，再针对移动终端设备应用而设计。

7.6.1　表格排序插件 tablesorter

tablesorter 插件可对表格进行美化、排序，让表格更灵活地呈现。

1. 下载及使用

tablesorter 插件可以到 tablesorter 的官网进行下载，将下载的 jquery.tablesorter.zip 文件解压后复制到项目文件夹中即可。tablesorter 是 jQuery 的插件，不能离开 jQuery 单独使用，使用时应在 <head> 标记中加入.css 及.js 文件。格式如下：

```html
<link rel="stylesheet" href="tablesorter/blue/style.css" />
<script type="text/JavaScript" src="tablesorter/jquery-latest.js" ></script>
<script type="text/JavaScript" src="tablesorter/jquery.tablesorter.js" ></script>
```

用 tablesorter 插件设计排序表格类似于制作普通表格，但要指定 table 的 class 属性为

tablesorter，必须有表头标记\<thead>\<th>和表身标记\<tbody>。示例如下。

```
<table id="mytable" class="tablesorter">
  <thead>
      <tr><th>姓名</th><th>电话</th><th>邮箱</th></tr>
  </thead>
  <tbody>
      <tr><td>张三</td><td>114</td><td>zs@12***.com</td></tr>
      <tr><td>李四</td><td>110</td><td>ls@12***.com</td></tr>
  </tbody>
</table>
```

最后在 JavaScript 中指定 tablesorter 排序的表格，代码及页面效果如图 7-18 所示。

```
<script type="text/JavaScript">
  $(function(){
        $("#mytable").tablesorter();
  });
</script>
```

JavaScript 代码   页面效果

图 7-18   tablesorter 插件的 JavaScript 代码及页面效果

从运行结果可以看出，在表头每列的右上方有一个排序按钮，单击该按钮即可对表格进行排序。

2. 高级应用

（1）默认排序。通过 sortList 参数可设置表格的默认排序，语法格式如下：

```
tablesorter({sortlist:[[columnIndex,sortDirection],...]});
```

columnIndex 指定要排序的字段，左起第一列为 0；sortDirection 为排序方式，0 为升序、1 为降序。当有多列排序时，优先级依次递减，即先按前一列排序，当前一列的值相同时，再按后一列排序。

若要设置某一列不允许排序，在 headers 参数中指定字段不排序，语法格式如下：

```
tablesorter({headers:{columnsIndex:{sorter:false},...}});
```

（2）奇偶行分色。设置 widgets 参数为 zebra 可实现奇偶行分色，语法格式如下：

```
tablesorter({widgets:['zebra']});
```

tablesorter 插件实现奇偶行分色的代码及页面效果如图 7-19 所示。

```
$(function(){
  $("#mytable").tablesorter({
    sortList:[[0,1]],
    headers:{1:{sorter:false}},
    widgets:["zebra"]});
});
```

JavaScript 代码   页面效果

图 7-19   tablesorter 插件实现奇偶行分色的 JavaScript 代码及页面效果

从运行结果可见，在表头第 0 列"姓名"右上方只有一个单向排序按钮，单击该按钮可反向排序。第 1 列"电话"没有排序图标。

7.6.2　滑动导航菜单插件 mmenu

mmenu 插件提供打开、关闭、切换等常用菜单功能，以及菜单位置（居左或居右）、是否显示菜单项计数器等选项。

mmenu 插件可以到 frebsite 的官网下载。使用 mmenu 时，首先在<head>标记中加入.css 及.js 文件。格式如下：

```
<link href="css/mmenu.css" rel="stylesheet" type="text/css">
<script src="js/jquery.mmenu.min.js"></script>
```

再在<body>标记中创建一个 data-role 为 header 的 div，在 div 里新建用于打开侧边菜单的超链接和侧边菜单的 nav 标记。设置 nav 标记的 id 属性，指定超链接的 href 属性为 nav 标记的 id 值，在 nav 标记中列出所有菜单项目即可完成滑动导航菜单的制作，页面效果如图 7-20 所示。

```
<div data-role="header">
  <div class="l_tbn"><a href="#menu"><img src="tb.png"></a></div>
  <h1>侧边菜单</h1>
  <nav id="menu">
    <ul>
      <li class="selected"><a href="#">首页</a></li>
      <li><a href="#">通讯录</a></li>
      <li><a href="#">产品库</a></li>
      <li><a href="#">新闻库</a></li>
    </ul>
  </nav>
</div>
```

图 7-20　mmenu 插件的页面效果

7.6.3　日期时间插件 DateBox

虽然 HTML5 中提供了 Date 和 Time 类型的表单组件，但界面较简单。DateBox 插件是专为 jQuery Mobile 移动应用而设计的，该插件可在弹出的窗口中简洁地展示一个日期与时间的对话框，单击日期、时间选项，便可完成日期和时间的选择操作。

DateBox 插件可以到 GitHub 的官网进行下载，将下载的 jquery-mobile-datbox 文件复制到项目文件夹中，并在<head>标记中加入.css 及.js 文件即可使用。格式如下：

```
<link href="css/jqm-datebox.css" rel="stylesheet" type="text/css">
<script src="js/jqm-datebox.core.js"></script>
```

```
<script src="js/jqm-datebox.mode.calbox.js"></script>
<script src="js/jqm-datebox.mode.datebox.js"></script>
```

原插件显示的是英文，可在 jqm-datebox.core.js 文件的"useLang: "default",lang: "中将英文字符串内容改为中文。

具体设计时，可在页面中创建用来选择日期和时间的两个文本域，将文本域的 data-role 属性都设置为"datebox"，接着设置日期文本域 data-options 属性的值为{"mode":"calbox"}、时间文本域 data-options 属性的值为{"mode":"timebox"}，即完成了该插件的应用。运行网页，两个文本域的右侧将分别显示日历和时钟的图标，单击图标，弹出相应的日期或时间选择对话框，选择日期、时间后，将在文本域中体现选择的值，页面效果如图 7-21 所示。

```
<div data-role="content">
    <p>选择日期: </p>
    <input type="text" name="lang1" id="lang1" readonly data-role="datebox" data-options='{"mode":
"calbox"}'>
    <p>选择时间: </p>
    <input type="text" name="lang2" id="lang2" readonly data-role="datebox" data-options='{"mode":
"timebox"}'>
</div>
```

图 7-21　DateBox 插件的页面效果

7.6.4　文件上传插件 ajaxFileUpload

ajaxFileUpload 插件是基于 jQuery 应用而设计的异步上传文件插件，能实现文件上传功能，可到其官网下载。它通过在 HTML5 文件的前台添加文件域 input-file 标记，在上传文件按钮事件中调用服务器的应用，上传选择的文件，并返回生成的文件名。ajaxFileUpload 通过监听 iframe 的 onload() 方法来实现，当服务器端处理完毕后，就触发 iframe 的 onload 事件，调用其绑定的方法，在绑定的方法中获取 iframe 中服务器返回的数据体（支持普通文本、JSON、XML、Script、HTML）。

在 HTML5 文件中加入文本域和上传按钮，HTML 代码如下：

```
<body>
    <h1>新增文件</h1>
    图片: <input type="file" id="file1" name="file1"/>
    <input type="button" id="tpsc" value="上传" data-inline="true"/>
    <div id="xs"></div>
</body>
```

在 JavaScript 代码中进行单击"上传"按钮、触发点击事件的代码编写,程序通过 ajaxFileUpload() 函数访问服务器端,设置数据类型为 JSON,返回的数据即为 JSON 对象,可直接使用。

$.ajaxFileUpload([options])的参数列表如 7-21 所示。

表 7-21　　　　　　　　　　　　$.ajaxFileUpload([options])的参数列表

参数	描述
url	上传处理程序的地址,即发送给服务器端所要处理上传的地址
fileElementId	需要上传的文件域的 id,即<input type="file" id="file1" name="file">的 id
secureuri	是否启用安全提交,默认为 false
dataType	服务器返回的数据类型,可为 xml、script、json、html。若不填,则自动判断
success	提交成功后自动执行的处理函数,参数 data 就是服务器返回的数据
error	提交失败的自动执行的处理函数
data	自定义参数。如上传文件时要把文件名传入,可用此参数

具体的代码如下:

```
$(function(){
  var tpmc="";
  $("#tpsc").click(function(){ajaxFileUpload();});
  function ajaxFileUpload(){
    $.ajaxFileUpload({
      url:'http://192.168.1.104/wjsc.php',
      secureuri: false,
      fileElementId: 'file1',
      dataType: 'json',
      success:function(data,status){
        alert("接收到数据! "+data+"  "+status);
        if(data.code=="1"){
          tpmc=data.name;
          alert("数据增加成功! "+tpmc);
        }else
          alert("数据增加失败! ");
    }});}});
```

最后,在 PHP 服务器端,声明用来保存文件名、上传是否成功的数组,通过 strrchr()函数从右边截取"."之后的文字来获得文件的后缀,再通过 gettimeofday()和 mt_rand()函数分别获得当前时间和随机数,并连接到一起生成新的文件名。假设上传文件放在"uploadpic"文件夹中,用 move_uploaded_file()函数复制文件,其中 tmp_name 为上传的临时文件名,由系统自动生成;复制成功后,用 json 返回生成的文件名。具体代码如下:

```
header("Access-Control-Allow-Origin:*");
$files=array();
$files['name']=$_FILES['file1']['name'];
$files['code'] =0;              //这个用于标志该图片是否上传成功
$extension = strrchr($_FILES['file1']['name'], '.');//文件名后缀
$mc = 'P'.gettimeofday(true);
$f_name=$mc.mt_rand(1000,9999).$extension;
$path = 'uploadpic/';
```

```
$ret = move_uploaded_file($_FILES['file1']['tmp_name'], $path.$f_name);
if ($ret === false) {
    $files['code'] = "0";
} else {
    $files['name']=$f_name;
    $files['code'] = "1";//写入成功
}
$json=json_encode($files);
echo $json;
```

运行结果如图 7-22 所示。

选择界面

上传成功，返回生成的文件名

图 7-22   ajaxFileUpload 插件的页面效果

7.7   练习题

1. 请简述移动应用开发 3 种模式的内涵及应用场景。

2. 请描述 cookie、sessionStorage 和 localStorage 的区别。

3. 说明 IndexedDB 和 Web SQL Database 的操作步骤，并比较两者有哪些差异？

4. jQuery 中的选择器和 CSS 中的选择器有区别吗？若有，请简述。

5. 如何设置 jQuery Mobile 中的 header 或 footer 区域位置固定？

第8章
Web 应用系统综合开发——
HTML5+PHP+MySQL

软件工程包括技术和管理两方面的内容，是管理与技术紧密结合的产物。只有在科学而严格的管理之下，先进的技术方法和优秀的软件工具才能真正发挥出它们的威力。因此，良好的软件项目管理是大型软件工程项目成功的关键。

8.1 软件工程管理

管理就是通过计划、组织和控制等一系列活动，合理配置和使用各种资源，达到既定目标的过程。软件项目管理在任何技术活动之前开始，且贯穿于整个软件生命周期。

8.1.1 软件工程管理概述

软件工程管理从项目计划开始，第一项计划活动就是估算项目工作量和完成期限。

软件计划详尽地描述软件开发过程，包括采用的生命周期模型、开发的组织结构、责任分配、管理目标和优先级、所用的技术和 CASE 工具，以及详细的进度、预算和资源分配。整个计划的基础是项目工作量估算和完成期限估算。

8.1.2 软件项目估算

1. 软件规模估算

（1）代码行技术

代码行技术是比较简单的定量估算软件规模的方法。这种方法根据以往开发类似产品的经验和历史数据，估计实现一个功能需要的源程序行数。

当有以往开发类似项目的历史数据可供参考时，用这种方法估计出的数据是比较准确的。把实现每个功能需要的源程序行数累加起来，就得到实现整个软件需要的源程序行数。为了让程序规模估计值更接近实际值，可以由多名有经验的软件工程师分别做出预估。

（2）功能点技术

功能点技术是依据软件信息域特性和软件复杂性的评估结果，估算软件规模。这种方法用功能点为单位来度量软件的规模。

这两种技术各有优缺点，应该根据软件项目的特点及项目计划者对这两种技术的熟悉程度，选择适用的技术。

2．工作量估算

根据项目规模可估算出完成项目所需的工作量，常用估算模型有静态单变量模型、动态多变量模型和结构性成本模型（Constructive Cost Model，COCOMO）。为了较准确地进行项目工作量估算，通常至少同时使用上述 3 种模型中的两种。

通过比较和协调使用不同模型得出的估算值，有可能得到比较准确的估算结果。虽然软件项目估算并不是一门精确的科学，但是，把可靠的历史数据和系统化的技术结合起来，仍然能够提高估算的准确度。

8.1.3　进度计划与人员组织

项目管理者的目标是定义所有项目任务，识别出关键任务，跟踪关键任务的进展状况，以保证能够及时发现拖延进度的情况。为此，管理者必须制订一个足够详细的进度表，以便监督项目进度并控制整个项目。

常用的制订进度计划的工具有甘特图（Gantt 图）和工程网络图两种。

Gantt 图历史悠久，具有直观简明、容易学习、容易绘制等优点；但是它不能显式地表示各项任务彼此间的依赖关系，也不能显式地表示关键路径和关键任务，进度计划中的关键部分不明确。因此，在管理大型软件项目时，仅用 Gantt 图是不够的，因为不仅难做出既节省资源又保证进度的计划，还容易发生差错。

工程网络图不仅能描绘任务分解情况及每项作业的开始时间和结束时间，还能显式地表示各项作业彼此间的依赖关系。从工程网络图中容易识别出关键路径和关键任务。因此，工程网络图是制订进度计划的强有力工具。

在制订和管理进度计划时，通常会结合使用 Gantt 图和工程网络图这两种工具，使它们互相补充、取长补短。

项目设计开发的各个环节离不开项目人员的组织与管理。康斯坦丁（Constantine）提出了软件工程小组的下述 4 种"组织范型"。

（1）封闭式范型：按传统权力层次来组织项目组。当开发与已经做过的产品相似的软件时，这种项目组可以工作得很好，但是在这种封闭式范型下难以进行创新性的工作。

（2）随机式范型：松散地组织项目组，小组工作依靠小组成员发挥个人的主动性。当需要创新或做技术上的突破时，用随机式范型组织起来的项目组能工作得很好。但是，当需要"有次序地执行"才能完成任务时，这样的项目组就可能陷入困境。

（3）开放式范型：这种范型试图以一种既具有封闭式范型的控制性，又具有随机式范型的创新性的方式来组织项目组。通过大量协商并基于一致意见做出决策，项目组成员相互协作完成工作任务。用开放式范型组织起来的项目组适合解决复杂问题，但效率比其他类型低。

（4）同步式范型：按照对问题的自然划分，组织项目组成员各自解决一些子问题，他们之间很少有主动的通信需求。

对任何软件项目而言，最关键的因素都是承担项目的人员。必须合理地组织项目组，使项目组有较高生产率。小组结构的优劣取决于管理风格、小组的人员数目和他们的技术水平，以及所承担项目的难易程度。

8.2　软件系统开发流程

下面以一企业开发流程为例进行说明。

8.2.1　开发流程图

目前常用的企业软件开发流程如图 8-1 所示。

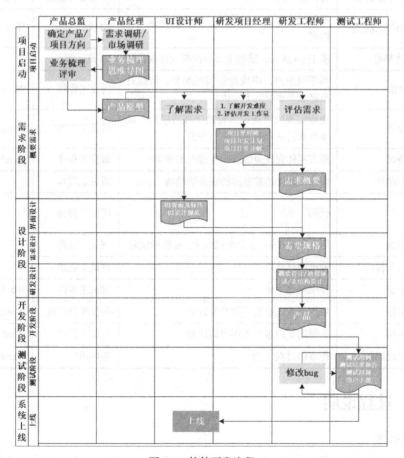

图 8-1　软件开发流程

8.2.2　过程产物及要求

表 8-1 列出了开发阶段需要输出的过程产物,包括产物名称、成果描述、负责人及备注,即什么人、在什么时间、应该提供什么内容、提供内容的基本方向和形式是什么。

表 8-1　　　　　　　　　　　　　软件开发过程产物表

阶段	产物名称	成果描述	负责人	备注
项目启动	调研文档	了解项目背景,了解项目干系人目标方向	产品经理	Word 文档
	团队组建	确认团队人员配置	产品总监	
	业务梳理	明确项目的目标、角色、各端口及模块	产品经理	思维导图
需求阶段	产品原型	产品的线框图	产品经理	Axure、Mockplus、MockFlow 等
	需求概要	基于线框图做技术评估,达成业务理解的一致性	研发工程师	Word 文档
	项目里程碑	确认项目重大时间节点	研发项目经理	Excel 表格
	项目开发计划	梳理各阶段、各端口的开发计划	研发项目经理	Excel 表格
	项目任务分解表	将任务分配给团队	研发项目经理	Excel 表格
设计阶段	界面效果图及标注	基于线框图做出效果图,要适当考虑交互内容	UI 设计师	通常为 2 倍图
	UI 设计规范	基于 UI 界面,输出主要界面的设计规范	UI 设计师	
	需求规格	基于效果图,明确业务实现细节,清除对最终成果理解的不一致	研发工程师	Word 文档
	概要设计	功能实现的可视化,有助于理清思路,减少技术盲区和低级缺陷行开发	研发工程师	Word 文档
	通信协议	双方实体完成通信或服务遵循的规则	研发工程师	Excel 表格
	表结构设计	确认要建立的数据库的表及表结构	研发工程师	
开发阶段	产品	代码	研发工程师	
测试阶段	测试用例	明确测试方案,包括测试模块、步骤和预期	测试工程师	
	测试结果报告	输出测试结果	测试工程师	
	用户手册	系统操作手册	测试工程师	Word 文档
常规	项目周报	每周开发内容及下周开发计划	研发项目经理	Word 文档
	测试周报	每周测试内容及下周测试计划	测试工程师	Word 文档
	评审会议纪要	评审的过程文档	整体团队	Word 文档

8.2.3　过程说明

1.　项目启动

明确包括公司领导、产品总监、技术总监等构成的项目干系人,项目干系人和产品经理确定项目方向。

公司领导确认项目组团队组成，项目组包括产品经理、研发项目经理、研发工程师、测试团队等。

明确项目管理制度，每个阶段的成果产物需要进行相应的评审，评审有相应的《会议纪要》；从项目启动开始，研发项目经理每周提供项目研发周报；测试阶段，测试工程师每周提供项目测试周报。

产品经理进行需求调研，输出需求调研文档。调研方式主要有背景资料调查和访谈。

产品经理完成业务梳理。首先，明确每个项目的目标；其次，梳理项目涉及的角色；接下来是明确每个角色要进行的事项；最后，梳理整个系统分哪些端口，要有哪些业务模块，每个模块包含哪些功能。

2. 需求阶段

进入可视化产品的输出阶段，产品经理提供最简单也最接近成品的产品原型，采用线框图形式即可。在这个过程中还可能产生业务流程图和页面跳转流程图。业务流程图侧重指示在不同节点、不同角色所要进行的操作，页面跳转流程图主要指示不同界面间的跳转关系。

产品经理面向整个团队进行需求讲解。

研发项目经理根据需求及项目要求，明确"项目里程表"。根据项目里程表，完成产品开发计划，明确详细阶段的时间点，最后根据开发计划进行项目任务分解，完成项目分工。

研发工程师按照各自的分工，进入"概要需求"阶段。"概要需求"旨在让研发工程师初步理解业务，评估技术可行性。

3. 设计阶段

UI 设计师根据产品的原型，输出界面效果图，并提供界面的标注，最后根据主要的界面，提供一套"UI 设计规范"。"UI 设计规范"主要是明确常用界面形式、尺寸等，方便研发工程师快速开发。UI 设计通常也会涵盖交互的内容。

研发工程师在界面效果图基础上，输出需求规格。需求规格应包含最终要实现内容的一切要素。

研发工程师完成概要设计、通信协议和数据库的表结构设计，以及完成正式编码前的一系列研发设计工作。

4. 开发阶段

研发工程师正式进入编码阶段，这个过程虽然大部分时间用来写代码，但是可能还需要进行技术预研、需求确认。

编码过程一般还需进行服务器、客户端和移动端的联调。

完成编码后需要进行功能评审。

5. 测试阶段

测试工程师按阶段设计测试实例，未通过的流程测试提交给研发工程师，分配给相应的开发人员进行调整。

研发工程师根据测试结果修改代码，完成后提交给测试工程师，测试通过后完成。

测试工程师编写《测试结果报告》，包括功能测试结果、压力测试结果等。

测试工程师编写系统各端口的《操作手册》《维护手册》等。

6. 系统上线

与客户或者上级达成一致后，系统进行试运行，稳定后上线。

8.3　系统设计

为了规范软件开发过程和管理过程应编制的主要文档及其编制的内容、格式，国家制订并颁布了《GB/T 8567—2006 计算机软件文档编制规范》。该规范原则上适用于所有类型软件产品的开发过程和管理过程，使用者可根据实际情况对规范进行适当剪裁（可剪裁所需的文档，也可对规范的内容做适当裁剪）。软件文档从使用的角度大致可分为软件最终用户需要的用户文档和开发方在开发过程中使用的内部文档（开发文档）两类，本节主要围绕开发文档进行介绍。

8.3.1　可行性分析

可行性分析是在项目初期分析项目的要求、目标和环境，要提出几种可供选择的方案，并从技术、经济和法律等各方面进行可行性分析，可作为项目决策的依据。

首先对项目背景进行分析，了解项目的要求、目标、实现环境和限制条件，对项目开发、运行和维护的历史、项目和软件的一般特性进行概述。

然后对项目的目标、环境、条件、假定和限制等进行可行性分析，对原有方案的优缺点、局限性及存在的问题进行分析，并在此基础上选择最终建议的方案。

接下来针对拟选择的方案依次进行经济、技术、法律、用户使用等方面的可行性分析。

经济可行性主要从成本和效益两方面进行分析。成本包括开发环境、设备、软件和资料等基本建设投资，及其他一次性和非一次性投资（如技术管理费、培训费、管理费、人员工资、奖金和差旅费等）。效益包括一次性收益、非一次性收益、不可定量的收益、收益/投资比、投资回收周期等方面及市场预测。

技术可行性分析主要是进行技术风险评价，包括对人员、环境、设备和技术条件等现有资源能否满足此工程和项目实施要求进行分析。若不满足，应考虑（如需要分承包方参与、增加人员、增加投资和设备等）补救措施；涉及经济问题应进行投资、成本和效益可行性分析，最后确定此工程和项目是否具备技术可行性。

法律可行性主要是分析系统开发可能导致的侵权行为、违法行为和责任。

用户使用可行性分析是对用户单位的行政管理和工作制度、使用人员的素质和培训要求等进行分析。

8.3.2　需求分析

软件需求分析就是把软件计划期间建立的软件可行性分析精细化，描述系统和软件的一般特性；概述系统开发、运行和维护的历史；标识项目的投资方、需方、用户、开发方和支持机构；

标识当前和计划的运行现场；分析各种可能的解法，并且分配给各个软件元素。需求分析确定系统必须完成哪些工作，对目标系统提出完整、准确、清晰、具体的要求。

（1）需求分析可分为需求提出、需求描述及需求评审 3 个阶段。

需求提出主要集中于描述系统目的。需求提出和分析仅仅集中在使用者对系统的观点上。开发人员和用户确定一个问题领域，并定义一个描述该问题的系统。这样的定义称作"系统规格"说明，它可以在用户和开发人员之间充当合同。

需求描述是分析人员对用户的需求进行鉴别、综合和建模，清除用户需求的模糊性、歧义性和不一致性，分析系统的数据要求，为原始问题及目标软件建立逻辑模型。分析人员要将对原始问题的理解与软件开发经验结合起来，以便发现哪些要求是用户的片面性或短期行为所导致的不合理要求，哪些是用户尚未提出但具有真正价值的潜在需求。

需求评审是分析人员在用户和软件设计人员的配合下对自己生成的需求规格说明和初步的用户手册进行复核，以确保软件需求完整、准确、清晰、具体，并使用户和软件设计人员对需求规格说明和初步的用户手册的理解达成一致。一旦发现遗漏或模糊点，尽快更正，再进行检查。

（2）软件需求包括业务需求、用户需求和功能需求（也包含非功能需求）3 个不同层次。

业务需求反映了组织机构或客户对系统、产品高层次的目标要求，它们在项目视图与范围文档中予以说明。

用户需求描述了用户使用产品要完成的任务，在使用实例文档或方案脚本中予以说明。

功能需求定义了开发人员必须实现的软件功能，使用户能完成其任务，满足业务需求。

（3）文档编制。

首先确定系统的开发意图、应用目标及作用范围，简要说明系统的主要功能、处理流程、数据流程，用结构图、流程图或对象图对软件系统总体功能/对象结构及主要子系统中的基本功能模块/对象进行描述。

接着对每一软件配置项的性能进行详细说明，配置项包括响应时间、吞吐时间、其他时限约束、序列、精度、容量、优先级别、连续运行需求，以及基于运行条件的允许偏差，还包括在异常条件、非许可条件或越界条件下所需的行为等。

从用户接口、硬件接口、软件接口、通信接口等方面分条描述外部接口与内部接口的需求。接口类型的需求分析包括提供、存储、发送、访问、接收的单个数据元素的特性及集合体，以及接口使用协议的特性。

最后进行内部数据、适应性、保密性、私密性、环境、硬件、硬件资源利用、软件、通信、人员、培训、后勤、包装等全方面的需求分析。

8.3.3　数据需求分析

数据需求分析是从对数据进行组织与存储的角度及用户视图角度出发，分析与辨别应用领域所管理的各类数据项和数据结构，提供关于被处理数据的描述和数据采集要求的技术信息，形成数据字典的主要内容。

对数据进行逻辑描述时，可把数据分为动态数据和静态数据。静态数据是指在运行过程中主要作为参考的数据，在很长一段时间内不会发生变化。动态数据包括所有在运行中要发生变化的数据以及在运行中要输入、输出的数据。进行描述时应把各数据元素有逻辑地分成若干组，例如函数、源数据或对于其应用更为恰当的逻辑分组。给出每一数据元素的名称、定义、度量单位、值域、格式和类型等有关信息。

数据的采集：按数据元素的逻辑分组说明数据采集的要求和范围，指明数据的采集方法、数据采集工作的承担者。具体内容有：输入数据的来源；数据输入；所用的媒体和硬件设备；输出数据的接收者；输出数据的形式和设备；数据值的范围；数字的度量单位、增量的步长、零点的定标等；预定的对输入数据的更新和处理的频度；输入的承担者。

数据字典包括数据项、数据结构、数据流、数据存储和处理过程 5 部分。数据项是数据的最小组成单位，若干个数据项可以组成一个数据结构。数据字典通过定义数据项和数据结构来描述数据流和数据存储的逻辑内容。

8.3.4　系统/子系统设计（结构设计）

软件设计是在软件需求分析成果的基础上，根据需求分析阶段确定的功能设计软件系统的整体结构、划分功能模块、确定每个模块的实现算法以及编写具体的代码，形成软件的具体设计方案。软件设计把许多事物和问题抽象起来，并且抽象它们不同的层次和角度，将问题或事物分解并模块化，使得解决问题变得容易。

系统/子系统的结构设计要从用户角度出发，根据需要分条描述系统级设计决策，包括系统将怎样运转以满足系统行为需求的设计决策，安全性、保密性和私密性等关键性需求，其他对系统部件的选择和设计产生影响的决策。

设计系统体系结构时，先对系统要实现的功能、性能、运行环境等进行概述；再从系统构思、关键技术与算法、关键数据结构等方面明确设计思想；用流程图表示系统的主要控制流程和处理流程，用数据流程图表示本系统的主要数据通路，进行基本处理流程设计；从系统配置项、系统层次结构、系统配置项设计、功能需求与系统配置项的关系、人工处理过程等方面完成系统体系结构设计；分条描述系统部件的接口特性，包括部件间的接口及它们与外部实体（如其他系统、配置项、用户）之间的接口。最后进行系统初始化、运行控制和运行结束的运行设计和维护设计。

8.3.5　软件（结构）设计

对软件每一项进行详细的设计，根据需要分项给出软件配置项级设计决策，即软件配置项行为的设计决策和其他影响组成该软件配置项的选择与设计的决策。

首先用一系列图表列出本项目中每个程序（包括每个模块和子程序）的名称、标识符、功能及其所包含的标准名，明确程序（模块）层次结构与调用关系，说明系统中使用的全局数据常量、变量和数据结构，再明确系统中的所有软件配置项及其静态关系、用途、开发状态、计划使用的计算机硬件资源等。接着分条描述软件配置项的接口特性，既包括软件配置项间的接口，也包括与外部实体（如系统、配置项及用户）之间的接口。最后进行系统每个软件配置项的详细设计，分条描述每个软件配置项的设计决策、约束、限制或非常规特征。如果软件配置项包含接收或输出数据，应有对其输入、输出和其他数据元素以及数据元素集合体的说明；软件配置项的局部数据应与软件配置项的输入或输出数据分开描述；如果软件配置项包含逻辑，给出其要使用的逻辑。

8.3.6　数据库（顶层）设计

数据库的设计首先要分条给出数据库级设计决策，即数据库行为设计决策（从用户的角度看，该数据库要如何满足它的需求而忽略内部实现）和其他影响数据库进一步设计的决策，并以此为指导思想，进行下一步的数据库详细设计。

数据库的详细设计应根据需要分条描述，设计级别数以及每一级别的名称应基于所用的设计方法学，级别包括概念设计、内部设计、逻辑设计和物理设计，内容包括单个数据元素特性和记录、消息、文件、数组、显示、报表等组成的数据元素集合体的特性。还要进行用于数据库访问或操作的软件配置项的详细设计。

计算机软件系统完成设计后即可开始编码和调试、程序联调和测试以及编写、提交程序等一系列操作。

8.4　Web 应用系统整体架构实现

8.4.1　基于 PHP 的分布式系统架构设计

PHP 是开源、跨平台的服务器端嵌入式脚本语言，现在已发展成完整的面向对象程序设计语言。其语法简单、有强大的数据库支持能力，在服务器端执行，会将用户经常访问的程序驻留在内存，效率高，目前已经得到广泛应用。

1. 系统架构模式

本应用系统实例的建立基于 PHP+Apache+MySQL，用 PHP 的类完成数据增、删、改、查等操作，用 SOAP Web Service 和 RESTful Web Service 对前端请求进行合法性判断后，调用类进行数据处理，并返回 JSON 格式的数据给前端。前端分别为 Web 应用程序、移动端的 Native App 和 Web App。在本实例中原生程序基于 Android、Web App 和 HTML5，如图 8-2 所示。

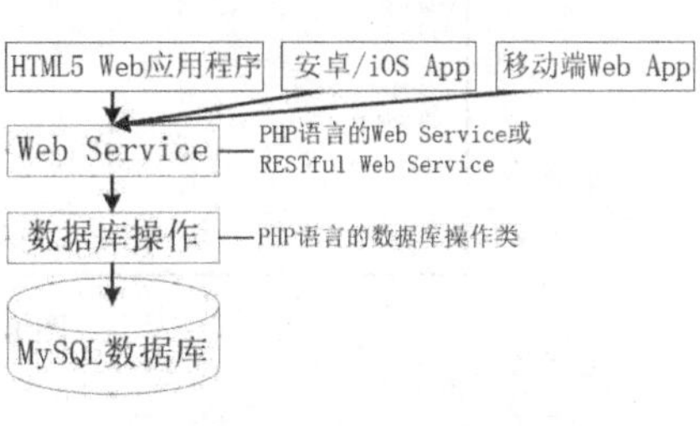

图 8-2　系统架构模式图

2. 系统开发平台

（1）服务器端采用 PHP+Apache+MySQL。用 PHP+Apache+MySQL 搭建 Web 服务器需要一系列的配置，为了简化操作，本节采用 phpStudy 程序集成包，一次性安装，无须配置即可使用，如图 8-3 所示。

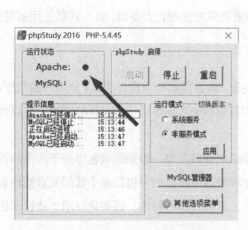

图 8-3　phpStudy 集成包

图 8-4　phpStudy 设置

如果计算机的 80 端口被占用，可单击图 8-3 所示的"其他选项菜单"—"phpStudy 设置"—"端口常规设置"，将 httpd 端口改为可用端口；也可在这一项目中设置默认的网站目录和起始页的类型，以及进行 MySQL 的相关设置，如图 8-4 所示。

若要打开 MySQL 管理器，可单击图 8-3 所示的"MySQL 管理器"，选择"MySQL-Front"，如图 8-5 所示。

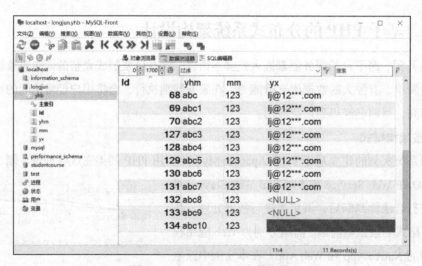

图 8-5　"MySQL-Front"管理器

PHP 编辑器有很多，如 Notepad、PHPDesigner、Eclipse PDT、PHP Coder、Dreamweaver、NETBeans、PHPStorm 等，本书采用 Visual Studio Code 编辑器。

（2）Web 及 Web App 等前端采用 HTML5+CSS3+JavaScript+jQuery/jQuery Mobile。

Web 前端开发是指通过 HTML、CSS、JavaScript 及衍生出来的各种技术、框架、解决方案来实现互联网产品的用户界面及交互。前端技术包括前端美工、浏览器兼容、CSS、HTML "传统" 技术与 Adobe AIR、Google Gears、概念性较强的交互式设计，以及艺术性较强的视觉设计等。Web 前端开发技术的 HTML、CSS 和 JavaScript 3 个要素中，HTML 是信息模型（model），CSS 控制样式（view），JavaScript 负责调度数据和实现某种展现逻辑（controller）。同时代码需要具有很好的复用性和可维护性，这是高效率、高质量开发以及协作开发的基础。还可通过 Ajax 实现无刷新的数据交换，让用户操作更流畅。

随着手机成为人们生活中不可或缺的一部分，人们迎来了体验至上的时代，移动端的前端技术开发前景广阔。此外，前端技术还能应用于智能电视、智能手表以及人工智能领域。

Web 前端工程师常用的工具有 HBuilder、Sublime Text、Photoshop、Dreamweaver、WebStorm、Visual Studio Code、SpritePad 等。

HTML5 混合式 App 开发工具有 Appcelerator、AppCan、APICloud、PhoneGap、Native、Kinvey、HBuilder 等，这些开发工具通常允许 App 将数据存储在云端或设备上，帮助开发者快速地实现移动应用的开发、测试、发布、管理和运营的全生命周期管理。

（3）移动端 Android Native App。Native App 根据特定操作系统而采用相应的语言、框架和开发套件进行开发，充分利用设备特性，性能优越。通常由 "云服务器数据+App 端" 构成，App 所有的 UI 元素、数据内容、逻辑框架均安装在移动终端上，利用设备资源完成优质的交互操作。开发工具有 Eclipse ADT、Android Studio、GreenDroid、DroidParts、APICloud 等。

Hybrid App 是整合 Native App 与 Web App 两种模式优势的混合模式应用，同时使用网页语言与程序语言编写。开发工具有 AppCan、APICloud 等。

8.4.2　基于 PHP 的分布式系统制作流程

下面以一个简单用户表的增、删、改、查等操作为例，从数据库设计、数据操作、Web Service 制作、Web 端应用程序、移动端 Web App、移动端 Android App 等几方面进行实现，最终完成一个分布式 Web 应用系统的制作。

1. 数据库设计

MySQL 在创建表时会自动生成主索引字段 Id，数据类型为 int，自动增加，可依次添加所需字段，填写或选择字段名称、类型、长度等。如果允许该字段为空值，则在属性处勾选 "允许空" 复选框，如图 8-6 所示。

2. 数据库操作类

PHP7 已不支持 MySQL 函数库，推荐使用 MySQLi 或 PDO。PHP 数据对象 PDO 扩展定义了轻量级的一致接口来访问数据库，提供了一个数据访问的抽象，对所有数据库均可用相同的函数/方法来操作数据。下面就用 PDO 创建本应用的数据库操作类 DbOption。

在 DbOption 类的构造方法 __construct()中设置服务器地址、数据库名以及登录名和密码。

```
private $hostname;
private $uname;
private $password;
```

```php
private $db_name; #数据库名
private $link;  #数据库连接
public function __construct(){
  $this->hostname= "localhost:3306";
  $this->uname= "root";
  $this->password= "root";
  $this->db_name= "longjun";   #数据库名
}
```

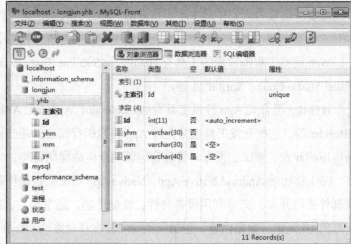

图 8-6　添加字段

创建连接数据库函数 conn()，连接服务器并选择数据库。

```php
function conn(){
    $this->link=mysqli_connect($this->hostname,$this->uname,$this->password) or die("
连接数据库服务器失败! <br>");
    $this->link->select_db($this->db_name) or die("数据库选择失败! <br>");//面向对象
}
```

传入 SQL 语句，完成表的增、删、改函数 zcg($sql)。

```php
function zcg($sql){
  if($this->link->query($sql))//面向对象
  return 1;#增删改成功
  else
  return 0;#增删改失败
}
```

传入 SQL 语句查询一条符合条件的用户。

```php
function cxrow($sql){
$result=$this->link->query($sql);//面向对象
$json="";
if($row=$result->fetch_object()){
  $a=array('id'=>$row->Id,'uname'=>$row->uname,'mm'=>$row->mm,'yx'=>$row->yx);
  $json=json_encode($a);
}else
  $json='{"id":"0"}}';
$result->free();
```

```
    return $json;
}
```

传入 SQL 语句查询多条符合条件的用户。

```
function yhb_rows($sql){
  $result=$this->link->query($sql);//面向对象
  $num=$result->num_rows;//面向对象
  $a=array();
  $i=0 ;
  while($row=$result->fetch_object()){
    $b=array('id'=>$row->Id,'uname'=>$row->uname,'mm'=>$row->mm,'yx'=>$row->yx);
    $a[$i]=json_encode($b);
    $i=$i+1;
  }
  $result->free();
  $json=json_encode($a);
  return $json; }
```

3. RESTful Web Service

（1）RESTful 基础类：新建一个 RESTful 基类 yhbRest.php，用于处理响应请求的 HTTP 状态码。

```
class yhbRest {
        private $httpVersion = "HTTP/1.1";
        public function setHttpHeaders($contentType, $statusCode){
            $statusMessage = $this -> getHttpStatusMessage($statusCode);
            header($this->httpVersion. " ". $statusCode ." ". $statusMessage);
            header("Content-Type:". $contentType);}
        public function getHttpStatusMessage($statusCode){
            $httpStatus = array(
              100 => 'Continue',
              101 => 'Switching Protocols',
              200 => 'OK',
        ......
              505 => 'HTTP Version Not Supported');
            return ($httpStatus[$statusCode]) ? $httpStatus[$statusCode] : $status[500];
    }}
```

（2）RESTful 处理类：新建一个 RESTful 基类 yhbRest 的子类 ReadYhbHandler，根据接收到的 Content-Type，将 Request 类返回的数组拼接成对应的格式，加上 header 后输出 HTTP 状态码和数据。

```
<?php
  require_once("yhbRest.php");
  require_once("yhb.php");
  require_once("YhbObject.php");
  class ReadYhbHandler extends yhbRest { }
?>
```

查询一条记录 getRow($id)。

```
$yhb = new yhb();
$sql="select * from yhb where id="+$id;
$rawData = $yhb->getRow($sql);if(empty($rawData)) {
  $sCode = 404;
  $rawData = array('error' => '无记录!');
} else
```

```
    $sCode = 200;
  $rcType= $_SERVER['HTTP_ACCEPT'];
  $this ->setHttpHeaders($rcType, $sCode);
  $response = json_encode($rawData);
  echo $response;
```

查询多条记录 getRows()。

```
  $yhb = new yhb();
  $sql="select * from yhb order by Id desc";
  $rawData = $yhb->getRows($sql);
  if(empty($rawData)) {
    $sCode = 404;
    $rawData = array('error' => '无记录!');
  } else
    $sCode = 200;
  $rcType = $_SERVER['HTTP_ACCEPT'];
  $this ->setHttpHeaders($rcType, $sCode);
  $response = json_encode($rawData);
  echo $response;
```

删除记录：通过传入要删除的 id，生成 SQL 语句，调用 zcgRow($sql)完成删除。

```
  $yhb = new yhb();
  $sql="delete from yhb where id="+$id;
  $rawData = $yhb->zcgRow($sql);
  if(empty($rawData)) {
    $sCode = 404;
    $rawData = array('error' => '无记录!');
  } else
    $sCode = 200;
  $rcType = $_SERVER['HTTP_ACCEPT'];
  $this ->setHttpHeaders($rcType, $sCode);
  $response = json_encode($rawData);
  echo $response;
```

修改记录：通过传入要修改的记录对象$yobj，生成 SQL 语句，调用 zcgRow($sql)完成修改。

```
  $yhb = new yhb();
  $sql="update  yhb  set  uname='"+$yobj.uname+"',mm='"+$yobj.mm+"',yx='"+$yobj.yx+"'
where id="+$yobj.id;
  $rawData = $yhb->zcgRow($sql);
  if(empty($rawData)) {
    $sCode = 404;
    $rawData = array('error' => '无记录!');
  } else
    $sCode = 200;
  $rcType = $_SERVER['HTTP_ACCEPT'];
  $this ->setHttpHeaders($rcType, $sCode);
  $response = json_encode($rawData);
  echo $response;
```

增加记录：通过传入要增加的记录对象$yobj，生成 SQL 语句，调用 zcgRow($sql)完成增加。

```
  $yhb = new yhb();
  $sql="insert into yhb (uname,mm,yx) values(
'"+$yobj.uname+"','"+$yobj.mm+"','"+$yobj.yx+"'";
  $rawData = $yhb->zcgRow($sql);
  if(empty($rawData)) {
```

```
  $sCode = 404;
  $rawData = array('error' => '无记录!');
} else
  $sCode = 200;
$rcType = $_SERVER['HTTP_ACCEPT'];
$this ->setHttpHeaders($rcType, $sCode);
$response = json_encode($rawData);
echo $response;
```

（3）RESTful Web Service 控制器：包含一个数据操作的 Request 类 YhbController，接收到 URL 的数据后，用$_SERVER['REQUEST_METHOD']获得请求 URL 的 GET、POST、PUT、PATCH、DELETE 方式，对数据进行相应的增、删、改、查操作，并返回操作后的结果。

具体的$_SERVER['REQUEST_METHOD']的值及说明如表 8-2 所示。

表 8-2　　　　　　　　　　　　$_SERVER['REQUEST_METHOD']的值及说明

值	说明
GET	从服务器获取数据
POST	向服务器提交让你需要处理的数据
HEAD	获取与 GET 方法相应的头部信息
PUT	更新或替换一个现有的资源
DELETE	删除一个服务器上的资源
TRACE	对传到服务器上的头部信息进行追踪
OPTION	获取该服务器支持的获取资源的 HTTP 方法

如果前端也用 PHP 提交网页，则此时要使用 cURL 指定传输方式。cURL 是一个利用 URL 语法规定来传输文件和数据的工具，支持很多协议，如 HTTP、FTP、TELNET 等。使用 PHP 的 cURL 库可以简单和有效地抓取网页。用户只需要运行一个脚本，然后分析一下所抓取的网页，就可以以程序的方式得到所需数据。

cURL 常用的函数如表 8-3 所示。

表 8-3　　　　　　　　　　　　cURL 常用的函数

函数名	说明
curl_close	关闭一个 curl 会话，唯一的参数是 curl_init()函数返回的句柄
curl_copy_handle	复制一个 curl 连接资源的所有内容和参数
curl_errno	返回一个包含当前会话错误信息的数字编号
curl_error	返回一个包含当前会话错误信息的字符串
curl_exec	执行一个 curl 会话，唯一的一个参数是可选的，表示一个 URL 地址
curl_getinfo	获取一个 curl 连接资源句柄的信息
curl_init	初始化一个 curl 会话
curl_multi_add_handle	向 curl 批处理会话中添加单独的 curl 句柄资源
curl_multi_close	关闭一个批处理句柄资源

函数名	说明
curl_multi_exec	解析一个 curl 批处理句柄
curl_multi_getcontent	返回获取的输出文本流
curl_multi_info_read	获取当前解析的 curl 的相关传输信息
curl_multi_init	初始化一个 curl 批处理句柄资源
curl_multi_remove_handle	移除 curl 批处理句柄资源中的某个句柄资源
curl_setopt_array	以数组的形式为一个 curl 设置会话参数
curl_setopt	为一个 curl 设置会话参数，一长串参数指定 URL 请求的各个细节
curl_version	获取 curl 相关的版本信息

PHP 建立 cURL 请求的基本步骤：初始化，curl_init()→设置属性，curl_setopt()→执行并获取结果，curl_exec()→释放句柄，curl_close()。

```
$url = "http://localhost:8080/fbsyy/YhbController.php";
function post_info($post_data){
$json_string = json_encode($post_data);
  $ch = curl_init();// 1. 初始化一个 cURL 会话
  curl_setopt($ch, CURLOPT_URL, $url);// 2. 设置请求选项，包括具体的 URL
  curl_setopt($ch, CURLOPT_RETURNTRANSFER, 1);
  curl_setopt($ch, CURLOPT_POST, 1); // 设置请求为 POST 类型
  //或下句
  //curl_setopt($ch, CURLOPT_CUSTOMREQUEST, "POST");
curl_setopt($ch, CURLOPT_POSTFIELDS, $post_data);// 添加 POST 数据到请求中
  // 通过 POST 请求发送上述 JSON 字符串
  curl_setopt($ch, CURLOPT_POSTFIELDS, array('data'=>$json_string));
$response= curl_exec($ch);// 3. 执行一个 cURL 会话并且获取相关回复
  curl_close($ch);// 4. 释放 cURL 句柄，关闭一个 cURL 会话
  return $response; }
function get_info($id){
  $url+="/?id="+$id;
  $ch = curl_init();
  curl_setopt($ch, CURLOPT_URL, $url);//设置选项，包括 URL
  curl_setopt($ch, CURLOPT_RETURNTRANSFER, 1);
  curl_setopt($ch, CURLOPT_HEADER, 0);
  $output = curl_exec($ch);//执行并获取 HTML 文档内容
  curl_close($ch);//释放 curl 句柄
  return $output; }
```

cURL 函数库里最重要的函数是 curl_setopt()，它可以通过设定 cURL 函数库定义的选项来定制 HTTP 请求。上述代码片段中使用了以下 3 个重要的选项：

① CURLOPT_URL 指定请求的 URL；

② CURLOPT_RETURNTRANSFER 设置为 1，表示稍后执行的 curl_exec 函数返回的是 URL 的返回字符串，而不是把返回字符串定向到标准输出并返回 TRUE；

③ CURLLOPT_HEADER 设置为 0，表示不返回 HTTP 头部信息。

由于本项目前台使用 HTML5，所以只采用 POST 和 GET 两种方式完成操作，POST 进行数据的增加和更新，GET 完成删除及一条记录或多条记录的查询操作。

```
require_once("ReadYhbHandler.php");
require_once("YhbObject.php");
$method=$_SERVER['REQUEST_METHOD'];
$view = "";
if(!empty($_POST)){
  $method="POST";
  if(isset($_POST["view"]))
    $view = $_POST["view"];
}else{
  $method="GET";
  if(isset($_GET["view"]))
    $view = $_GET["view"];}
switch($view){
  case "all"://查询多条记录，处理 REST URL /list/
    $ryh = new ReadYhbHandler();
    $ryh->getRows();
    break;
  case "single"://查询单条记录，处理 REST URL /read/<id>/
    $ryh = new ReadYhbHandler();
    $ryh->getRow($_GET["id"]);
    break;
  case "delete"://删除记录，处理 REST URL /del/<id>/
    $ryh = new ReadYhbHandler();
    $ryh->deleteRow($_GET["id"]);
    break;
  case "update"://修改记录，处理 REST URL /update/
    $ryh = new ReadYhbHandler();
    $yobj=new YhbObject();
    $yobj.id=$_POST["id"];
    $yobj.uname=$_POST["uname"];
    $yobj.mm=$_POST["mm"];
    $yobj.yx=$_POST["yx"];
    $ryh->updateRow($yobj);
    break;
  case "insert"://增加记录，处理 REST URL /insert/
    $ryh = new ReadYhbHandler();
    $yobj=new YhbObject();
    $yobj.uname=$_POST["uname"];
    $yobj.mm=$_POST["mm"];
    $yobj.yx=$_POST["yx"];
    $ryh->insertRow($yobj);
    break;
case "" :/404 - not found;
    break; }
```

（4）RESTful Services URI 映射。设置一个直观简短的资源地址，在 Apache 服务器或项目的配置文件 htaccess 中设置相应的 Rewrite 规则，实现 URL 重写（rewrite）与 URL 重定向（redirect）。

```
# 开启 rewrite 功能
Options +FollowSymlinks
RewriteEngine on
```

```
# 重写规则
RewriteRule ^list/$    YhbController.php?view=all [nc,qsa]
RewriteRule ^read/([0-9]+)/$   YhbController.php?view=single&id=$1 [nc,qsa]
RewriteRule ^del/([0-9]+)/$   YhbController.php?view=delete&id=$1 [nc,qsa]
RewriteRule ^insert/$   YhbController.php?view=insert [nc,qsa]
RewriteRule ^update/$   YhbController.php?view=update [nc,qsa]
```

RewriteEngine 用于开启或停用 rewrite 功能。RewriteRule 指令是重写引擎，此指令可以多次使用。每个指令定义一个简单的重写规则。这些规则的定义顺序尤为重要，因为在运行时刻，规则是按这个顺序逐一生效的。Pattern 是一个作用于当前 URL 的兼容 perl 的正则表达式，NC 表示"不区分大小写"；默认为临时重定向（R=302），也可设置 R=301 变为永久重定向；QSA 为追加查询字符串，此标记强制重写引擎，在已有的替换字符串中追加一个查询字符串，而不是简单地替换，如果需要通过重写规则在请求字符串中增加信息，就可以使用这个标记。

（5）用户表操作的中间类 yhb。接收 RESTful Service 的请求，通常会在此类中判断用户操作的合法性。

```
require_once("DbOption.php");
Class yhb {
    public function zcgRow($sql){
      $obj=new DbOption();
      $obj->conn();
      $a=$obj->zcg($sql);
      return $a;      }
    public function getRows($sql){
  $obj=new DbOption();
      $obj->conn();
  $a=$obj->yhb_rows($sql);
      return $a; }
    public function getRow($sql){
      $obj=new DbOption();
      $obj->conn();
      $a=$obj->cxrow($sql);
      return $a;
    }}
```

（6）用户表的对象类 YhbObject。主要用于增加和修改记录时的数据传递。

```
class YhbObject{
  $id;
  $uname;
  $mm;
  $yx; }
```

4. 基于 HTML5 的 Web 端和移动端

（1）Web 应用程序及移动端的 Web App 在与服务器端进行数据处理及交互时，可通过 JavaScript 和 Ajax 完成数据的操作，分为 POST 方式和 GET 方式。

GET 方式采用 Ajax 的 get()方法通过远程 HTTP GET 请求载入信息，其参数如表 8-4 所示，其语法格式如下：

```
$.get(url,data,success(response,status,xhr),dataType);
```

参数	描述
url	必需。规定将请求发送到哪里的 URL
data	可选。规定连同请求发送到服务器的数据
success()	可选。规定当请求成功时运行的函数，其中有以下 3 个参数。 response：包含来自请求的结果数据 status：包含请求的状态 xhr：包含 XMLHttpRequest 对象
dataType	可选。规定预期的服务器响应的数据类型。默认情况下，jQuery 会自动判断。类型有 xml、html、text、script、json、jsonp 等

该函数是简写的 Ajax 函数，等价于：

```
$.ajax({url:url,data:data,success:success,dataType:dataType});
```

根据响应的不同 MIME 类型，传递给 success 回调函数的返回数据也有所不同。下面的示例代码返回数据为 JSON 格式。

```
$.get("网址/list/"+$("#id").val()+"/",
  function(data){
    if(data)
      $("#xs").html("id=" + data.id + "<br>用户名=" + data.uname + "<br>密码=" + data.mm);
    else
      $("#xs").html("无记录! ");
},"json");
```

POST 方式采用 Ajax 的 post()方法通过 HTTP POST 请求从服务器载入数据，其参数如表 8-5 所示，其语法格式如下：

```
$.post(url,data,success(response,textStatus,jqXHR),dataType);
```

参数	描述
url	必需。规定将请求发送到哪里的 URL
data	可选。映射或字符串。规定连同请求发送到服务器的数据
success()	可选。规定当请求成功时运行的函数，其中有以下 3 个参数。 response：包含来自请求的结果数据 textStatus：包含请求的状态 jqXHR：是 XMLHttpRequest 对象的超集。$post()返回的是 jQuery XHR 对象或"jqXHR"，实现了约定的接口，赋予其所有的属性、方法和约定的行为
dataType	可选。规定预期的服务器响应的数据类型。默认情况下，jQuery 会自动判断。类型有 xml、html、text、script、json、jsonp 等

该函数是简写的 Ajax 函数，等价于：

```
$.ajax({type:'POST',url:url,data:data,success:success,dataType:dataType});
```

根据响应的不同 MIME 类型，传递给 success 回调函数的返回数据也有所不同。对于 jQuery 1.5，还可以向 success 回调函数传递 jqXHR 对象。下面的示例代码返回数据为 JSON 格式。

```
$.post("网址/list/",{kw:$("#kw").val()},
function(data){
  if(data){
   var str="";
   for(var i=0;i<data.length;i++){
     var a=JSON.parse(data[i]);
     str+="id: "+a.id+",用户名: "+a.uname+",密码: "+a.mm+"<br>";
}
   $("#xs").html(str);
}else
   $("#xs").html("无数据! ");},"json");
```

通过 POST 方式读取的页面不被缓存，因此 jQuery.ajaxSetup()中的 cache 和 ifModified 选项不会影响这些请求。

（2）完成上述 RESTful Service 的 HTML5 代码。

增加记录的代码及效果如图 8-7 所示。

```
<!DOCTYPE html>
<html>
<head>
  <meta charset="utf-8">
  <title>增加用户信息</title>
  <script src="jquery-1.4.1.js" type="text/JavaScript"></script>
  <script type="text/JavaScript">
   $(function () {
    $("#qd").click(function () {
     var uname = $("#uname").val();
     var mm = $("#mm").val();
     var yx = $("#yx").val();
     $.post("http://localhost:8080/fbsyy/insert/",{uname:uname,mm:mm,yx:yx},
function(data){
        if(data){
          if(data=="1")
            $("#xs").html("增加成功!");
          else
            $("#xs").html("增加失败!");
        }else{
           $("#xs").html("数据出错!");
        }},"json"); }); });
</script>
</head>
<body>
  <div>
   用户名: <input type="text" id="uname" placeholder="请输入用户名! "/><br>
   密码: <input type="password" id="mm"/><br>
   邮箱: <input type="email" id="yx"/><br>
   <input type="button" id="qd" value="确定" />
  </div>
  <div id="xs">显示</div>
 </body>
</html>
```

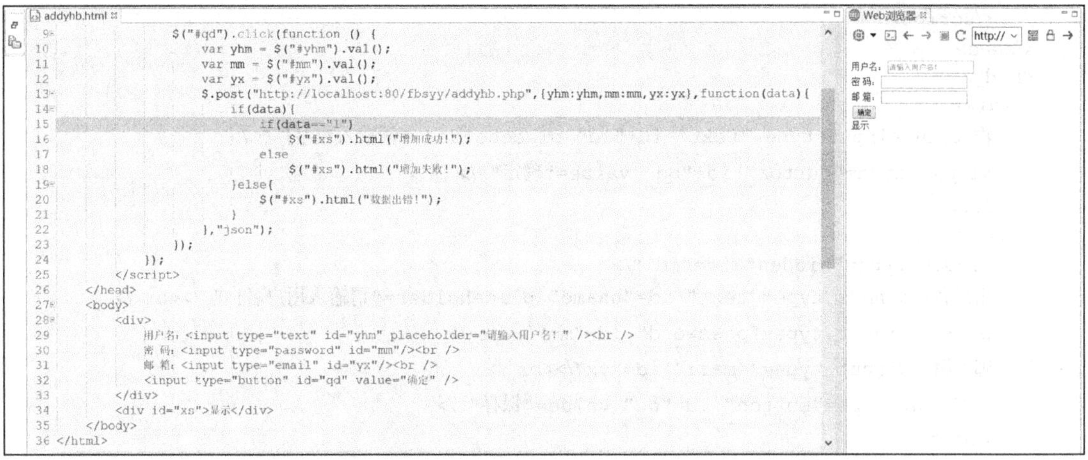

图 8-7　增加记录的代码及效果

修改记录的代码及效果如图 8-8 所示。

```html
<!DOCTYPE html>
<html>
<head>
  <meta charset="utf-8">
  <title>修改用户信息</title>
  <script src="jquery-1.4.1.js" type="text/JavaScript"></script>
  <script type="text/JavaScript">
    $(function () {
      $("#qd").click(function () {
        var id = $("#id").val();
        $.get("http://localhost:8080/fbsyy/read/"+id+"/",function(data){
          if(data){
            $("#id1").val(data.id);
            $("#uname").val(data.uname);
            $("#mm").val(data.mm);
            $("#yx").val(data.yx);
            $("#xs").html("成功读取记录");
          }else
            $("#xs").html("无新消息! ");
        },"json");    });
      $("#bc").click(function () {
        var id = $("#id1").val();
        var uname = $("#uname").val();
        var mm = $("#mm").val();
        var yx = $("#yx").val(); $.post("http://localhost:8080/fbsyy/update/",{id:id,
uname:uname,mm:mm,yx:yx}
    ,function(data){
            if(data){
              if(data=="1")
                $("#xs").html("记录修改成功!");
              else
                  $("#xs").html("记录修改失败!");
            }else{
              $("#xs").html("数据出错!");
            }
        },"json");    });  });
```

```
    </script>
  </head>
  <body>
    <div>
      输入 ID: <input type="text" id="id" placeholder="请输入数字！" />
      <input type="button" id="qd" value="确定" />
    </div>
    <div>
      <input type="hidden" id="id1"/>
      用户名：<input type="text" id="uname" placeholder="请输入用户名！" /><br />
      密　码：<input type="password" id="mm"/><br />
      邮　箱：<input type="email" id="yx"/><br />
      <input type="button" id="bc" value="保存" />
    </div>
    <div id="xs">显示</div>
  </body>
</html>
```

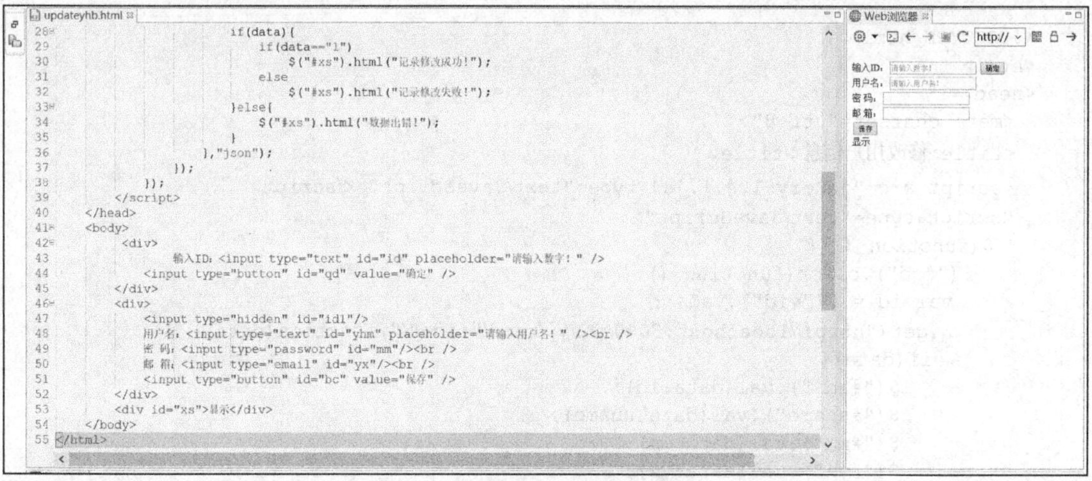

图 8-8　修改记录的代码及效果

删除记录的代码及效果如图 8-9 所示。

```
<!DOCTYPE html>
<html>
<head>
  <meta charset="utf-8">
  <title>删除用户信息</title>
  <script src="jquery-1.4.1.js" type="text/JavaScript"></script>
  <script type="text/JavaScript">
    $(function () {
      $("#qd").click(function () {
        var id = $("#id").val();
        $.get("http://localhost:8080/fbsyy/del/"+id+"/",function(data){
          if(data){
            if(data=="1")
              $("#xs").html("记录删除成功！");
            else
              $("#xs").html("记录删除失败！");
```

```
            }else
                 $("#xs").html("数据出错!");
       },"json");   });  });
  </script>
</head>
<body>
  <div>
    输入 ID: <input type="text" id="id" placeholder="请输入数字！" />
     <input type="button" id="qd" value="删除" />
   </div>
    <div id="xs">显示</div>
</body>
</html>
```

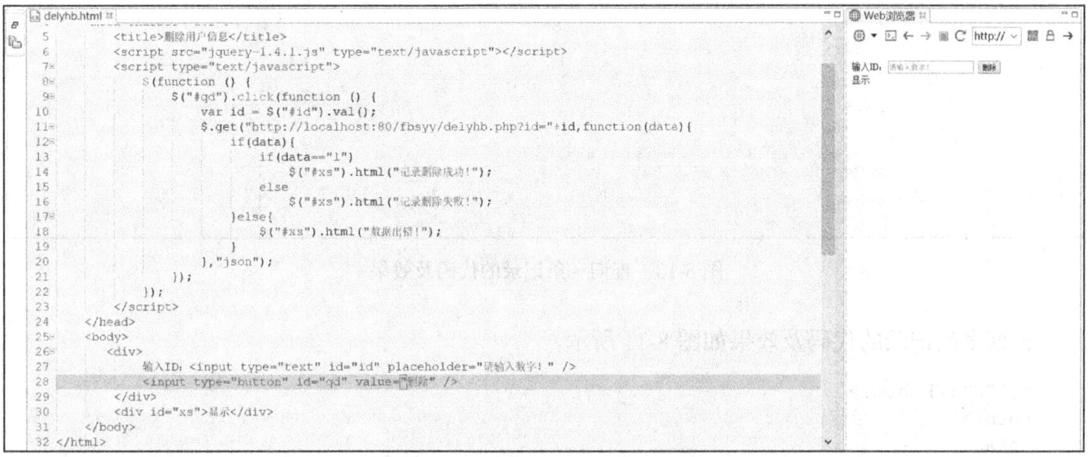

图 8-9　删除记录的代码及效果

查询一条记录的代码及效果如图 8-10 所示。

```
<!DOCTYPE html>
<html>
<head>
    <meta charset="utf-8">
    <title>读取用户信息</title>
    <script src="jquery-1.4.1.js" type="text/JavaScript"></script>
    <script type="text/JavaScript">
    $(function () {
      $("#qd").click(function () {
      var id = $("#id").val();
      $.get("http://localhost:8080/fbsyy/read/"+id+"/",function(data){
      if(data)
        $("#xs").html("id=" + data.id + "<br>用户名=" + data.uname + "<br>密码=" +
data.mm+ "<br>邮箱=" + data.yx);
          else
            $("#xs").html("无新消息！");
       },"json");   });  });
   </script>
  </head>
  <body>
    <div>
```

```
        输入 ID: <input type="text" id="id" placeholder="请输入数字!" />
         <input type="button" id="qd" value="确定" />
        </div>
        <div id="xs">显示</div>
    </body>
</html>
```

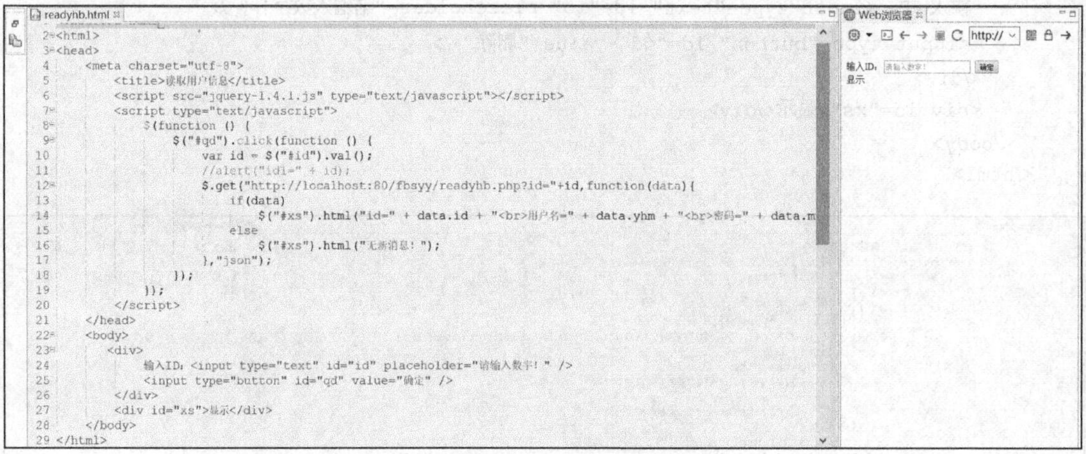

图 8-10　查询一条记录的代码及效果

查询多条记录的代码及效果如图 8-11 所示。

```
<!DOCTYPE html>
<html>
<head>
    <meta charset="utf-8">
    <title>读取用户信息</title>
    <script src="jquery-1.4.1.js" type="text/JavaScript"></script>
    <script type="text/JavaScript">
      $(function () {
        $("#qd").click(function () {
          $.get("http://localhost:8080/fbsyy/list/",{keyword:keyword},function(data){
            if(data){
              if(data.length>0){
              var str="";
              for(var i=0;i<data.length;i++){
                  var a=JSON.parse(data[i]);
                  str+="id: "+a.id+",用户名: "+a.uname
                      +",密码: "+a.mm+",邮箱: "+a.yx+"<br>";
               }
              $("#xs").html(str);
              } else{
              alert("验证失败!");
              $("#xs").html("无数据!");
             }
            },function(){alert("失败!");},"json");   });   });
        </script>
      </head>
      <body>
        <div>
关键字: <input type="text" id="keyword"/>
```

```
          <input type="button" id="qd" value="显示" />
      </div>
      <div id="xs">显示</div>
   </body>
</html>
```

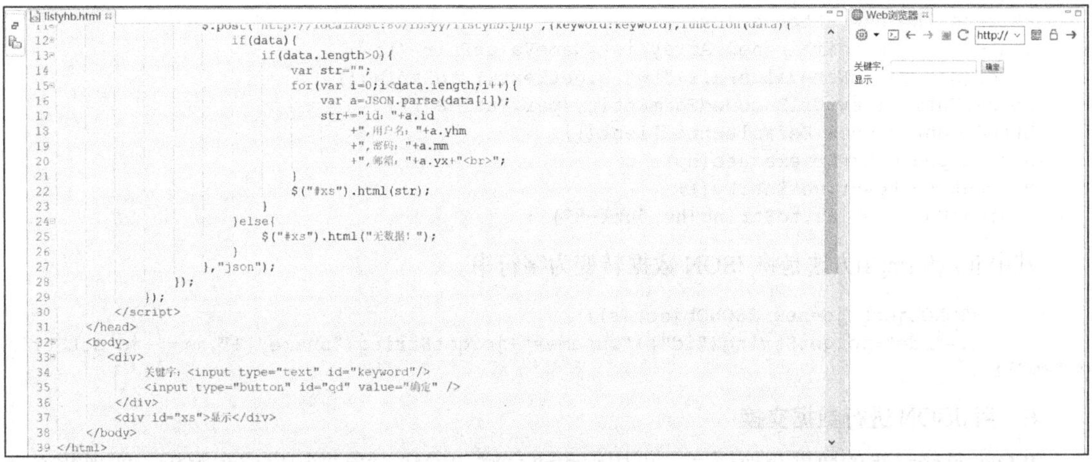

图 8-11　查询多条记录的代码及效果

5．Android 端

Android 网络应用中以前使用的是 Apache 接口，核心的 HttpClient 类是一个完善的 HTTP 客户端，提供了对 HTTP 的全面支持，通过 HttpPost 和 HttpGet 使用 HTTP 的 GET 和 POST 访问服务器。针对多个请求要使用多线程，通过 getHttpClient()方法为 HttpClient 配置一些基本参数，再用 ThreadSafeClientManaget 创建线程安全的 HttpClient。

现在使用较多的 HttpURLConnection 是 URLConnection 的子类，在其基础上增加了一些用于操作 HTTP 资源的方法。一般来说，简单的应用程序可用 HttpURLConnection，复杂的用 HttpClient。

在服务器端建立起动态网站，再根据提交的参数返回 XML、JSON 格式数据或简单字符串，如.jsp 文件中用 request.getParameter(String)方法获得 App 提交的参数，进行相应数据处理后，用 out.println(String)方法返回数据来供客户端使用。

App 应用先创建 HttpClient 对象，再用要访问的 Web 文件网址创建 HttpPost 对象，在进行相应的传递参数处理后，提交给服务器的网页，并获得返回的数据。这一过程中要注意 Web 文件和 App 文件的编码处理，否则中文会出现乱码。

在 Android 中可用 HttpPost 和 HttpGet 封装 POST 请求和 GET 请求。用 HttpClient 的 excute() 方法发送 POST 请求并返回服务器的响应数据。用 HttpResponse 的 getAllHeaders()、getHeaders(String name)等方法获取服务器的响应头。用 getEntity()方法获取 HttpEntity 对象，该对象包含了服务器的响应内容，程序通过该对象可获取服务器的响应内容。

GET 方式如下。

```
String urls="网址/list/"+id+"/";
HttpClient hc=new DefaultHttpClient();
HttpGet hg=new HttpGet(urls);
```

```
HttpResponse hr=hc.execute(hg);
HttpEntity he=hr.getEntity();
r=EntityUtils.toString(he,"utf-8");
```

POST 方式如下。

```
String urls="网址/list/";
HttpPost hp=new HttpPost(urls);
List<NameValuePair> p=new ArrayList<NameValuePair>();
p.add(new BasicNameValuePair("kw",e.getText().toString()));
hp.setEntity(new UrlEncodedFormEntity(par,"utf-8"));
HttpClient hc=new DefaultHttpClient();
HttpResponse hr=hc.execute(hp);
HttpEntity he=hr.getEntity();
r=jtos(EntityUtils.toString(he,"utf-8"));
```

其中 jtos(Strings)方法是将 JSON 数据转变为字符串。

```
JSONObject jo=new JSONObject(s);
s1="id="+jo.getString("id")+",uname="+jo.getString("uname")+",mm="+jo.getStrin
g("mm");
```

6. 用 JSON 进行数据交换

JSON 是轻量级的数据交换语言，可用编程语言对 JSON 对象进行生成和解析，实现数据交换。JSON 和 XML 均有相同的数据可读性和丰富的解析手段，但 JSON 相较 XML 数据来说，体积更小、与 JavaScript 交互更加方便、速度更快，但 JSON 的数据描述性较差。

JSONObject 是 JSON 定义的基本单元，由键值对构成，外部调用返回一个{键:值}字符串，内部用 put(键,值)方法添加数值。JSONStringer 创建 JSON Text；JSONArray 值为数组，toString()输出时，值用逗号 ","隔开并放在一对中括号内。JSONTokener 是 JSON 文本解析类，用 Object nextValue()将 JSON 文本解析为对象。

JSONObject、JSONArray 构建 JSON 文本时，先创建 JSONObject 对象，put()方法向里面加入数据，若添加同类型多数据，可创建 JSONArray 对象，将数据加入 JSONArray 对象后再加入 JSONObject 对象；也可将 JSONObject 对象加入另一 JSONObject 对象。用 getType("关键字")或 optType("关键字")获取键的值并转换为指定类型。JSONStringer 构建 JSON 文本时 object 和 endObject 配对使用，分别设置键和值；值为数组时要求 array 和 endArray 配对使用。

解析一条记录的 JSON 时，创建 JSONObject 对象，用 map.put("键",jsonObj.getType("键"))将数据加入 Map 对象。解析多条记录的 JSON 时，创建 JSONArray 对象，进行遍历，用 ((JSONObject)jsonObjs.opt(索引)) .getJSONObject("singer")获得当前记录对象，再获取内容。

8.5　软件测试基础

8.5.1　软件测试的基本概念

软件测试的目的是用尽可能低的成本发现尽可能多的错误。

1. 软件测试的发展历程

（1）软件测试的发展按测试的思想导向划分为以下 4 个阶段。

- 1957～1978 年，以功能验证为导向，测试是为了证明软件是正确的（正向思维）。
- 1978～1983 年，以破坏性为导向，测试是为了找到软件中的错误（逆向思维）。
- 1983～1987 年，以质量评估为导向，测试是为了提供产品的评估和质量度量。
- 1988 年至今，以缺陷预防为导向，测试是为了展示软件符合设计要求，并发现缺陷、预防缺陷。

（2）软件测试的发展比较受认可的是划分为初期阶段、发展阶段和成熟阶段。

- 初期阶段（1957～1971 年）。测试通常被认为是对产品进行事后检验，缺乏有效的测试方法。
- 发展阶段（1972～1982 年）。1972 年举行第一次关于软件测试的正式会议，促进了软件测试的发展。
- 成熟阶段（1983 年至今）。1983 年发布了 ANSI/IEEE Std 829-1983 软件测试文件标准，使测试成为一门独立的学科和专业，成为软件工程学科中的一个重要组成部分。

2. 软件测试的概念

（1）比尔·海泽尔（Bill Hetzel）博士（正向思维的代表）的定义：软件测试是用一系列活动来评价一个程序或系统的特性或能力，并确定是否达到预期的结果。测试是为了验证软件是否符合用户需求，即验证软件产品是否能正常工作。

（2）电气电子工程师学会（IEEE）的定义：在特定条件下运行系统或构件，观察或记录结果，对系统的某个方面做出评价，分析某个软件项以发现现存的条件和要求的条件之差别（即错误），并评价此软件项的特性。

（3）格伦福德·迈尔斯（Glenford J. Myers，反向思维的代表）的定义：测试是为了证明程序有错，而不是证明程序无错误。一个好的测试用例能发现之前未发现的错误，一个成功的测试是发现了之前未发现的错误的测试。

3. 软件测试的一般步骤

通常，软件测试按单元测试、集成测试、确认测试、系统测试及发布测试等步骤进行。

（1）单元测试指集中对用源代码实现的每一个程序单元进行测试，检查各个程序模块是否正确地实现了规定的功能。

（2）集成测试把已测试过的模块组装起来，主要对与设计相关的软件体系结构的构造进行测试。

（3）确认测试则是要检查已实现的软件是否满足了需求规格说明中确定了的各种需求，以及软件配置是否完整、正确。

（4）系统测试把经过确认的软件纳入实际运行环境中，与其他系统成分组合在一起进行测试。

8.5.2　软件测试模型

常见的软件测试模型包括 V 模型、W 模型。V 模型是将测试放在整个开发的最后阶段，没有在需求阶段就进入测试。W 模型由两个 V 模型组成，一个是开发阶段，另一个是测试阶段。W 模型如图 8-12 所示。

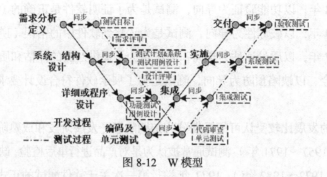

图 8-12　W 模型

需求评审和设计评审是验证软件产品的需求定义和设计实现，验证所定义的产品特性是否符合客户的期望、系统的设计是否合理、是否具有可测试性以及是否满足非功能质量特性的要求。这个阶段主要通过对需求文档、设计文档等进行阅读、讨论，从中发现软件需求工程和系统设计中所存在的问题。

单元测试的对象是程序系统中的最小单元（模块或组件），在编码阶段进行，针对每个模块进行测试，主要通过白盒测试方法，从程序的内部结构出发设计测试用例，检查程序模块或组件已实现的功能与定义的功能是否一致、编码中是否存在错误。多个模块可平行地、对立地测试，通常要编写驱动模块和桩模块。单元测试一般由编程人员和测试人员共同完成。

集成测试，也称组装测试、联合测试、子系统测试，在单元测试的基础上，将模块按照设计要求组装起来同时进行测试，主要目标是发现与接口有关的模块之间的问题。有一次性集成方式和增值式集成方式两种集成方式。

系统测试是将软件放在整个计算机环境下，包括软硬件平台、某些支持软件、数据和人员等，在实际运行环境下进行下列的一系列测试。功能测试是系统测试中最基本的测试，主要是基于产品功能说明书，在已知产品所应具有的功能，从用户角度来进行功能验证，以确认每个功能是否都能正常使用。协议一致性测试主要用于分布式系统，对计算机间相互交换信息的协议进行测试。性能测试是对集成系统的运行性能的测试。强度测试是在各种资源超负荷情况下系统运行情况的测试。安全测试是验证系统抵御入侵者的攻击能力的测试。安装测试是验证成功安装系统的能力。此外，还有恢复测试、备份测试、健壮性测试、兼容性测试、易用性测试、文档测试等。

验收测试的目的是向未来的用户表明系统能够像预定要求那样工作，验证软件的功能和性能如同用户所期待的那样。

8.5.3　测试用例设计

测试用例（test case）是可以被独立执行的一个过程，这个过程是一个最小的测试实体，不能再被分解。测试用例也就是为了某个测试点而设计的测试操作过程序列、条件、期望结果及其相关数据的一个特定的集合。

以最少的人力、资源投入，在最短的时间内完成测试，发现软件系统的缺陷，保证软件的优良品质，是软件公司探索和追求的目标。

测试用例是测试工作的指导，是软件测试必须遵守的准则，更是软件测试质量稳定的根本保障。

软件测试具有组织性、步骤性和计划性等特点，要将软件测试的行为转换为可管理的、具体量化的模式，就要创建和维护测试用例。

1. 测试用例的作用

它是检测软件质量的重要参考依据，能提高测试质量，具有有效性、复用性、客观性、可评估性和可管理性，能进行知识传递。

2. 整体测试用例的质量要求

覆盖率。依据特定的测试目标的要求，尽可能覆盖所有的测试范围、功能特性和代码。

易用性。测试用例的设计思路清晰、组织结构层次合理，同时其操作的连贯性要好，以使单个模块顺畅执行。

易维护性。应该以很少的时间来完成测试用例的维护工作，包括添加、修改和删除测试用例。易用性和易读性也有助于提高易维护性。

粒度适中。既能覆盖各个特定的场景，保证测试的效率；又能处理好不同数据输入的测试要求，提高测试用例的易维护性。

3. 测试用例包含的要素

包括标志符、标题、是否自动化测试、测试环境要求、操作步骤、期望等。

8.5.4　黑盒测试

黑盒测试方法（Black-box Testing）是把程序看作一个不能打开的黑盒子，不考虑程序内部结构和内部特性，只考察数据的输入、条件限制和数据输出来完成测试。

常见的黑盒测试方法主要有等价类划分法、边界值分析法、因果图分析法、决策表分析法、功能图分析法、状态迁移图分析法和正交实验分析法等。

8.5.5　白盒测试

白盒测试方法（White-box Testing）也称"结构测试"或"逻辑驱动测试"，是指基于可见的内部逻辑结构，针对程序语句、路径、变量状态等进行测试，检验程序中的各个分支条件是否得到满足、每条执行路径是否按预定要求正确地工作。

常见的白盒测试方法有代码检查法、静态结构分析法、逻辑覆盖法、基本路径测试法等。

本项目可优先采用黑盒测试用例，以白盒测试用例为补充的方案。编写测试用例时，使用等价类划分法、边界值分析法、正交实验分析法、错误推断法等 4 种方法，辅以场景测试法、需求/设计转换法、探索式测试法等，具体测试用例不再列出。

8.6　项目运行结果

8.6.1　计算机 Web 应用程序界面

1. 信息列表如图 8-13 所示。

2. 查询一条记录的界面效果如图 8-14 所示。

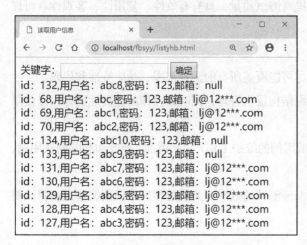

图 8-13　信息列表

图 8-14　查询一条记录的界面效果

3. 增加记录的界面效果如图 8-15 所示。

增加记录

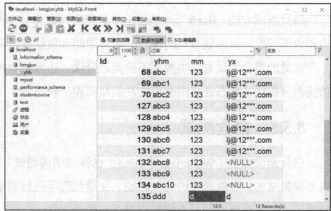

增加记录后数据库的情况

图 8-15　增加记录的界面效果和数据库变化

4. 修改记录的界面效果如图 8-16 所示。

修改时先读出记录　　　　　　　　　　　　再修改记录

图 8-16　修改记录的界面效果

5. 删除记录的界面效果如图 8-17 所示。

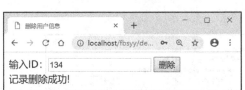

删除记录　　　　　　　　　　　　删除记录后数据库的情况

图 8-17　删除记录的界面效果和数据库变化

8.6.2　手机 Web App 界面

1. 信息列表如图 8-18 所示。

```javascript
$("#qd").click(function () {
var keyword = $("#keyword").val();
$.post("http://128.0.0.1:80/fbsyy/listyhb.php",{keyword:keyword},
    function(data){
        if(data){
            if(data.length>0){
                var str="";
                for(var i=0;i<data.length;i++){
                    var a=JSON.parse(data[i]);
                    str+="id: "+a.id+",用户名: "+a.uname+",密码: "+
                    a.mm+",邮箱: "+a.yx+"<br>";
                }
                $("#xs").html(str);
        }}else
            $("#xs").html("无数据! ");
},"json"); });});
```

读取记录　　　　　　　　　　　　JavaScript 代码

图 8-18　Web App 查询多条记录的界面效果和 JavaScript 代码

2. 查询一条记录的界面效果如图 8-19 所示。

```html
<div data-role = "page">
<div data-role = "header"><h1>读取用户记录</h1></div>
  <div data-role = "navbar">
     <ul>
        <li><a href="index.html" rel="external">增加</a></li>
        <li><a href="readyhb.html" rel="external">读取</a></li>
        <li><a href="listyhb.html" rel="external">列表</a></li>
        <li><a href="updateyhb.html" rel="external">修改</a></li>
        <li><a href="delyhb.html" rel="external">删除</a></li>
     </ul>
</div>
<div data-role = "cotent">
     <div>
     输入 ID: <input type="text" id="id" placeholder="请输入数字！" />
     <input type="button" id="qd" value="确定" data-inline = "true" />
     </div>
      <div id="xs">显示</div>
  </div>
</div>
```

读取记录 　　　　　　　　　　　　　　　　　HTML5 代码

图 8-19　Web App 查询一条记录的界面效果和 HTML 代码

3. 增加记录的界面效果如图 8-20 所示。

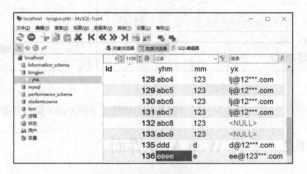

增加记录 　　　　　　　　　　　　　增加记录后数据库的情况

图 8-20　Web App 增加记录的界面效果和数据库的变化

4. 修改记录的界面效果如图 8-21 所示。

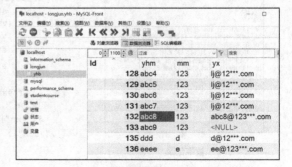

修改前先读出记录 　　　　　再修改记录 　　　　　　修改记录后数据库的情况

图 8-21　Web App 修改记录的界面效果和数据库的变化

5. 删除记录的界面效果如图 8-22 所示。

删除记录

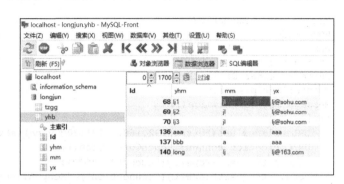

删除记录后数据库的情况

图 8-22　Web App 删除记录的界面效果和数据库的变化

8.6.3　手机 Android App 界面

Android 平台提供了 Apache 接口、Android 网络接口、标准 Java 接口等 3 种通信接口。Google 公司目前已经不再支持 Apache 接口，本节采用 Android 网络接口中的 URLConnection 接口。

URL 的 openConnection()方法返回的 URLConnection 对象表示的是应用与 URL 间的通信连接，可通过其实例发送请求并读取相关资源，具体步骤如下。

（1）通过 openConnection()方法创建 URLConnection 对象。

（2）设置 URLConnection 的参数和普通请求属性。

（3）若发送 GET 请求，用 connect()建立连接；若发送 POST 请求，要取得 URLConnection 对象的输出流发送请求参数。

（4）远程资源可用后，应用可访问资源的头字段或通过输入流获得数据。

1. 信息列表

查询多条记录时，在文本框输入关键字后，单击"确定"按钮，基于 Runnable 新建线程并启动。在 Runnable 对象中用 URLConnection 连接服务器，并用 post 方法传递数据，再获得返回的符合条件的多条数据，含 id、uname、mm、yx 等，并传给 Handler，用 JSONObject 解析后用 ListView 体现。

（1）在 onCreate()方法中创建控件对象，单击"确定"按钮，并触发线程。代码如下。

```
@Override
protected void onCreate(Bundle savedInstanceState) {
  super.onCreate(savedInstanceState);
  setContentView(R.layout.activity_dq);
  b_qd=(Button)findViewById(R.id.b_qd);
  et_key=(EditText) findViewById(R.id.et_key);
  lv=(ListView) findViewById(R.id.lv);
  b_qd.setOnClickListener(new View.OnClickListener() {
    @Override
```

```
public void onClick(View v) {new Thread(r).start(); } });}
```

（2）创建 Runnable 对象，在 run()方法中用 POST 方式连接服务器端的 listyhb.php 文件，服务器将返回满足条件的所有记录，交给全局字符串变量，启动 Handler。代码如下。

```
Runnable r=new Runnable() {
  @Override
  public void run() {
  String res="";
  BufferedReader bf = null;
  PrintWriter pw=null;
  Message msg=new Message();
  try{
      URL url=new URL("http://192.168.1.101:80/fbsyy/listyhb.php");
      URLConnection conn=url.openConnection();
      conn.setRequestProperty("accept", "*/*");
      conn.setRequestProperty("connection", "Keep-Alive");
      conn.setRequestProperty("user-agent", "Mozilla/4.0(compatible;MSIE 6.0;Windows
NT 5.1;SV1)");
      conn.setDoInput(true);
      conn.setDoOutput(true);
      pw=new PrintWriter(conn.getOutputStream());
      String par="keyword="+et_key.getText().toString();
      pw.print(par);
      pw.flush();
      bf=new BufferedReader(new InputStreamReader(conn.getInputStream()));
      String nr1="";
      while((nr1=bf.readLine())!=null)
        res+=nr1;
      str1=res;
      h.sendEmptyMessage(0);
    }catch(Exception e){}}};
```

（3）创建 Handler 对象，将全局字符串变量转为 JSONObject 对象。创建一个线性表对象，通过循环对 JSON 数组对象进行遍历，依次读出每一行数据，创建 HashMap 对象，将所有字段的值读出给 Map 对象，将 Map 加入线性表。用线性表创建适配器，设置 ListView 的适配器，体现数据。代码如下。

```
Handler h=new Handler() {
  @Override
  public void handleMessage(Message msg) {
    try {
      JSONArray ja=new JSONArray(str1);
      ArrayList<HashMap<String,Object>> list=new ArrayList<HashMap<String,Object>>();
      for (int i=0; i < ja.length(); i++){
        JSONObject jo = ja.getJSONObject(i);
        HashMap<String,Object> map=new HashMap<String,Object>();
        map.put("id",jo.getString("id"));
        map.put("uname",jo.getString("uname"));
        map.put("mm",jo.getString("mm"));
        map.put("yx",jo.getString("yx"));
        list.add(map);
      }
      SimpleAdapter  ada=new  SimpleAdapter(getBaseContext(),list,R.layout.list,new
String[]{"id","uname","mm","yx"},new
int[]{R.id.tv_id,R.id.tv_uname,R.id.tv_mm,R.id.tv_yx});
      lv.setAdapter(ada);
    }catch (Exception e){}} };
```

运行效果如图 8-23 所示。

2. 阅读一条记录

阅读一条记录时，输入记录的 ID 后，单击"确定"按钮，基于 Runnable 新建线程并启动。在 Runnable 对象中用 URLConnection 连接服务器，并用 GET 方法传递数据，再获得返回的当前 ID 的数据 id、uname、mm、yx，并传给 Handler，用 JSONObject 解析后用 Toast 体现。

（1）在 onCreate 方法中创建控件对象，单击"确定"按钮，并触发线程，代码如下。

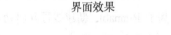

```
@Override
protected void onCreate(Bundle savedInstanceState) {
  super.onCreate(savedInstanceState);
  setContentView(R.layout.activity_dq);
  et_id=(EditText) findViewById(R.id.et_id);
  b_qd=(Button)findViewById(R.id.b_qd);
  b_qd.setOnClickListener(new View.OnClickListener() {
    @Override
    public void onClick(View v) {new Thread(r).start(); } });}
```

图 8-23　Android 查询多条记录的
界面效果

（2）创建 Runnable 对象，在 run()方法中用 GET 方式连接服务器端的 readyhb.php 文件，服务器将返回该 ID 的记录，交给全局字符串变量，启动 Handler。代码如下。

```
Runnable r=new Runnable() {
@Override
 public void run() {
   String res="";
   BufferedReader bf = null;
   try{
   String urlName="http://192.168.1.101/fbsyy/readyhb.php?id="+et_id.getText().toString();
   URL url=new URL(urlName);
   URLConnection conn=url.openConnection();
   conn.setRequestProperty("accept", "*/*");
   conn.setRequestProperty("connection", "Keep-Alive");
   conn.setRequestProperty("user-agent", "Mozilla/4.0(compatible;MSIE 6.0;Windows
NT 5.1;SV1)");
   conn.connect();
   Map<String,List<String>> map=conn.getHeaderFields();
   for(String key:map.keySet())
   System.out.println(key+"=="+map.get(key));
   bf=new BufferedReader(new InputStreamReader(conn.getInputStream()));
   String nr1="";
   while((nr1=bf.readLine())!=null)
     res+=nr1;
    str1=res;
    h.sendEmptyMessage(0);
   }catch(Exception e){}
   finally{
    try {
      if(bf!=null)
          bf.close();
    } catch (IOException e) {}}}};
```

（3）创建 Handler 对象，将全局字符串变量转为 JSONObject 对象，依次读出字段并连接起来赋值给字符串，并用 Toast 体现。代码如下。

```
Handler h=new Handler() {
  @Override
  public void handleMessage(Message msg) {
  try {
   JSONObject jo=new JSONObject(str1);
   String s="id="+jo.getString("id")+"\n";
   s+="uname="+jo.getString("uname")+"\n";
   s+="mm="+jo.getString("mm")+"\n";
   s+="yx="+jo.getString("yx");
   Toast.makeText(getBaseContext(),s,Toast.LENGTH_LONG).show();
  }catch (Exception e){} }};
```

运行效果如图 8-24 所示。

3. 增加记录

增加记录时，输入用户名、密码和邮箱后，单击"确定"按钮，基于 Runnable 新建线程并启动。在 Runnable 对象中用 URLConnection 连接服务器，并用 POST 方法传递数据，再获得返回的数据 1 或 0，并传给 Handler，根据返回的数据判断操作是否成功。

（1）在 onCreate 方法中创建控件对象，单击"确定"按钮，并触发线程。代码如下。

```
@Override
protected void onCreate(Bundle savedInstanceState) {
  super.onCreate(savedInstanceState);
  setContentView(R.layout.activity_main);
  b_qd=(Button)findViewById(R.id.b_qd);
  et_uname=(EditText)findViewById(R.id.et_uname);
  et_mm=(EditText)findViewById(R.id.et_mm);
  et_yx=(EditText)findViewById(R.id.et_yx);
  b_qd.setOnClickListener(new View.OnClickListener() {
    @Override
    public void onClick(View v) {
        new Thread(r).start();
  } });}
```

图 8-24　Android 查询一条
记录的界面效果

（2）创建 Runnable 对象，在 run()方法中用 POST 方式连接服务器端的 addyhb.php 文件，服务器执行增加记录操作后，将返回失败 0 或成功 1，转变为整数并赋值给 Message 的 what，传递给 Handler。代码如下。

```
Runnable r=new Runnable() {
  @Override
  public void run() {
    String res="";
    BufferedReader bf = null;
    PrintWriter pw=null;
    Message msg=new Message();
    try{
      URL url=new URL("http://192.168.1.101:80/fbsyy/addyhb.php");
      URLConnection conn=url.openConnection();
      conn.setRequestProperty("accept", "*/*");
      conn.setRequestProperty("connection", "Keep-Alive");
```

```
        conn.setRequestProperty("user-agent", "Mozilla/4.0(compatible;MSIE 6.0;Windows NT
5.1;SV1)");
        conn.setDoInput(true);
        conn.setDoOutput(true);
        pw=new PrintWriter(conn.getOutputStream());
        String
par="uname="+et_uname.getText().toString()+"&mm="+et_mm.getText().toString()
    +"&yx="+et_yx.getText().toString();
        pw.print(par);
        pw.flush();
        bf=new BufferedReader(new InputStreamReader(conn.getInputStream()));
        String nr1="";
        while((nr1=bf.readLine())!=null)
          res+=nr1;
        msg.what=Integer.parseInt(res);
        h.sendMessage(msg);
        }catch(Exception e){
        msg.what=0;
        h.sendMessage(msg);
        } finally{
        try {
          if(bf!=null)
            bf.close();
          if(pw!=null)
            pw.close( );
        } catch (IOException e) {e.printStackTrace( );}} }};
```

（3）创建 Handler 对象，根据 what 值用 Toast 提示操作是否成功。代码如下。

```
Handler h=new Handler() {
  @Override
  public void handleMessage(Message msg) {
    if(msg.what==1)
        Toast.makeText(getBaseContext(),"记录增加成功! ",Toast.LENGTH_LONG).show();
    else
        Toast.makeText(getBaseContext()," 记录增加失败 "+msg.what,Toast.LENGTH_LONG).
show();
    }};
```

运行效果如图 8-25 所示。

增加记录

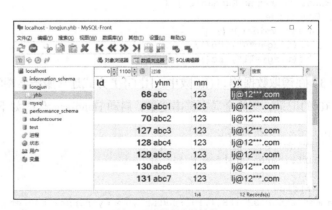

增加记录后数据库的情况

图 8-25　Android 增加记录的界面效果和数据库的变化

4. 修改记录

修改记录时，先输入 ID，单击"确定"按钮，基于 Runnable 新建线程并启动。在 Runnable 对象中用 URLConnection 连接服务器，用 GET 方法传递数据，再获得返回的数据，并传给 Handler。用 JSONObject 解析返回的数据，体现在文本框中。修改后输入内容，再单击"保存"按钮，基于 Runnable 新建线程并启动。在 Runnable 对象中用 URLConnection 连接服务器，用 POST 方法传递数据，再获得返回的数据 1 或 0，并传给 Handler，根据返回的数据判断操作是否成功。设置 flag 变量标识动作，0 表示读取、1 表示保存。

（1）在 onCreate 方法中创建控件对象，单击"确定"按钮：设置标志 flag 为 0，并触发线程，单击"保存"按钮；设置标志 flag 为 1，触发线程。代码如下。

```
@Override
protected void onCreate(Bundle savedInstanceState) {
  super.onCreate(savedInstanceState);
  setContentView(R.layout.activity_xg);
    b_qd=(Button)findViewById(R.id.b_qd);
    b_bc=(Button)findViewById(R.id.b_bc);
    et_id=(EditText)findViewById(R.id.et_id);
    et_uname=(EditText)findViewById(R.id.et_uname);
    et_mm=(EditText)findViewById(R.id.et_mm);
    et_yx=(EditText)findViewById(R.id.et_yx);
    b_qd.setOnClickListener(new View.OnClickListener() {
      @Override
      public void onClick(View v) {
        flag="0";
        new Thread(r).start(); }});
    b_bc.setOnClickListener(new View.OnClickListener() {
      @Override
      public void onClick(View v) {
        flag="1";
        new Thread(r).start();  }});}
```

（2）创建 Runnable 对象，在 run()方法中判断标志 flag：为 0 时，执行读取表中数据的函数；为 1 时，执行保存数据的函数。代码如下。

```
Runnable r=new Runnable() {
  @Override
  public void run() {
    if(flag=="0") db();
    if(flag=="1") bc(); }};
```

（3）在读取数据的 db()函数中，用 GET 方式连接服务器端的 readyhb.php 文件，服务器将返回该 ID 的记录，交给全局字符串变量，启动 Handler。代码如下。

```
private void db(){
  String res="";
  BufferedReader bf = null;
  try{
    String
urlName="http://192.168.1.101:80/fbsyy/readyhb.php?id="+et_id.getText().toString();
    URL url=new URL(urlName);
    URLConnection conn=url.openConnection();
    conn.setRequestProperty("accept", "*/*");
```

```
conn.setRequestProperty("connection", "Keep-Alive");
conn.setRequestProperty("user-agent", "Mozilla/4.0(compatible;MSIE 6.0;Windows NT
5.1;SV1)");
conn.connect();
Map<String,List<String>> map=conn.getHeaderFields();
for(String key:map.keySet())
  System.out.println(key+"=="+map.get(key));
bf=new BufferedReader(new InputStreamReader(conn.getInputStream()));
String nr1="";
while((nr1=bf.readLine())!=null)
    res+=nr1;
str1=res;
h.sendEmptyMessage(0);
}catch(Exception e){}
finally{
  try {
    if(bf!=null)
      bf.close();
  } catch (IOException e) {} }}
```

（4）在读取数据的 bc()函数中，用 POST 方式连接服务器端的 updateyhb.php 文件，并将输入组件的值提交给服务器，以便更新该 ID 的记录，服务器将返回失败（0）或成功（1），转变为整数（0 或 1）并赋值给 Message 的 what，传递给 Handler。代码如下。

```
private void bc(){
  String res="";
  BufferedReader bf = null;
  PrintWriter pw=null;
  Message msg=new Message();
  try{
  URL url=new URL("http://192.168.1.101:80/fbsyy/updateyhb.php");
  URLConnection conn=url.openConnection();
  conn.setRequestProperty("accept", "*/*");
  conn.setRequestProperty("connection", "Keep-Alive");
  conn.setRequestProperty("user-agent", "Mozilla/4.0(compatible;MSIE 6.0;Windows NT
5.1;SV1)");
  conn.setDoInput(true);
  conn.setDoOutput(true);
  pw=new PrintWriter(conn.getOutputStream());
  String
par="id="+et_id.getText().toString()+"&uname="+et_uname.getText().toString()+
    "&mm="+et_mm.getText().toString()+"&yx="+et_yx.getText().toString();
  pw.print(par);
  pw.flush();
  bf=new BufferedReader(new InputStreamReader(conn.getInputStream()));
  String nr1="";
  while((nr1=bf.readLine())!=null)
    res+=nr1;
  msg.what=Integer.parseInt(res);
  h.sendMessage(msg);
  }catch(Exception e){
  e.printStackTrace( );
  msg.what=0;
  h.sendMessage(msg); }
  finally{
    try {
      if(bf!=null)
        bf.close();
```

```
        if(pw!=null)
           pw.close( );
        } catch (IOException e) {e.printStackTrace( );}} }
```

（5）创建 Handler 对象，标志 flag 为 0 时，将全局字符串变量转为 JSONObject 对象，依次读出字段并体现在相应的组件上；flag 为 1 时，根据 what 值用 Toast 提示操作是否成功。代码如下。

```
Handler h=new Handler() {
 @Override
  public void handleMessage(Message msg) {
    if(flag=="0"){
      try {
        JSONObject jo=new JSONObject(str1);
        et_uname.setText(jo.getString("uname"));
        et_mm.setText(jo.getString("mm"));
        et_yx.setText(jo.getString("yx"));
      }catch (Exception e){} }
    if(flag=="1"){
      if(msg.what==1)
      Toast.makeText(getBaseContext(),"记录修改成功! ",Toast.LENGTH_LONG).show();
      else
      Toast.makeText(getBaseContext(),"记录修改失败! ",Toast.LENGTH_LONG).show(); } }};
```

运行效果如图 8-26 所示。

修改前先读出记录

再修改记录

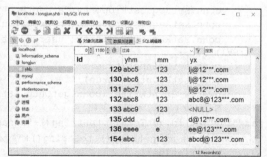
修改记录后数据库的情况

图 8-26　Android 修改记录的界面效果和数据库的变化

5. 删除记录

删除记录时，先输入 ID，单击"删除"按钮，基于 Runnable 新建线程并启动。在 Runnable 对象中用 URLConnection 连接服务器，用 GET 方法传递要删除的 ID，服务器端处理完毕后传回状态，手机端再获得返回的数据，并传给 Handler。用 JSONObject 解析返回的数据，根据返回的数据判断操作是否成功。

（1）在 onCreate 方法中创建控件对象，单击"删除"按钮，触发线程。代码如下。

```
@Override
protected void onCreate(Bundle savedInstanceState) {
  super.onCreate(savedInstanceState);
  setContentView(R.layout.activity_sc);
  b_qd=(Button)findViewById(R.id.b_qd);
  et_id=(EditText) findViewById(R.id.et_id);
  b_qd.setOnClickListener(new View.OnClickListener() {
    @Override
    public void onClick(View v) {
      new Thread(r).start();
    }});}
```

（2）创建 Runnable 对象，在 run()方法中用 GET 方式连接服务器端的 delyhb.php 文件，服务器将返回失败（0）或成功（1），转变为整数（0 或 1）并赋值给 Message 的 what，传递给 Handler。代码如下。

```
Runnable r=new Runnable() {
  @Override
  public void run() {
    String res="";
    BufferedReader bf = null;
    Message msg=new Message();
    try{
      String
urlName="http://192.168.1.101:80/fbsyy/delyhb.php?id="+et_id.getText().toString();
      URL url=new URL(urlName);
      URLConnection conn=url.openConnection();
      conn.setRequestProperty("accept", "*/*");
      conn.setRequestProperty("connection", "Keep-Alive");
      conn.setRequestProperty("user-agent", "Mozilla/4.0(compatible;MSIE 6.0;Windows
NT 5.1;SV1)");
      conn.connect();
      Map<String,List<String>> map=conn.getHeaderFields();
      for(String key:map.keySet())
          System.out.println(key+"=="+map.get(key));
      bf=new BufferedReader(new InputStreamReader(conn.getInputStream()));
      String nr1="";
      while((nr1=bf.readLine())!=null)
        res+=nr1;
      msg.what=Integer.parseInt(res);
      h.sendMessage(msg);
    }catch(Exception e){
      msg.what=0;
      h.sendMessage(msg);}}};
```

（3）创建 Handler 对象，根据 what 值用 Toast 提示操作是否成功。代码如下。

```
Handler h=new Handler() {
  @Override
  public void handleMessage(Message msg) {
    if(msg.what==1)
        Toast.makeText(getBaseContext(),"记录删除成功！",Toast.LENGTH_LONG).show();
    else
        Toast.makeText(getBaseContext(),"记录删除失败！",Toast.LENGTH_LONG).show();
  }};
```

运行效果如图 8-27 所示。

删除记录

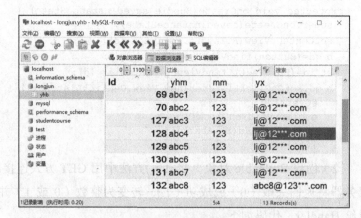

删除记录后数据库的情况

图 8-27　Android 删除记录的界面效果和数据库的变化

8.7　练习题

1. 请简述软件工程中有哪些主要文档及其所起的作用。
2. 什么是黑盒测试和白盒测试？常用的方法有哪些？
3. 软件工程项目通常需要进行哪些测试？
4. 请简述 Android 应用程序中多线程操作的流程。